用 ESP32 輕鬆學習
DIY ChatGPT 故事創作播放機實作秘笈

使用圖形化 motoBlockly 程式語言

慧手科技　徐瑞茂　林聖修　編著

序言

在這個科技發達的時代，物聯網（IoT）與人工智慧（AI）的問世正快速改寫著人類的未來。而在這演進的過程中，ESP32 以其強大的功能與豐富的應用可能性，成為了學生、自造者與專業開發者的首選硬體平台。從友善的進入門檻到其在 IoT 和 AI 領域展現的巨大潛力，ESP32 無疑是當今創意實現和技術創新的優質夥伴。

伴隨著 HMI（Human Machine Interface）觸控面板的加入，本書將帶領讀者深入探索如何讓 ESP32 與優雅、直觀的觸控螢幕相互結合。無論是在智能家居、工業控制，抑或是個人專案中，HMI 螢幕為用戶與智能系統間的互動提供了全新的橋樑。將 ESP32 的無限應用潛力與觸控功能相結合，是本書旨在展示的精髓。本書會介紹如何將 AIGC（人工智慧生成內容）的服務應用於 ESP32 的專題之中，透過觸控螢幕和用戶的互動，為物聯網應用注入新的生命力。從讀者翻開本書的第一頁開始，您將會逐步瞭解如何在不同場景下發揮 AIGC 的優勢，也能學會如何借助圖控式程式編輯工具來串接各種 AIGC 的服務，讓您的創意能夠拓展延伸到生活的每一個角落。

誠摯地邀請您一同參與這趟精彩的旅程，無論是身居學府，抑或是在家磨礪，甚至是在公司中追求創新或發展的讀者，讓我們一起攜手踏進 ESP32 與 AIGC 無限可能的世界，一同見證 AIGC 為我們帶來的美好未來。

徐瑞茂　謹識

目錄

Chapter 0

ESP32 硬體與開發環境的介紹與設定

- 0-1　相關硬體簡介　　2
- 0-2　Arduino IDE 環境設定與 ESP32 驅動程式安裝　　8
- 0-3　motoBlockly 的前置設定及程式上傳　　14
- 0-4　motoBlockly 操作介面說明　　23

Chapter 1

HMI 與 OpenAI 入門簡介

- 1-1　ChatGPT、DALL·E 與 HMI 觸控螢幕簡介　　30
- 1-2　ChatGPT 與 ESP32　　34
- 1-3　ESP32+HMI 多功能系統組裝步驟　　37
- 1-4　OpenAI API Key 取得流程　　46
- 課後習題　　50

Chapter 2

ChatGPT & DALL·E 早安長輩圖產生器

- 2-1　RTC 與 LINE Notify 簡介　　54
- 2-2　RTC、LINE Notify 與 ESP32　　55
- 2-3　LINE Notify 的權杖 (Token) 取得　　59
- 2-4　DALL·E 實作應用 I – 早安長輩圖產生器 (Only DALL·E)　　62
- 2-5　DALL·E 實作應用 II – 早安長輩圖產生器 (搭配 ChatGPT)　　69
- 2-6　DALL·E 實作應用 III – 早安長輩圖產生器 (搭配 RTC)　　72
- 課後習題　　74
- 創客學習力認證題目 A040023- 心靈雞湯產生器　　76

Chapter 3

ChatGPT 健康小幫手

3-1	使用及運作流程	78
3-2	HMI 觸控螢幕程式介紹	80
3-3	motoBlockly 程式編輯流程	97
課後習題		108

Chapter 4

ChatGPT 創意料理產生器

4-1	使用及運作流程	112
4-2	HMI 觸控螢幕程式介紹	115
4-3	motoBlockly 程式編輯流程	139
課後習題		152

Chapter 5

ChatGPT 童話故事產生器

5-1	使用及運作流程	156
5-2	HMI 觸控螢幕程式介紹	158
5-3	motoBlockly 程式編輯流程	174
課後習題		189

附錄

課後習題解答	191

為方便讀者學習，本書相關程式範例檔案，請至本公司 MOSME 行動學習一點通網站（https://mosme.net/），於首頁的搜尋欄輸入本書關鍵字（例如：書號、書名、作者）進行搜尋，尋得該書後即可於「學習資源」頁籤下載檔案。

Chapter 0
ESP32 硬體與開發環境的介紹與設定

0-1　相關硬體簡介
0-2　Arduino IDE 環境設定與 ESP32 驅動程式安裝
0-3　motoBlockly 的前置設定及程式上傳
0-4　motoBlockly 操作介面說明

　　在物聯網 (IoT，Internet of Things) 和人工智慧 (AI，Artificial Intelligence) 大行其道的年代，輕巧又高效的 ESP32 開發板儼然已成為學生、自造者 (Maker) 等最喜愛的單晶片開發板之一。與 Arduino 相比，ESP32 開發板除了具備更強大的性能和平易近人的價格外，內建的 Wi-Fi 及藍牙傳輸功能更可以滿足大眾對於 IoT 和 AI 相關應用的需求。

　　本章節將介紹 ESP32 及與其搭配使用的 ESP32 擴充板 (ESP32 IO Board) 等硬體的功能和優勢，並會帶著讀者迅速建立 ESP32 圖控式程式編輯軟體 motoBlockly 的程式開發環境，讓使用者可以透過簡單的硬體接線與程式積木拖曳，快速又輕鬆地實現 AIGC 的夢想。

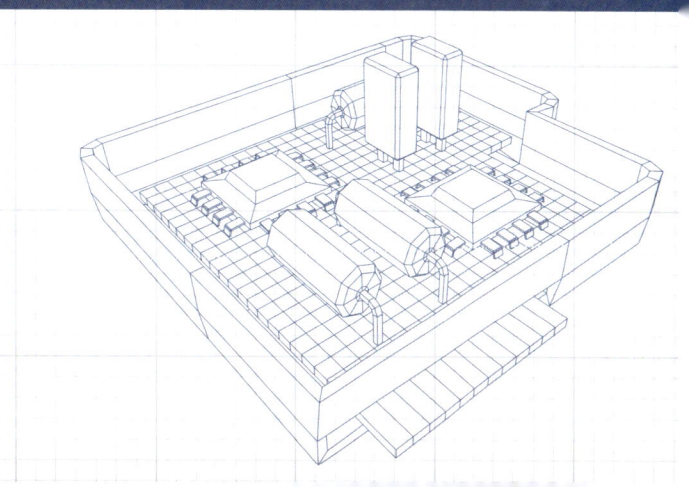

0-1 相關硬體簡介

ESP32 開發板簡介

近年來,全球興起了一股自造者 (Maker) 以及程式教育的浪潮,緊接而來的各類物聯網與人工智慧等殺手級應用,更將這股浪潮推升到了頂點。究其原因,軟硬體盡皆開源 (Open Source) 的微處理器開發板 – Arduino 的問世,算是引爆這股風潮的一個最大引信。然而,由於 2005 年問世的 Arduino UNO 本身並不具備連網的功能,且現今科技主流的 IoT 物聯網及 AI 人工智慧等產品的開發又對硬體的運算速度有著不算低的要求,因此既能連網且又具備高運行效能的 ESP32 出現後,便迅速地就取代了性能已不敷需求的 Arduino。

ESP32 是一款由 Espressif Systems 開發,具備高性能、低功耗且專為物聯網應用而設計的微處理器。自從 2016 年首次亮相以來,ESP32 已經成為了許多開發者和製造商的首選方案,這都要歸功於其強大的功能、靈活和易用性。ESP32 主要具有以下幾個特點:

1. **配置 Wi-Fi 和藍牙功能**:ESP32 內建了 Wi-Fi (802.11 b/g/n) 和藍牙雙模功能,使其成為無線通訊物聯網應用的理想選擇。

2. **高性能雙核處理器**:ESP32 配備了一個高性能的雙核 Tensilica Xtensa LX6 處理器,最高可達 240MHz,可滿足各種高性能應用的需求。(但某些版本只有單核心,購買時須多加留意)。

3. **豐富的外設接腳**:ESP32 提供了多達 34 個 GPIO 接腳,可支援多種不同的硬體傳輸協定:如 ADC、DAC、I2C、SPI、UART…等。

4. **低功耗模式**:ESP32 具有多種休眠模式,可延長電池壽命,適用於以電池供電的應用。

與 Arduino 相同，根據不同的功能需求，市面上也流通著眾多不同尺寸與型號的 ESP32 開發板。本書所有的練習範例，均使用如圖 0-1 所示：左右兩邊各有 19 個腳位、合計共 38 個腳位的 NodeMCU-32S 型號的 ESP32 開發板。其腳位分布與定義請參考圖 0-2。（圖片來源：AI-Think 官網）

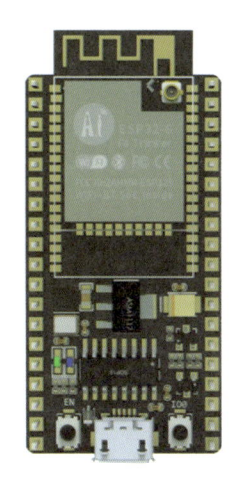

● 圖 0-1　ESP32 開發板

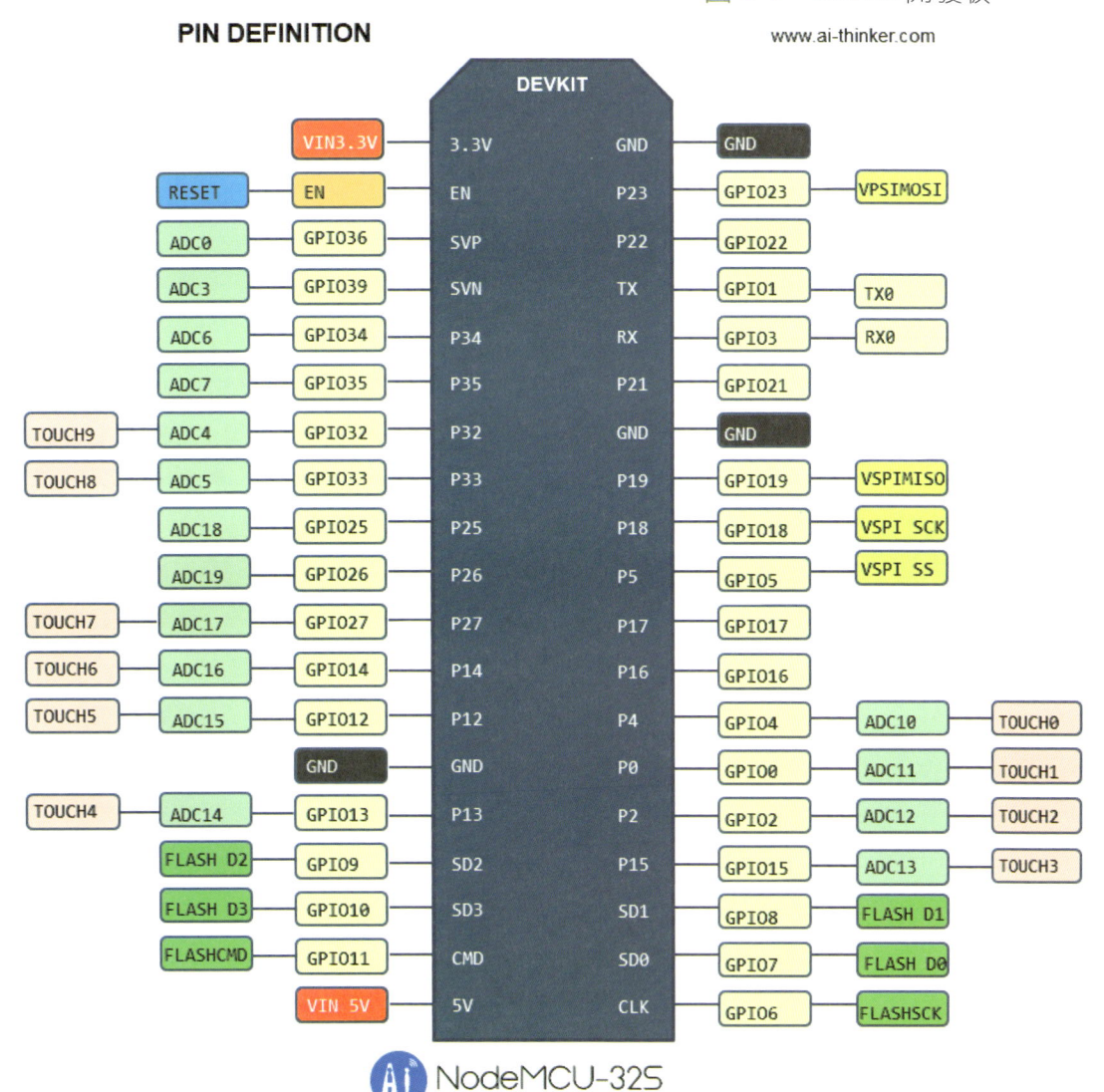

● 圖 0-2　ESP32 開發板腳位分布與定義

若是第一次接觸 ESP32 開發板的讀者，可以將其想像是一台沒有外接任何輸入（例如鍵盤、滑鼠）及輸出（例如螢幕、喇叭）裝置的小型電腦主機。只不過 ESP32 開發板不像電腦一般具有超大容量的硬碟與記憶體空間，自然也就無法安裝任何的作業系統。雖然 ESP32 開發板本身並無配置任何硬碟儲存裝置，但是由於本書所使用的 NodeMCU-32S 有配備 4MB 的 Flash 可供存取使用，因此若要讓 ESP32 執行指定的運行動作的話，除了得「外接」其他的模組裝置來協助搭配之外，還需自己編寫程式來指揮它。雖然 ESP32 開發板的執行效能遠不如電腦，但已足夠支援我們應付許多日常的感測監控、危險或重複性的工作。至於 ESP32 能做或要做什麼工作，就得要看它所搭配的外接裝置與程式的設定流程而定。

擴充板與外接裝置簡介

前面提到，ESP32 開發板就像是一台小型的電腦主機，而電腦主機需要搭配滑鼠、螢幕等介面才能進行輸出入的動作。因此，ESP32 同樣也擁有屬於自己的輸出入裝置，只是這些裝置大多是由一些特殊的感測元件組成，不同的感測元件可以量測不同的感測數值（如溫溼度、亮度等）。也因為 ESP32 可以使用這些特殊功能的感測元件，因此 ESP32 開發板和使用者之間便多了許多和電腦大不相同的互動方式。

標註說明：
- ESP32 擴充接腳
- 按鈕 (G34)
- 外部電源插座 (DC7~12v)
- 排針電源切換 (3.3V/5V)
- 按鈕 (G36)
- I2C 母座 (G21 G22)
- 蜂鳴器 (G27)
- 按鈕 (G35)
- RJ11 電源切換 (3.3V/5V)
- 數位 (G13 G14) 類比 (G32 G33) UART2(G16 G17) I2C(G21 G22)

● 圖 0-3　ESP32 開發板插槽與按鈕分布

然而，對於非本科系的學生或初學者而言，外接這些陌生的感測元件就是一個令人卻步的門檻，為了減少使用者在外接元件上的麻煩，本書將使用慧手科技公司的 ESP32 IO Board 擴充板來與 NodeMCU-32S 搭配。

⚠注意：此擴充板僅支援 NodeMCU-32S 及樂鑫原廠 ESP32-Devkit，38pin ESP32S 開發板。

由於這片 ESP32 擴充板無法獨立作業，所以需將 NodeMCU-32S 以如圖 0-3 所示的位置及方向（注意：NodeMCU-32S 的 MicroUSB 插槽與 IO Board 的三顆按鈕需在同一方向）將其插在擴充板上，如此原先 NodeMCU-32S 上的可程式控制腳位就會被擴充板導引成以 G（黑）、V（紅）、S（黃）三個為一組的擴充排針（在圖 0-3 最上緣），或如同電話線插座的 RJ11 四芯插孔（在圖 0-3 最下緣）。由於 ESP32 IO Board 擴充板已事先在上面配置了三顆按鈕與一個蜂鳴器，因此當使用者對接上 NodeMCU-32S 及擴充板後，即可不需再另行配線，便能夠透過相關的程式軟體來對擴充板上內建的元件進行簡單的操作。

當 ESP32 IO Board 上所配置的按鈕及蜂鳴器不敷使用時，此時便可透過擴充板上三個一組的擴充排針或 RJ11 擴充槽來外接其他元件，藉由外接元件來拓展開發板功能，以此來讓使用者能夠擁有更多更好的發揮空間。

6P4C 的 RJ11 連接線構造如圖 0-4 所示，裡面除了黑、紅兩條線會分別接到 NodeMCU-32S 的接地 (GND) 和電源 (VCC) 外，還有綠、黃兩條訊號線可以使用。細心的讀者應該會注意到，ESP32 IO Board 上每一個 RJ11 的插槽都分別連接至 NodeMCU-32S 的 2 個腳位，主要還是因為某些比較特殊的外接擴充模組會需要兩個腳位才能夠操控（例如 HMI 觸控面板、超音波感測器 ... 等），所以 ESP32 IO Board 上的每個 RJ11 插槽才會配合 RJ11 線連接至 ESP32 開發板的兩個腳位。

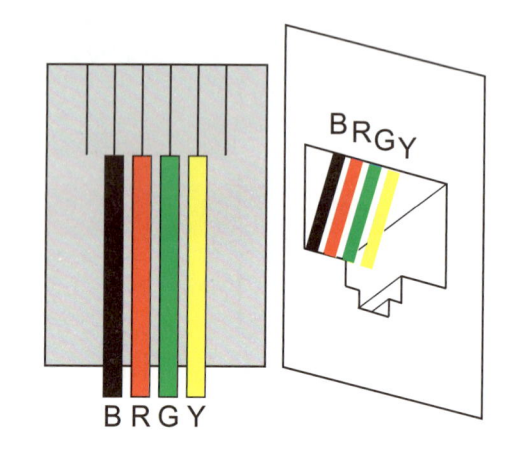

B（黑）：接地線 (GND)　　G（綠）：信號線 (S2)
R（紅）：電源線 (Vcc)　　Y（黃）：信號線 (S1)

● 圖 0-4　RJ11 連接線構造

可支援 RJ11 插槽的外接裝置如圖 0-5 所示,讀者可依自己的需求另行添加不同的感測模組。

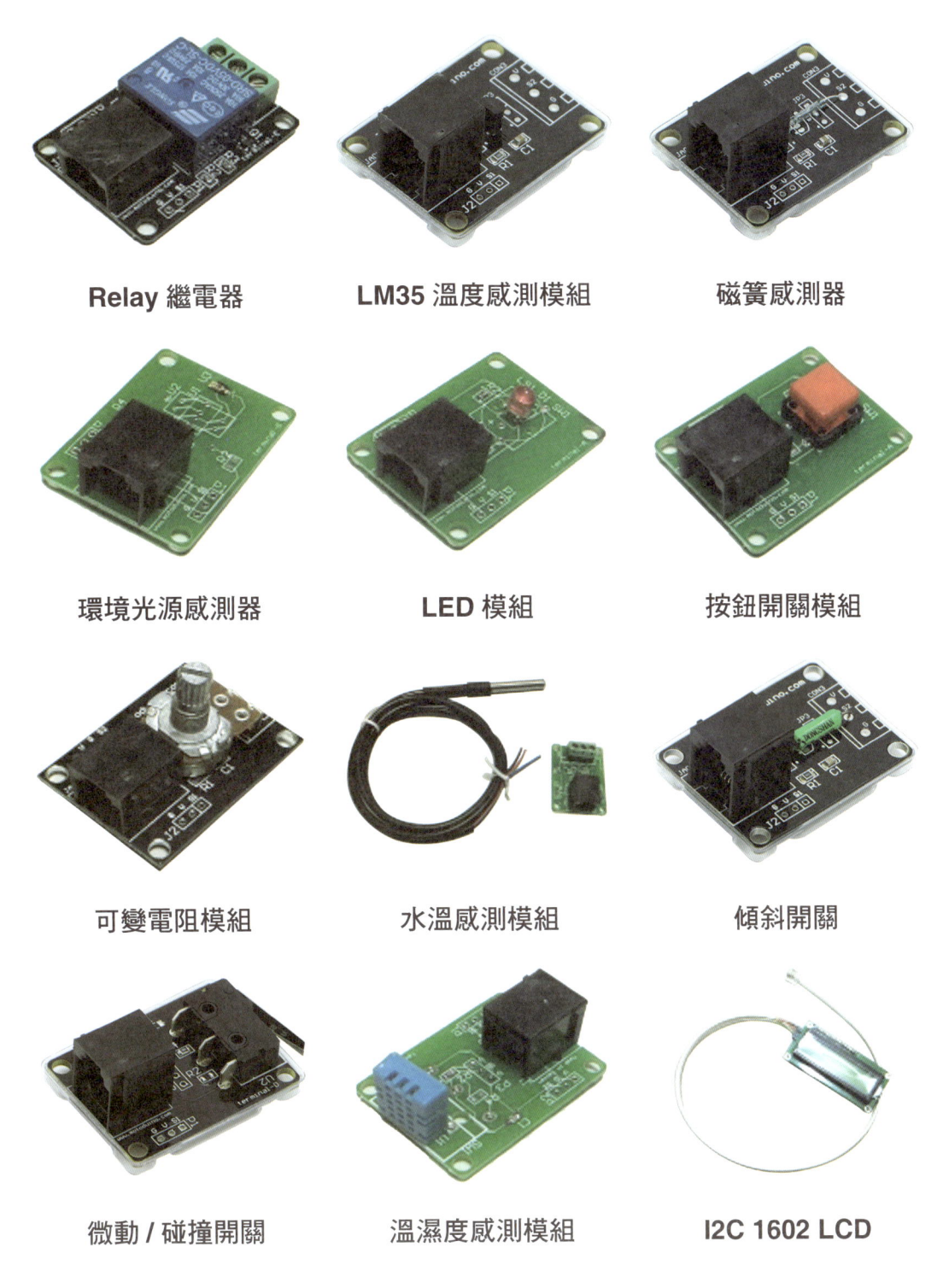

Relay 繼電器　　　　**LM35 溫度感測模組**　　　　**磁簧感測器**

環境光源感測器　　　　**LED 模組**　　　　**按鈕開關模組**

可變電阻模組　　　　**水溫感測模組**　　　　**傾斜開關**

微動 / 碰撞開關　　　　**溫濕度感測模組**　　　　**I2C 1602 LCD**

● 圖 0-5　RJ11 外接裝置

0-2 Arduino IDE 環境設定與 ESP32 驅動程式安裝

Arduino IDE 開發環境的安裝與設定

　　Arduino IDE 是由 Arduino 官方所提供的 Arduino 程式開發軟體，原本僅提供 Arduino 程式的編寫與上傳，不過在加裝了 ESP32 開發板的編譯核心之後，Arduino IDE 也可以支援編譯不同型號的 ESP32 程式。由於本書所使用的 motoBlockly 程式開發軟體目前不支援非 Windows 作業系統下的編譯上傳程式作業，因此 MAC 與 Linux 等作業系統必須得透過 Arduino IDE 才能編譯上傳 ESP32 程式，所以電腦作業系統為 MAC 或 Linux 的讀者請先依下列步驟來安裝並設定 Arduino IDE。

⚠ 注意：作業系統為 MAC 或 Linux 的讀者，務必得先安裝 Arduino IDE。

Step 1 先至 Arduino 官網 https://www.arduino.cc 下載 Arduino IDE。下載 Arduino IDE 安裝檔時請選擇最新版本的 2.2.x(本例為 2.2.1)，由於筆者的電腦是 Win 10 作業系統，所以此處選擇下載「Windows Win 10 and newer」的版本。讀者請依自己的作業系統（例如 Mac 與 Linux）選擇對應的安裝檔下載即可。

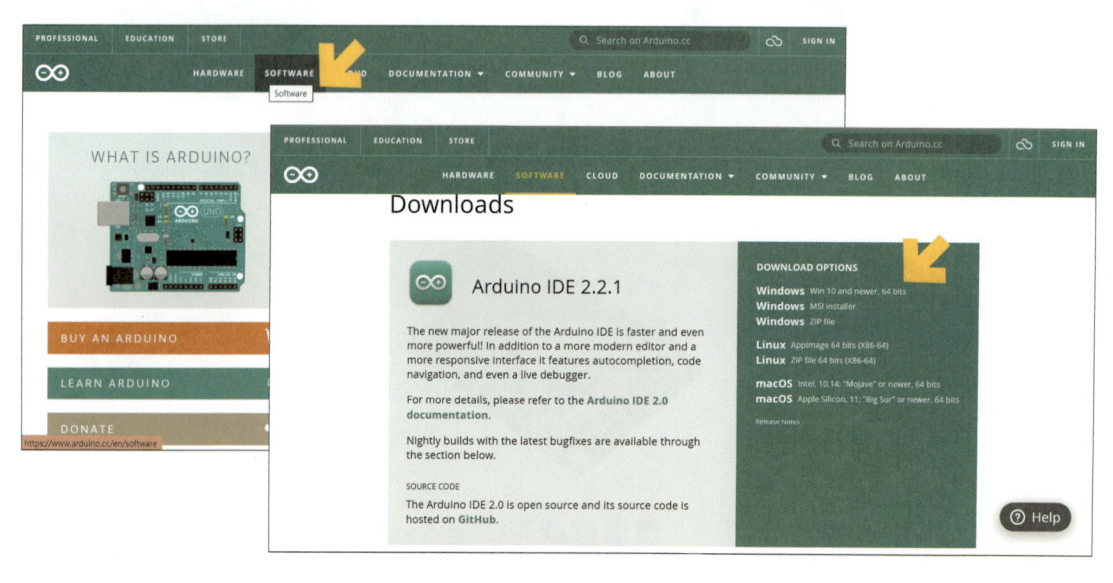

Step 2 執行下載完成的 Arduino IDE 安裝程式 (arduino-ide_2.2.1_Windows_64bit.exe)，請依下圖所示的流程直接進行安裝即可。

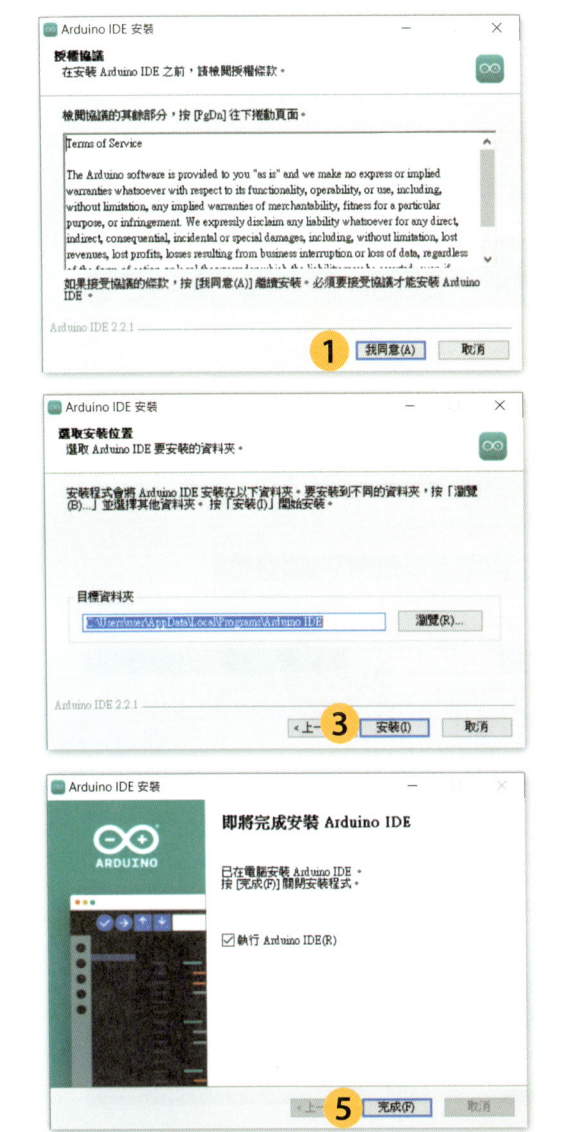

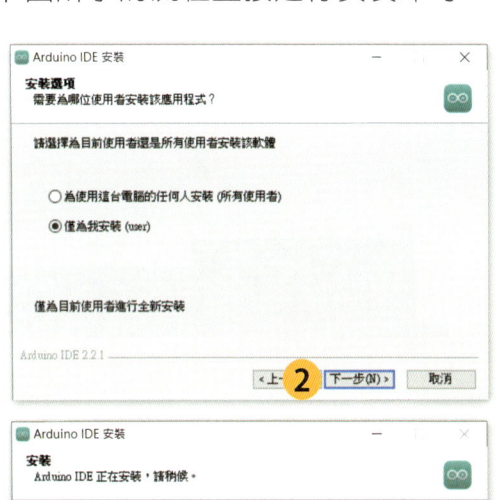

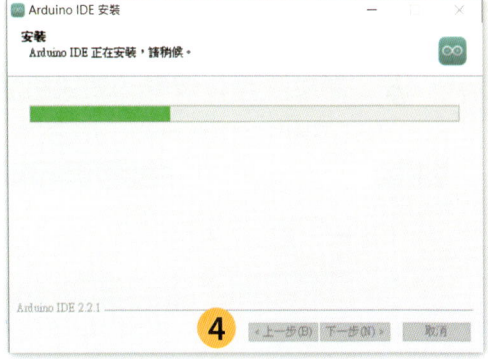

Step 3 若要支援編譯 ESP32 的程式碼，必須另外加裝 ESP32 的編譯核心才行。安裝 ESP32 編譯核心需先開啟已安裝完成的 Arduino IDE，並點選工具列中「File（檔案）/ Preferences（偏好設定）」選項。接著請在「Preferences 偏好設定」視窗的「Additional boards manager URLs:」欄位中輸入如下所示的 ESP32 編譯核心網址：https://dl.espressif.com/dl/package_esp32_index.json，輸入完成後再按下該視窗中的「OK」鍵離開。

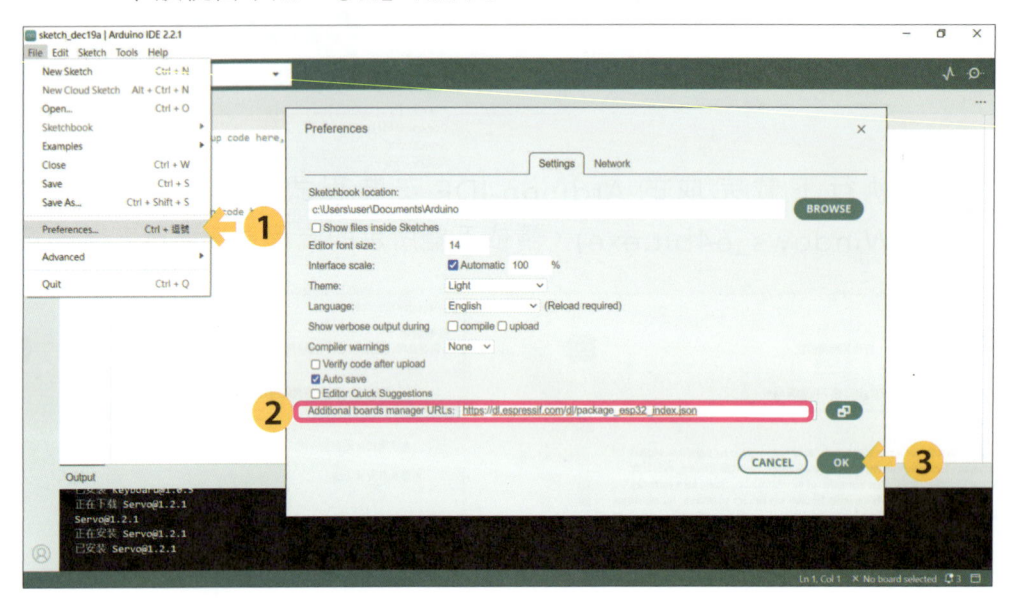

Step 4 如下圖所示，開啟工具列中「Tools（工具）/ Boards Manager...（開發板管理員）」選項，並在「開發板管理員」視窗的類型中以「ESP32」關鍵字進行搜尋，最後再於搜尋結果中選擇 1.0.4 核心版本進行安裝。

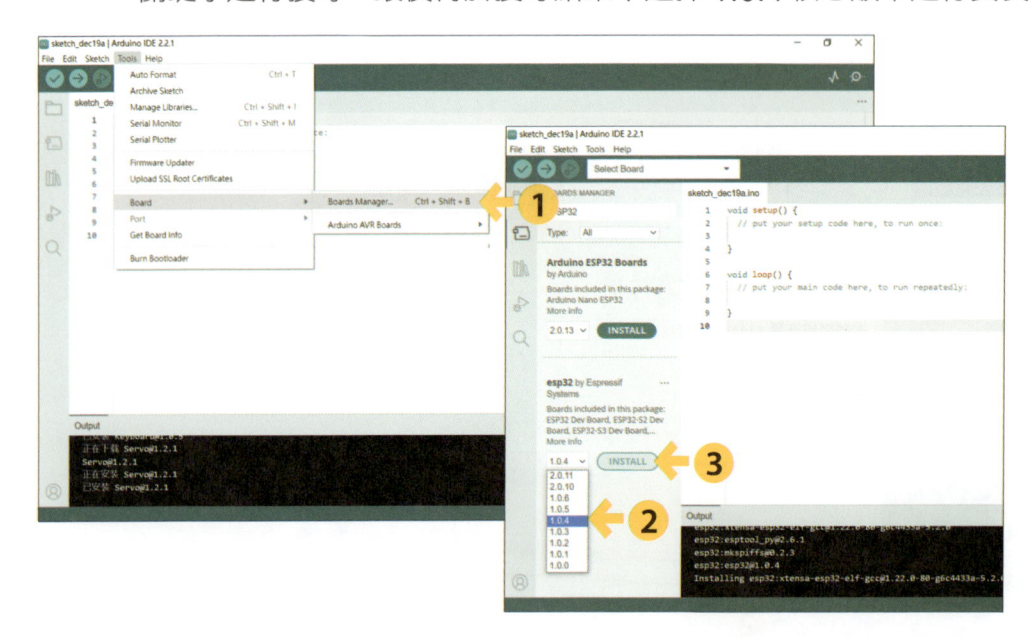

Step 5 當開發板的選擇視窗出現如下圖紅框處的「esp32」選項時，即代表 ESP32 編譯核心已安裝完成，此時的 Arduino IDE 便可開始進行 ESP32 程式的編寫與燒錄。

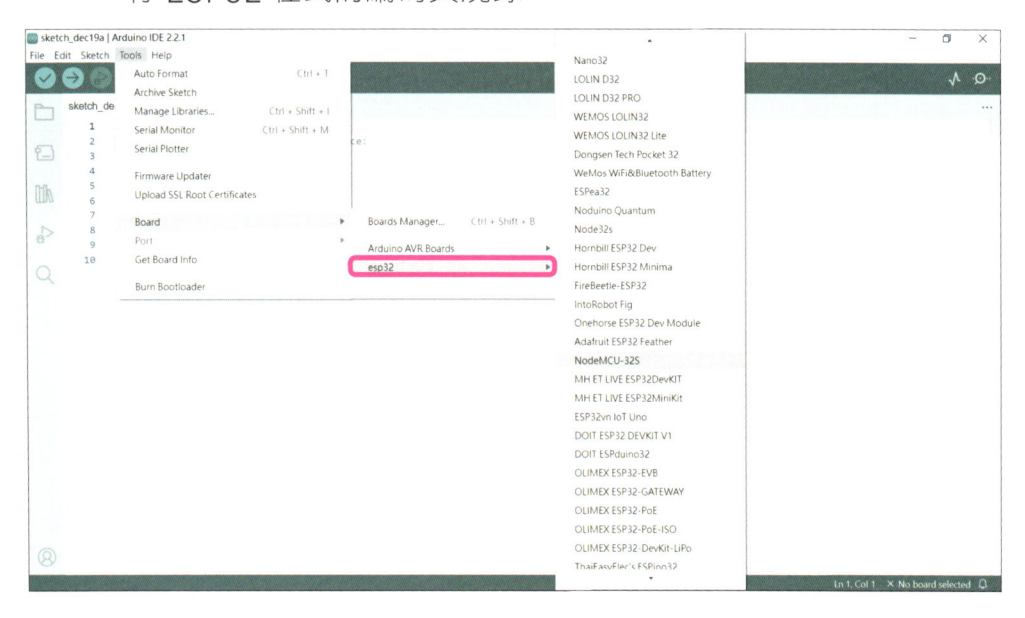

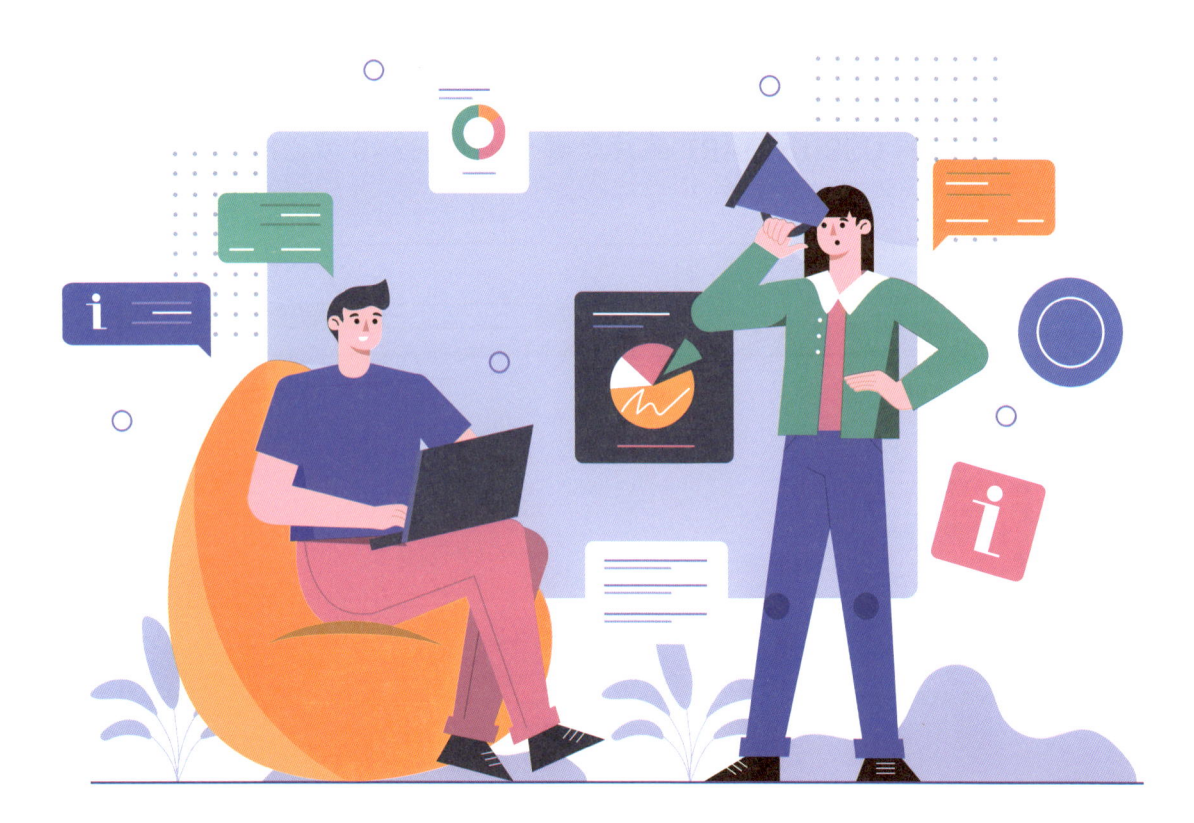

NodeMCU-32S 驅動程式安裝

Step 1 此處以 Windows 作業系統為例：先對接電腦與 NodeMCU-32S 開發板，接著開啟電腦的「裝置管理員」來查詢。若在裝置管理員視窗的「連接埠 (COM 和 LPT)」中看到如下圖紅框所示的「USB-SERIAL CH340(COMxx)」的字樣，就表示作業系統已幫你找到 NodeMCU-32S 開發板的驅動程式並自動安裝完成，否則請繼續依照 Step2~5 來繼續完成驅動程式的安裝設定。

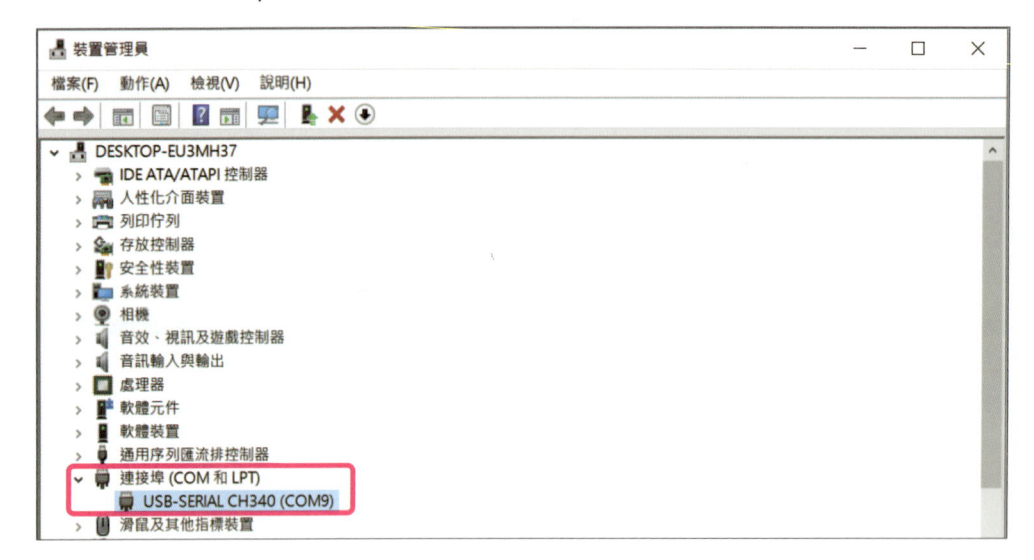

Step 2 若 NodeMCU-32S 開發板連接電腦後，裝置管理員視窗中出現如下圖紅框所示的「USB2.0-Serial」畫面，請根據自己 NodeMCU-32S 的 USB-to-UART 晶片是哪一種 (CH340 或 CP2102) 來下載對應的驅動程式安裝。

Step 3 由於 NodeMCU-32S 以使用 CH340 的 USB-to-UART 晶片最為常見，因此接下來便以安裝 CH340 的驅動程式流程來示範。首先請先到 https://reurl.cc/d2EqM8 下載雲端硬碟中的 CH341SER_CH340G_Driver.zip 驅動程式壓縮檔。（若 ESP32 開發板 USB-to-UART 晶片為 CP2102，請下載另一個對應的驅動程式 CP210x_Universal_Windows_Driver.zip 來進行安裝）

Step 4 將 CH341SER_CH340G_Driver.zip 驅動程式解壓縮後，執行解壓縮目錄「CH341SER_CH340G_Driver」中的「SETUP.EXE」執行檔，並在出現如下圖所示的安裝視窗中，點選「INSTALL」按鈕來安裝 NodeMCU-32S 的驅動程式。

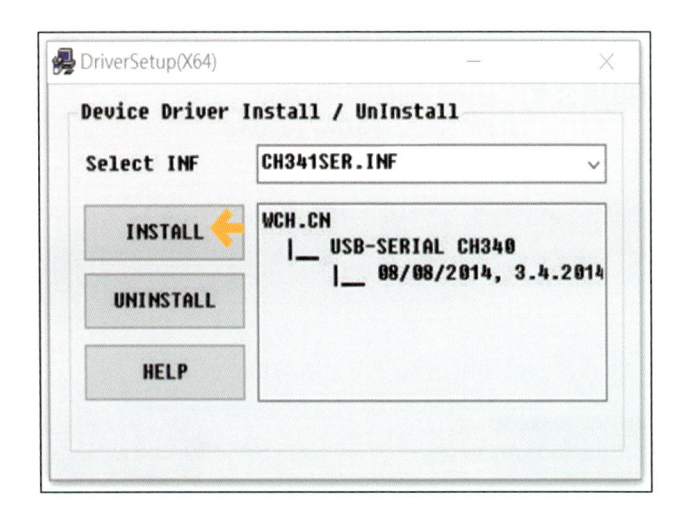

Step 5 驅動程式安裝成功後，再到裝置管理員視窗中進行確認，倘若出現如步驟 1 附圖所示的「USB-SERIAL CH340(COMxx)」的字樣，就表示 NodeMCU-32S 開發板的驅動程式已經安裝完成，此時便可以開始使用你的電腦來對 NodeMCU-32S 進行控制與操作了。

0-3　motoBlockly 的前置設定及程式上傳

motoBlockly 簡介

在安裝完 Arduino IDE 後便可以開始編寫 Arduino 或 ESP32 程式，但若是對 Arduino C 程式編寫不熟悉的初學者，建議可先試著從圖控式的 ESP32 程式開發軟體開始入門。

motoBlockly 是由台灣的慧手科技公司所開發，是一套可以支援多種單晶片開發板（包含 Arduino、ESP8266 以及 ESP32…等）的免費圖控式程式編輯軟體，其利用程式積木堆疊來編寫程式的方式，與另一款圖控程式軟體：APP Inventor 非常類似，對於想嘗試自行編寫程式的初學者來說非常容易上手。使用者只須把 ESP32 開發板預定要執行的動作依序地將程式積木堆疊起來，motoBlockly 便可將所堆疊的程式積木自動轉換成對應的程式碼，在 Windows 作業系統下甚至還有支援將程式碼一鍵上傳至開發板的服務。

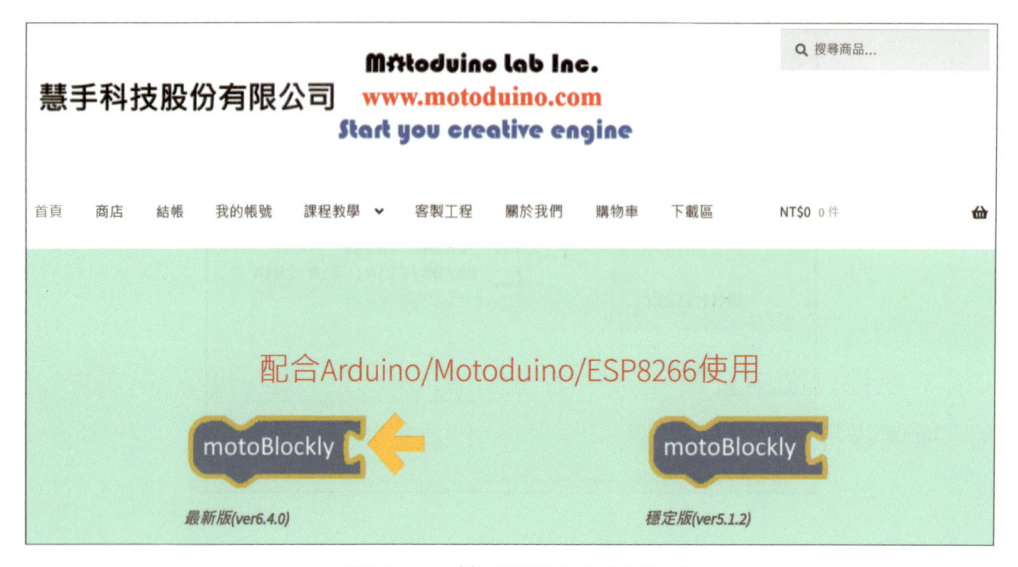

● 圖 0-6　慧手科技官網首頁

如圖 0-6 所示，欲使用 motoBlockly 編寫程式須先進入慧手科技的官網首頁（網址為：www.motoduino.com），接著再點選頁面中 motoBlockly 最新版 (ver6.x.0) 的程式積木 Logo（上圖箭頭處）便可進入 motoBlockly 的程式編輯頁面。

motoBlockly 目前僅以線上版的方式提供給大眾開發 Arduino、ESP8266 與 ESP32 程式，使用者只需在有網路及網頁瀏覽器（慧手官方建議使用 Google Chrome）的環境下即可上線進行開發。

除了一般外接模組的操控外，motoBlockly 同時也提供了多種免費雲端平台及 AI 人工智慧的物聯網程式積木，並且支援將程式積木直接轉換成 Arduino C 程式碼的一鍵切換服務。使用者可藉此功能來比對程式積木與 ESP32 程式碼之間的關聯，相信對於想更進一步學習使用 IDE 來編寫程式碼的進階使用者會有很大的幫助。

motoBlockly 設定及程式上傳的操作流程

motoBlockly 完成程式積木的堆疊之後，依照作業系統的不同而可分成兩種將程式上傳至單晶片開發板的方式：一是在作業系統為 Windows 的環境下，預先下載安裝並開啟 motoBlockly 的中介程式後，便可直接從網頁下達命令來執行程式編譯上傳的動作。另一種則是適用所有的作業系統；藉由「複製」(Copy) 來自於 motoBlockly 所轉換出來的 Arduino C 程式碼，再將這些程式碼全部「貼上」(Paste) 到自己本地電腦端的 Arduino IDE 後再進行編譯上傳。兩種不同的上傳方式在前置作業的準備上也稍有不同，其設定步驟也將會在接下來馬上為大家來介紹。

上傳方法一　Windows 作業系統

若讀者電腦安裝的是 Windows 作業系統，就可以選擇從 motoBlockly 程式積木堆疊頁面中直接呼叫本地電腦端的 IDE 來編譯上傳 ESP32 程式。雖然此種燒錄程式的方式快速又便利，不過在開始使用前還得先下載並安裝負責呼叫本地 IDE 來進行編譯燒錄的 motoBlockly 中介程式 (Broker)，而該安裝檔也會同時將相關函式庫 (Libraries) 及 ESP32 的編譯核心一併進行安裝。其設定流程如下：

> **Step 1** 如下圖所示，進入 motoBlockly 程式編輯的頁面後，點選工具列中的 ⬆ 按鈕（黃色箭頭處）來下載 Broker 及相關函式庫的安裝程式。

> **Step 2** 如下圖所示，安裝從上一步驟所下載的 motoblockly_broker_v2.x_setup.exe 檔案。

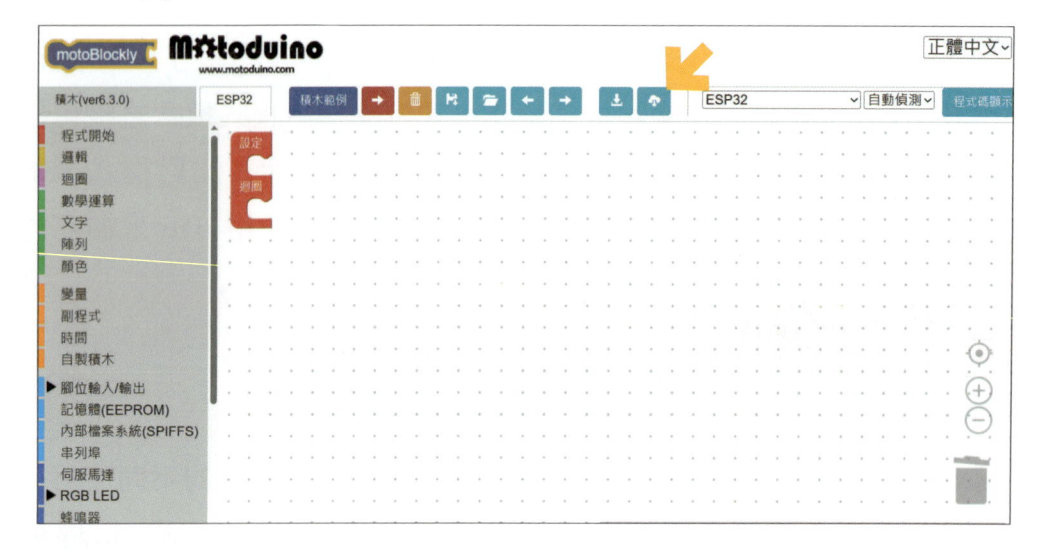

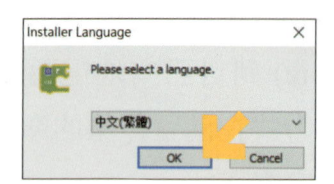

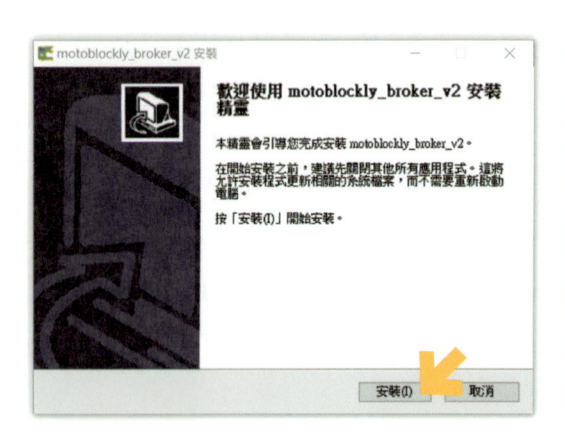

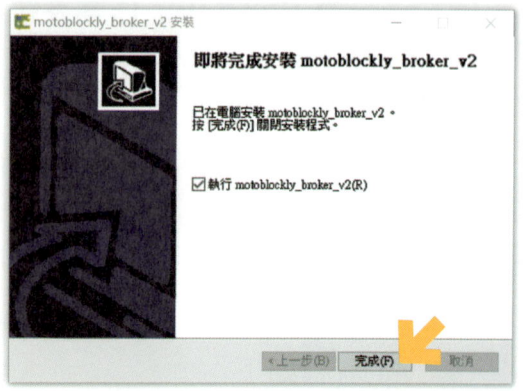

Step 3 在完成 motoBlockly 中介程式的安裝後，桌面會多出一個如下圖白框處所示、名為「motoblockly_broker_v2」的捷徑。若想直接從 motoBlockly 網頁中上傳 ESP32 程式，請務必先將其點選開啟。當 motoblockly_broker_v2 中介程式完成啟動、並出現如下圖所示的「motoblockly_broker_v2 can now be accessed」字樣時，請將此黑色提示視窗保留或最小化（不可關閉），如此在程式碼完成時其才能協助呼叫本地電腦端的 Arduino IDE 代為執行程式的編譯與上傳。

Step 4 完成了 motoBlockly 中介程式的安裝與啟動、並以 MicroUSB 傳輸線連接 ESP32 開發板與電腦後，便可開啟 motoBlockly 所提供的積木範例來練習如何將程式積木轉成程式碼，以及將程式碼上傳到 NodeMCU-32S 的燒錄動作。

Step 5 如下圖所示，❶先選擇正確的開發板型號（使用 NodeMCU-32S 開發板時請選擇「ESP32」選項；若程式內容過多則可選擇「ESP32(huge)」選項）以及對應的 COM Port 位置（選擇「自動偵測」即可）。❷選擇開啟 motoBlockly 積木範例裡的「LED 閃爍」程式範例，其為控制 NodeMCU-32S 中 D2 腳位 LED 的程式，點選後 motoBlockly 便會匯入並顯示此範例程式的程式積木堆疊狀態。

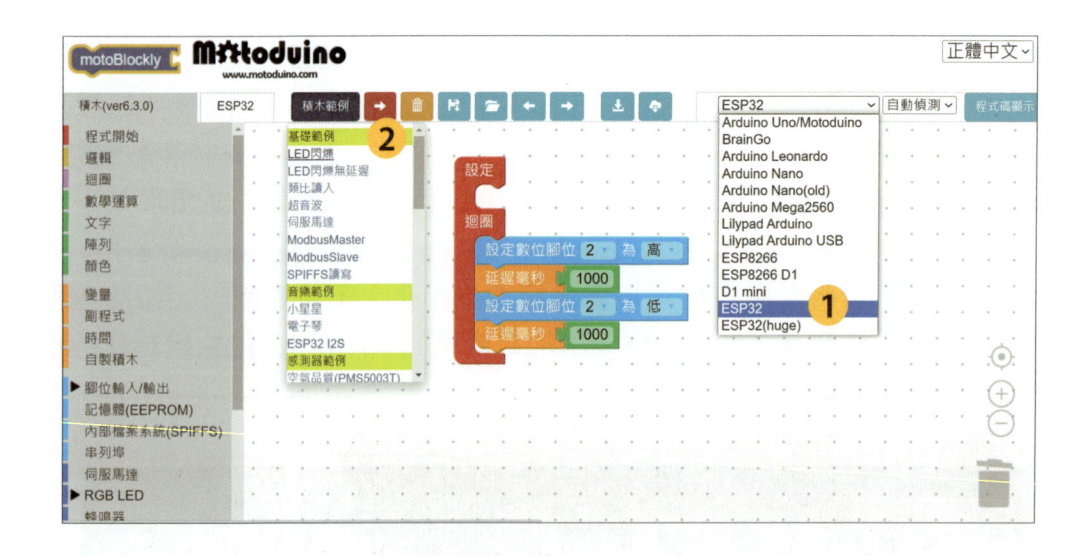

Step 6 範例程式積木開啟完成後，❶ 點選下圖中 motoBlockly 的「ESP32」Tab 選項，即可將範例中的程式積木轉換成 Arduino C 程式碼。❷ 按下工具列中的 ➡ 按鈕。❸ 按下詢問視窗的「確定」鍵即可開始進行範例程式的編譯與上傳。

如下圖所示，當 motoBlockly 開始上傳程式時，預先啟動的中介程式便會將 motoBlockly 產生的程式碼傳送給本地電腦端的 Arduino IDE，IDE 便可在背景中進行程式的編譯與上傳動作。而中介程式視窗也會同步顯示目前程式碼編譯及上傳的進度。

Step 7 最後當 motoBlockly 頁面跳出如下圖所示的訊息時，便是代表 motoBlockly 已完成程式上傳的程序，NodeMCU-32S 位在 D2 腳位的 LED 燈就會開始依照程式的指令，以 1 秒鐘的間隔時間持續做著閃爍的動作。

⚠️ 注意：使用 motoBlockly 上傳 ESP32 程式會比較費時，燒錄時請耐心等候。

上傳方法二　所有作業系統通用

　　Windows 作業系統的電腦可以使用前一種方式來直接燒錄程式碼，但非 Windows OS 的電腦要上傳程式，就得先將 motoBlockly 產生的程式碼複製到 Arduino IDE 中再上傳。

　　使用此上傳方式除了須先在自己的電腦安裝 Arduino IDE 外，還得另外下載 motoBlockly 會用到的函式庫 (Libraries)，並在解壓後將其複製到對應的 Arduino IDE libraries 目錄下才行。下載安裝 motoBlockly 函式庫及使用 IDE 上傳 motoBlockly 程式碼的前置設定流程如下：

Step 1 如下圖所示，進入 motoBlockly 的網頁後，點選工具列中的 ⬇ 按鈕開始下載 motoBlockly 的函式庫壓縮檔。

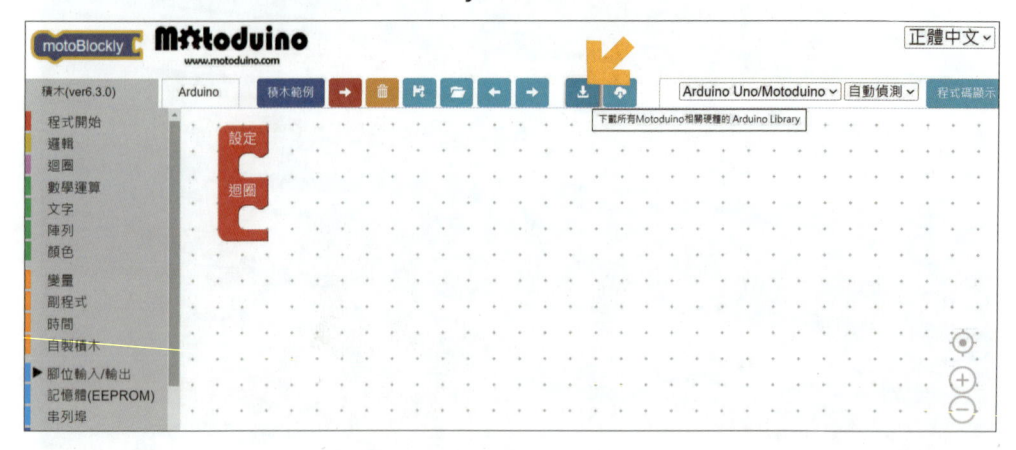

Step 2 將 Step 1 下載的 motoBlockly 函式庫壓縮檔 (Moto_library.zip) 解壓縮到對應的 Arduino IDE libraries 目錄下（如下圖所示，請將解壓縮後的目錄放至電腦安裝 Arduino IDE 所對應的 libraries 目錄），即可完成相關的前置設定，如此便可避免 IDE 在編譯時會有找不到相關函式庫的錯誤發生。

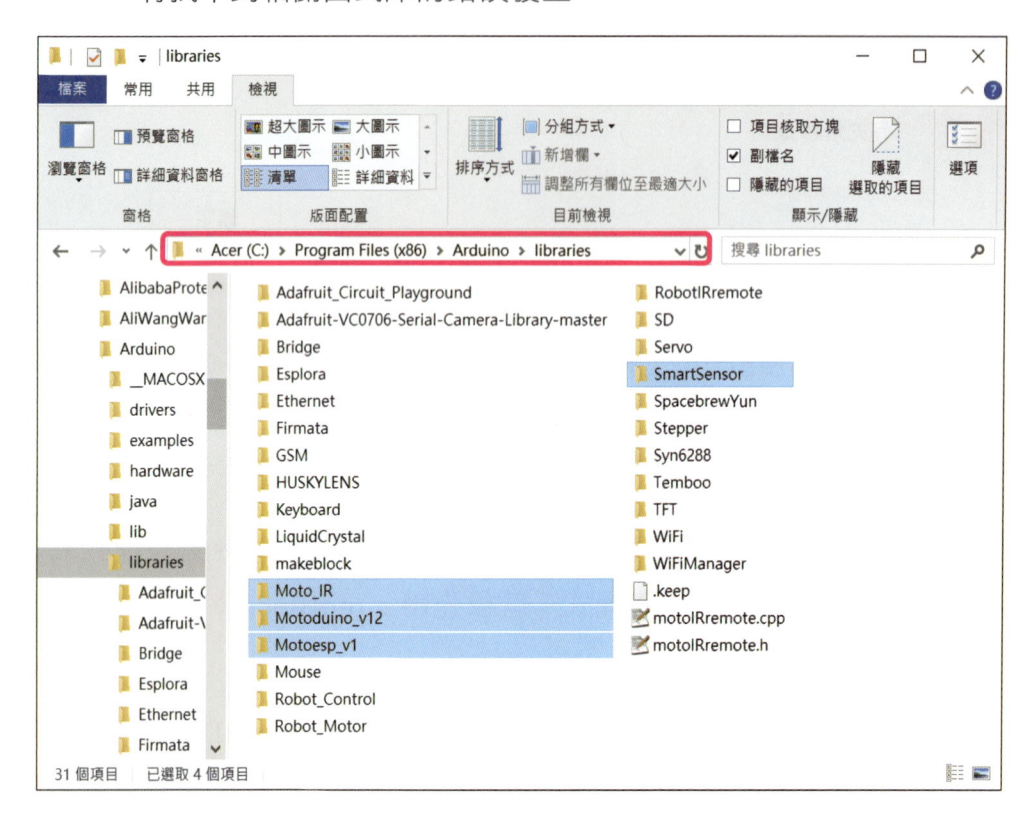

Step 3 完成 motoBlockly 函式庫的安裝之後，一樣載入 motoBlockly 中的「LED 閃爍」範例，接著：❶ 點選下圖中 motoBlockly 的「ESP32」Tab 選項。❷ 點選 motoBlockly 工具列中的 📎 按鈕，motoBlockly 便會自動將轉換後的 Arduino C 程式碼全部複製到電腦的剪貼簿裡暫存備用。

Step 4 將 ESP32 開發板用 MicroUSB 傳輸線連接至電腦，並開啟之前所安裝的 Arduino IDE 程式編輯軟體。為了讓 IDE 知道接下來的程式該往哪邊上傳，IDE 這邊還需要做一些簡單的設定。

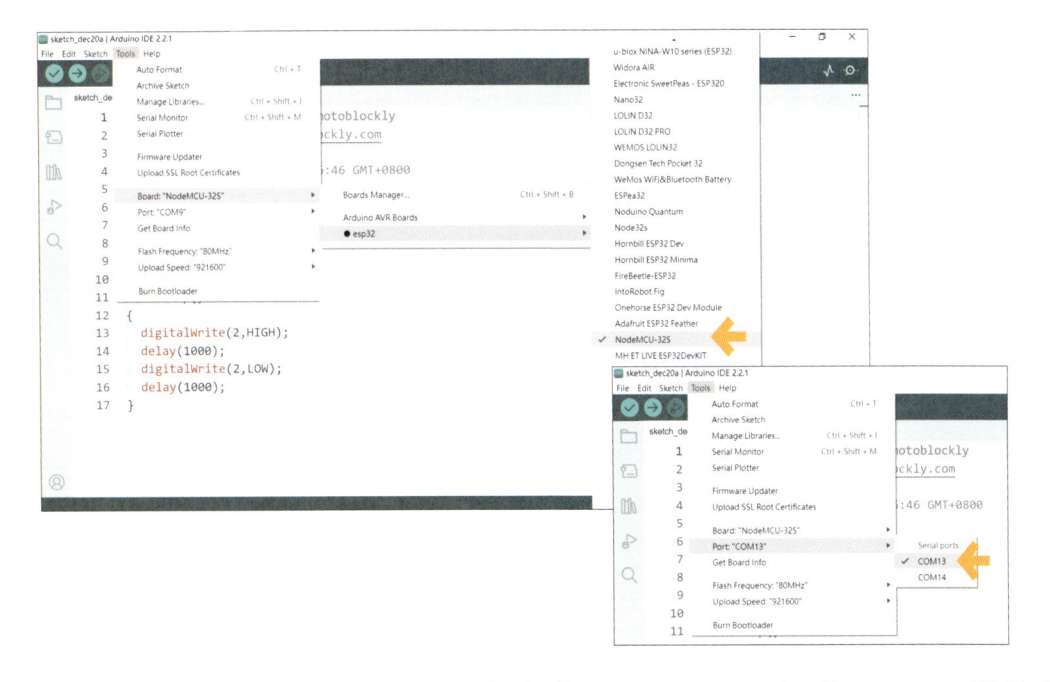

如上圖所示，工具選項中的「開發板」需選擇「esp32」群組中的「NodeMCU-32S」選項。另外的「序列埠」則需選擇在裝置管理員視窗中所顯示的那個 ESP32 開發板 COM Port。（本例為 COM13）

Step 5 接著先清除掉 Arduino IDE 中原本的程式碼（Ctrl+A 全選後再按 Del 鍵刪除之），再貼上 (Ctrl+V) 自步驟 3 中所複製的 ESP32 範例程式碼。貼上 motoBlockly 產生的範例程式碼後，最後再點選 Arduino IDE 左上角的 → 按鈕開始進行程式的上傳。

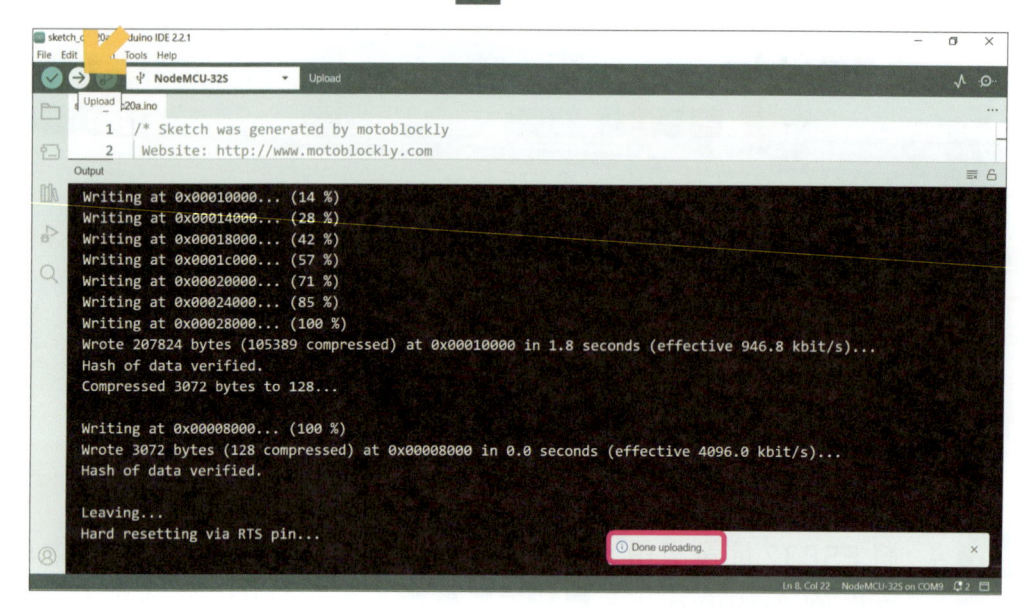

程式成功上傳至 ESP32 開發板後，Arduono IDE 底下的狀態列便會顯示如上圖紅框處所示的「Done uploading.」字樣，並會秀出目前 ESP32 記憶體被使用的狀況。此範例程式上傳成功之後，NodeMCU-32S 位在 D2 腳位的 LED 燈就會開始依照程式的指令，以 1 秒鐘的間隔時間持續做著閃爍的動作。

0-4 motoBlockly 操作介面說明

進入 ESP32 的圖控式程式編輯軟體 motoBlockly 頁面後，便可以看到如下的操作畫面，我們將該操作介面分成「工具列區」、「開發板設定區」、「程式積木區」以及「程式積木堆疊區」等幾個區塊，而各個區塊的操作方式與功能介紹，會在後續的章節中說明。

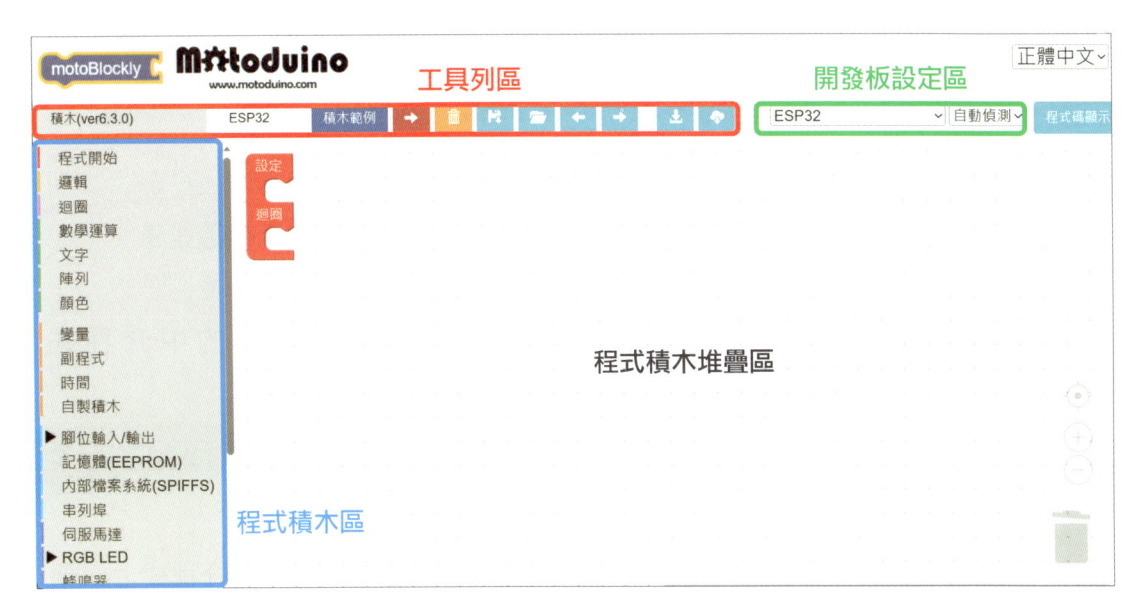

- 圖 0-7　motoBlockly 操作介面

工具列區簡介

按鈕型式	功能
積木(ver6.3.0)	此選項可將積木堆疊區切換成可讓程式積木堆疊的模式。
ESP32	此選項可將積木堆疊區裡堆疊的程式積木，轉換成可上傳至 ESP32 開發板的程式碼。
積木範例	motoBlockly 內建的一些程式積木堆疊範例。
🗑	移除積木堆疊區中目前所有堆疊的程式積木。

按鈕型式	功能
	程式堆疊區的此按鈕,可以將積木堆疊區裡目前堆疊的程式積木儲存成 xml 檔,並從網路下載(Download)到本地 (Local) 電腦端。
	載入本地電腦端中儲存的 motoBlockly 程式積木 xml 檔,並將其顯示在 motoBlockly 的積木堆疊區中。
	恢復在程式堆疊區的上一個動作。
	恢復在程式堆疊區的下一個動作。
	下載 motoBlockly 會使用到的相關元件函式庫。
	下載 motoBlockly 可支援一鍵燒錄的中介程式 (Broker) 及函式庫安裝檔。
程式碼顯示	即時顯示程式堆疊區中程式積木所對應的 Arduino C 程式碼。(程式碼可與程式積木同時顯示)
	將積木轉換的 Arduino C 程式碼透過中介程式上傳至 ESP32 開發板。(目前僅支援 Windows 作業系統)
	全選並複製程式積木所轉換出來的 Arduino C 程式碼。(支援所有作業系統)
	當程式堆疊區顯示 Arduino C 程式碼時,此按鈕可以將程式積木轉換的 Arduino C 程式碼儲存成 ino 檔,並從網路下載到本地 (Local) 電腦端。

開發板設定區簡介

如圖 0-8 所示，和在 Arduino IDE 中上傳程式前須先選擇正確的 ESP32 開發板型號與連接埠 (COM Port) 一樣，motoBlockly 在將程式積木轉換成程式碼上傳前，也需要提供正確的 ESP32 開發板型號與連接埠。因此本開發板設定區，便是提供給使用者能因自己需求而有不同的選擇項目，如圖 0-9 所示。

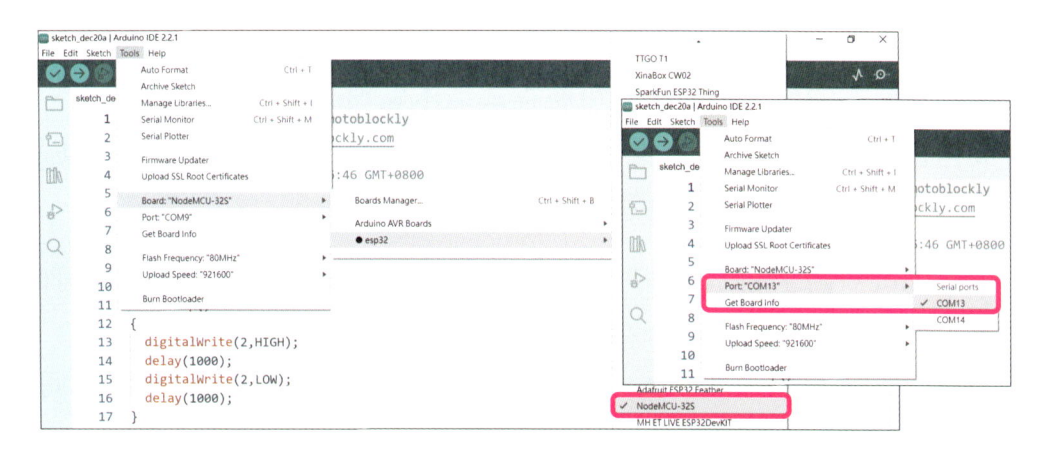

● 圖 0-8　motoBlockly 開發板設定

如下圖所示，除了開發板型號的選擇外，motoBlockly 也提供了「自動偵測」COM Port 的功能。一旦選擇了此選項，電腦便會自動尋找 ESP32 開發板所在的 COM Port 位置，讓使用者可以更快完成程式上傳環境的設定。

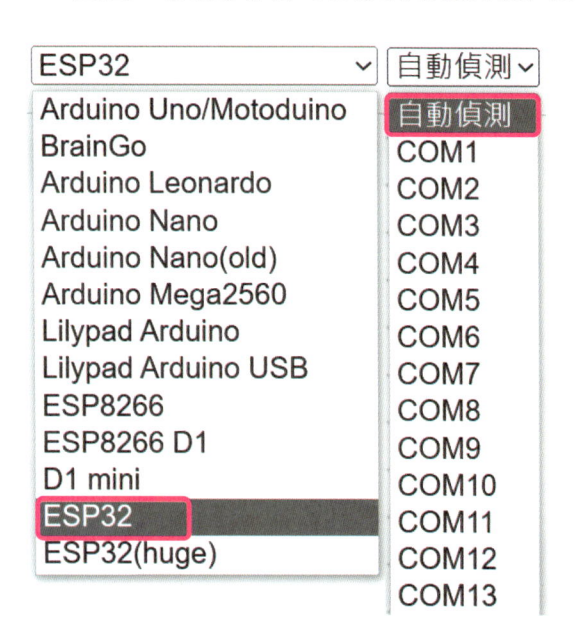

● 圖 0-9　motoBlockly 自動偵測 COM Port

程式積木區簡介

程式積木區會將不同功能的程式積木放置在不同的積木群組中，使用者可依各積木群組最左邊的顏色來區分，並以此來找到書中範例相對所使用的程式積木。而各式程式積木的功能與使用方法，將在其被使用到時再做個別的說明。

程式積木堆疊區簡介

當工具列區的 積木(ver6.3.0) 按鈕被按下時，積木堆疊區便是提供使用者堆疊程式積木的地方。使用者可將程式積木區裡的積木拖曳到這個區域中來完成自己想要的動作或功能。程式上傳後 ESP32 開發板便會依照使用者所堆疊出來的積木順序來依序運作。

motoBlockly 的程式積木在堆疊過程中，只有在積木缺口格式相符的條件下才「有可能」可以被組合在一起。倘若兩個程式積木可以成功組合，電腦便會發出「喀」的一聲音效來示意。motoBlockly 程式積木在製作時都有做基本的防呆偵測，因此若有積木缺口格式相同，但其組合的設定型態不相容的話，也是有可能會出現兩個積木無法完成組合的狀況。

如圖 0-10 所示，在 motoBlockly 積木堆疊區裡面一定需要一塊名為「設定/迴圈」的程式積木，這是為了對應 Arduino C 程式碼中一定要具備的 setup() 與 loop() 兩個函式。所以當 motoBlockly 在堆疊程式積木的時候，起手式一定是從這塊「設定/迴圈」程式積木來開始進行堆疊組裝。

● 圖 0-10　motoBlockly 設定/迴圈程式積木

俗語說「千里之行始於足下」，意思是說：不管是要走多遠多久的路程，都得從踏出眼前的第一步開始。ESP32 的程式運作也是一樣，不管是再難再複雜的程式，總會有一個要開始執行的起點，而這個程式起點就是 setup()—設定函式。ESP32 開發板在通電啟動後會從 setup() 函式的第一行程式碼一直執行到最後一行，執行完畢後便會離開此函式並且自動跳到下一個函式 loop() 中運行。由於這個 setup() 函數只會在開發板啟動時執行一次，因此大多會被放置一些只須執行一次的硬體初始化積木，所以此函式才會被稱為 setup（設定）函式。

當 ESP32 執行完 setup() 函式裡的所有程式碼後，接著就會自行跳到 loop()—迴圈函式中繼續運行。和 setup() 不同的是，當 ESP32 從頭到尾執行完 loop() 函式的每一行程式碼後，又會自動返回重新執行 loop() 函式的第一行程式碼。以此類推，之後的 ESP32 開發板便會一直反覆執行 loop() 裡的程式（這也是這個函式會被取名為 loop（迴圈）的原因），直到 ESP32 電源關閉為止。

最後還有位於積木堆疊區右下角的一些特殊按鈕：其中的　　　是可放大／縮小堆疊區中程式積木尺寸的按鈕。當積木堆疊區裡的程式積木太多或太小不方便瀏覽的時候，使用者可利用這兩顆按鈕來進行縮放程式積木的動作。　則是可將目前的程式積木堆疊的顯示位置移動至積木堆疊區正中央的按鈕。

另外　則是丟棄無用積木的地方。若有需要刪除的程式積木，除了可將積木拖曳至程式積木區丟棄外，也可將其拖曳到此處進行刪除（看到垃圾桶蓋打開後再放開就可以了）。

MEMO

Chapter 1

HMI 與 OpenAI 入門簡介

1-1 ChatGPT、DALL·E 與 HMI 觸控螢幕簡介

1-2 ChatGPT 與 ESP32

1-3 ESP32+HMI 多功能系統組裝步驟

1-4 OpenAI API Key 取得流程

　　2022 年底，由 OpenAI 公司推出的 ChatGPT 與 DALL·E 服務，由於擁有強大的人工智慧運算力和無限的創造力，一推出後便讓 AI 風潮席捲全球，成為科技及教育界的新寵兒。也因為 OpenAI 有提供官方 API 讓第三方的軟硬體可與其對接，因此具備了連網功能的 ESP32 開發板自然也可以與其搭配使用。本章將說明 ESP32 在使用 OpenAI 的服務前所需進行的註冊及設定流程，並且介紹在圖控式程式編輯軟體 motoBlockly 中相關程式積木的用途及使用方式。

　　另外 HMI（Human Machine Interface）是一種讓人與機器進行互動的技術，無論輸入或輸出都可以透過觸控螢幕來實現。觸控螢幕可以顯示機器的各種資訊，如文字、數據、圖表等，也可以透過觸控按鈕來對機器進行操作。因此即便 ESP32 只有外接一片 HMI 觸控螢幕，也能透過其身兼輸入及輸出的功能，做出許多有趣又實用的專題。

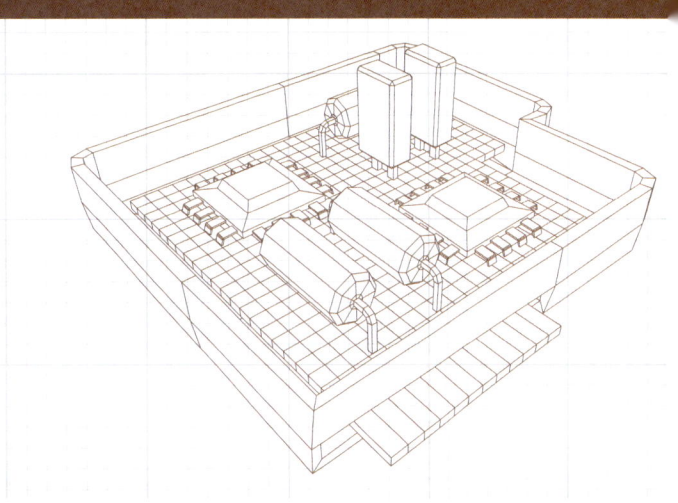

1-1 ChatGPT、DALL·E 與 HMI 觸控螢幕簡介

ChatGPT 簡介

　　OpenAI 公司所推出的 ChatGPT 於 2022 年年底時問世，是一種基於人工智能且又可與其對話的 GPT 模型 (GPT 的全名為「生成型預訓練變換模型 (Generative Pre-trained Transformer)」)。使用者可用文字對話的方式與其互動，它可以回答用戶的問題、提供資訊和執行特定的任務。ChatGPT 只是 OpenAI GPT 系列的其中一種模型，是透過大量的數據訓練以及深度學習技術來實現的 AI 工具。

　　ChatGPT 是一個訓練有成的人工智慧工具，其透過大量的文本數據（包括網路上的網頁、書籍、文章和對話記錄…等）訓練，教導模型理解語言的結構、語義和上下文，藉此來達到一個自然、流暢且有效的對話體驗。它可以理解用戶的問題並生成相應的回答，這使得 ChatGPT 成為一個非常強大的工具，從常見的知識查詢到技術指導和文件生成，它都能提供非常有效的幫助。圖 1-1 為 ChatGPT 的實作範例，它的提示詞語 (Prompt) 為「請寫出一篇七言絕句來描述關於華人中秋節家人團聚的場景」。

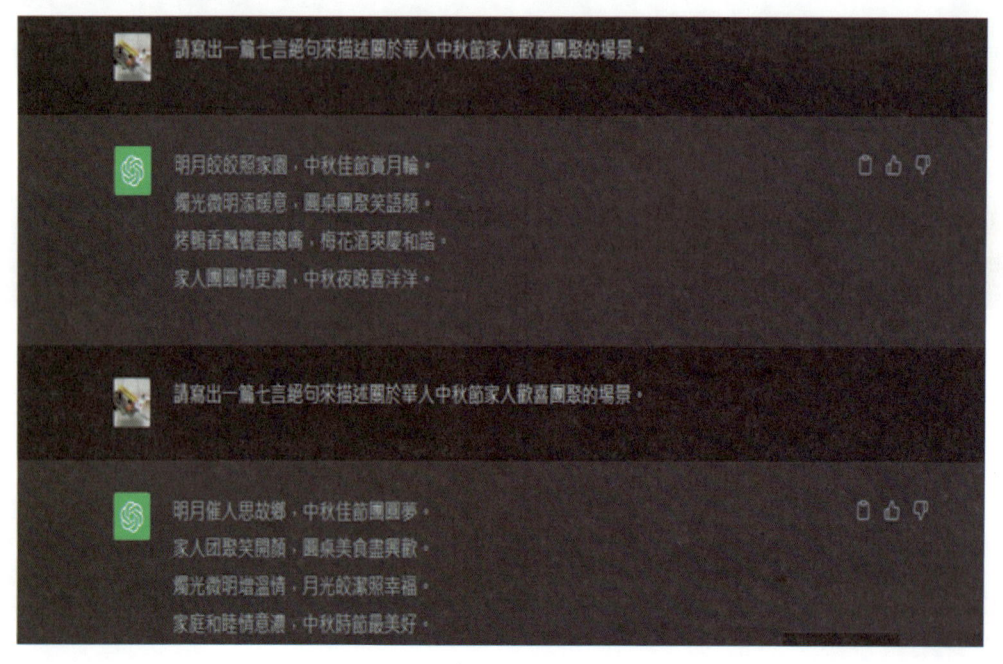

● 圖 1-1　ChatGPT 使用範例

然而，目前的 ChatGPT 也有一些使用限制，可能會造成它產生不正確或模稜兩可的答案，也有可能因此對某些主題無法深入進行探討。此外，它也會受到語義和倫理等的多方限制，以致於無法提供法律或醫療等專業領域的準確建議。因此在使用 ChatGPT 時還是要將其回覆的內容再稍加驗證才會比較保險。

總之，ChatGPT 是一個強大的對話模型，它可以回答用戶的問題並提供有用的資訊。儘管有所限制，但它仍是個可有效提供幫助且又方便好用的 AI 工具。

DALL·E 簡介

DALL·E 同樣是由 OpenAI 公司所推出的一個劃時代的 AI 模型，它以能動態生成使用者所描述的全新圖像而廣受好評。DALL·E 的名稱靈感來自於著名畫家 Salvador Dali 和漫畫家 Walt Disney 的合成，象徵著這個模型的創新和多樣性。

DALL·E 這個 AI 模型主要是通過學習大量的圖像資料，使其能夠創造出從未存在過且具有高度想像力的圖片。使用者可以透過提供文字描述，例如「兩隻黃貓在月球上開著火箭」的提示詞，DALL·E 便能動態生成數張符合上面提示內容的獨特圖像（如圖 1-2 所示）。這種以文字描述生成圖像的能力，讓 DALL·E 在藝術創作、視覺設計等領域很快地便佔有一席之地。

• 圖 1-2　DALL·E 生成範例

總的來說，DALL·E 的功能不僅僅是一個圖像的生成模型，更是一個革命性的工具，使用者可以通過文字描述來創造出豐富多樣、創意無限的視覺內容，為藝術家、設計師和創作者提供了無限想像的創作可能性。

HMI 觸控螢幕簡介

• 圖 1-3　HMI 觸控螢幕

　　HMI（Human Machine Interface）是一種人機介面技術，旨在透過各種直覺的觸控操作，使人與機器之間的交流能夠更加自然和便利。這種技術廣泛應用於各種設備和系統，如工廠控制面板、智能居家設備、車輛娛樂系統等，功能相當多樣強大。

　　首先，HMI 觸控螢幕能提供直觀的使用者介面，通常以圖形和圖標的形式呈現，讓使用者能夠輕鬆理解和操作機器或系統。觸控操作能夠替代傳統的按鈕、滾輪或鍵盤，使介面更加簡單且容易操作。

　　其次，HMI 觸控螢幕支援觸控服務，允許使用者可以使用手指直接進行操作，提高了操作的靈活性和效率。這種互動方式可以讓資訊的檢視和操作更加直觀和流暢。

　　最後，HMI 觸控螢幕通常支援自定義配置和個性化設置，使用者可以根據自己的需求選擇面板尺寸、調整介面風格、佈局和功能。這種靈活的彈性使得 HMI 觸控螢幕適用於各種應用場景，從而能夠提供客製化的使用體驗。

　　總而言之，HMI 觸控螢幕的功能包括直觀的使用者介面、觸控服務、反饋機制和個性化配置，使得人與機器之間的互動可以更加地便捷且生動。

本書使用淘晶馳品牌的 5 吋 TJC8048X550_011CS 觸控螢幕，其官方操作介面編輯軟體可至 http://wiki.tjc1688.com/download/usart_hmi.html 處下載。

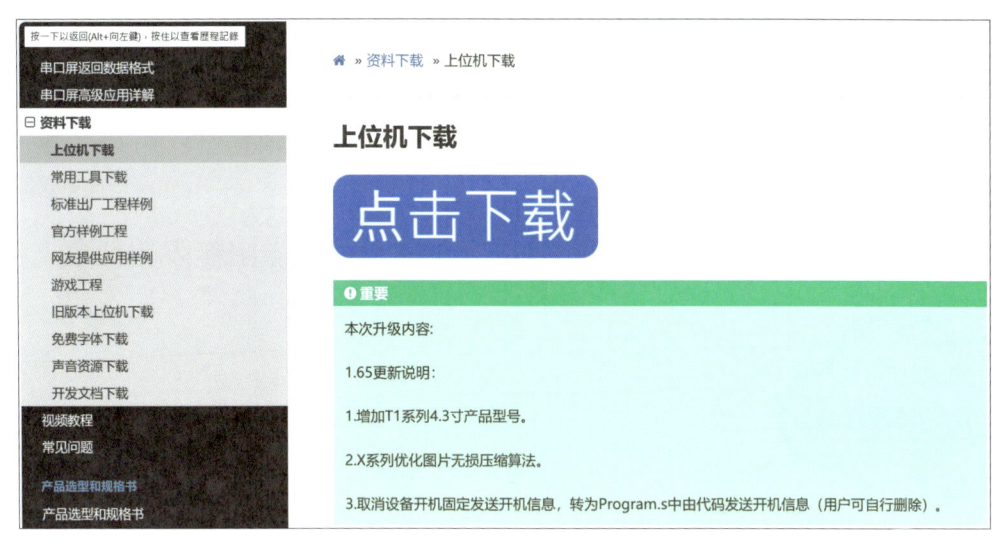

• 圖 1-4　淘晶馳觸控螢幕操作介面編輯軟體下載頁面

該介面編輯軟體使用方法則可至 http://wiki2.tjc1688.com/ 觀看相關說明。

• 圖 1-5　淘晶馳觸控螢幕操作介面編輯軟體使用方法頁面

1-2 ChatGPT 與 ESP32

ChatGPT 與 ESP32

ChatGPT 是可用自然語言與之溝通的人工智能模型，它可以了解使用者的問題或需求，進而產生出對應的文字回覆；而 ESP32 則是可搭配各種感測元件的可程式開發板，兩者強強聯手後就可以激盪出無限的創意火花。

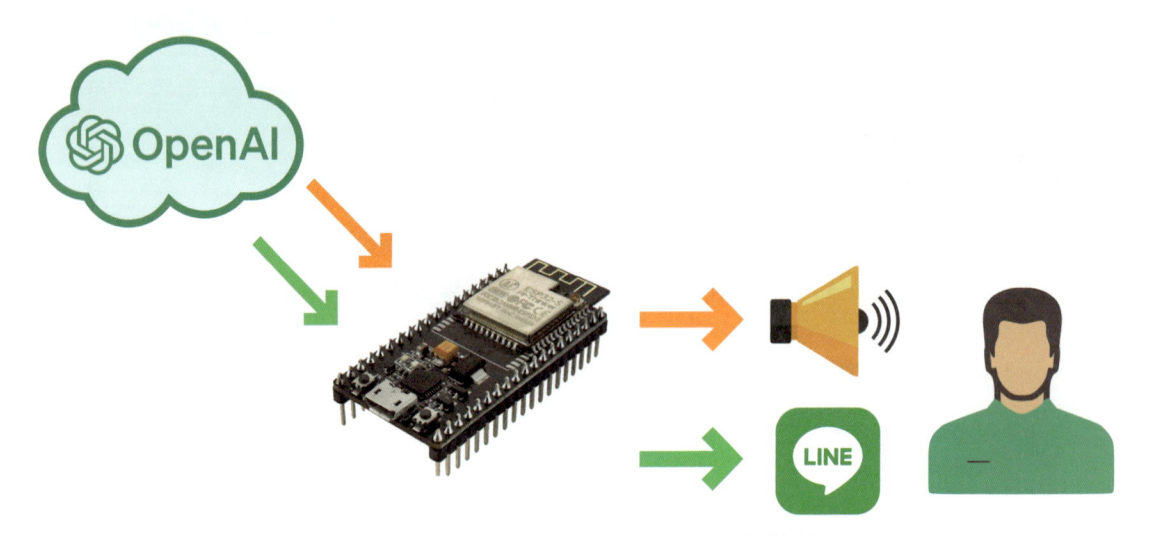

• 圖 1-6　ESP32 與 OpenAI 服務對接

如圖 1-6 所示：ESP32 可以直接透過按鈕或環境監控的方式觸發 OpenAI 的服務，並將其所回覆的內容以 LINE 訊息或是語音的方式來告知使用者。本書後續將會以兩者搭配，再整合 HMI 與 Google TTS 來做為應用範例的練習。

motoBlockly 與 ChatGPT、DALL·E 相關的程式積木放置在「雲端服務平台」類別的「OpenAI」群組中。詳細的 ChatGPT 與 DALL·E 程式積木功能介紹如下：

程式積木

`ChatGPT 模型 gpt-3.5-turbo ▼ 詢問內容 " " 生成隨機性(0~1) 0.9 max_tokens(<=4097) 1024 szAPIKey " "`

選單：
- ✓ gpt-3.5-turbo
- gpt-3.5-turbo-instruct

功能說明

回傳 ChatGPT 所產生的文字資料積木。

<模型>：可選擇使用 gpt-3.5-turbo 或 gpt-3.5-turbo-instruct 的文字生成模型。

《詢問內容》：請 ChatGPT 產生的內容敘述提示詞。

《生成隨機性(0~1)》：ChatGPT 產生答案的隨機自由度。越低限制越多，答案越中規中矩；越高則越自由，答案越天馬行空。

《max_token(<=4097)》：ChatGPT 回覆內容的最多 token 數。這裡一個 token 並不一定等於一個單字，一個單字也可能會被劃分成多個 toten，有興趣的讀者可至 OpenAI 官網中查詢。

《szAPIKey》：由 OpenAI 提供的授權碼，須註冊申請。

程式積木

`DALL-E 詢問內容 " " 生成數量(1~10) 1 圖片大小 256x256 ▼ szAPIKey " "`

選單：
- ✓ 256x256
- 512x512
- 1024x1024

功能說明

回傳 DALL·E 2 所產生的圖片資料（網址）的積木。

《詢問內容》：請 DALL·E 2 產生的圖片描述提示詞。

《生成數量(1~10)》：根據詢問內容，DALL·E 要生成的圖片數量，最少 1 張、最多 10 張。

<圖片大小>：DALL·E 2 要生成的圖片尺寸。有 256x256、512x512 和 1024x1024 三種尺寸可選擇。

《szAPIKey》：由 OpenAI 提供的授權碼。

程式積木

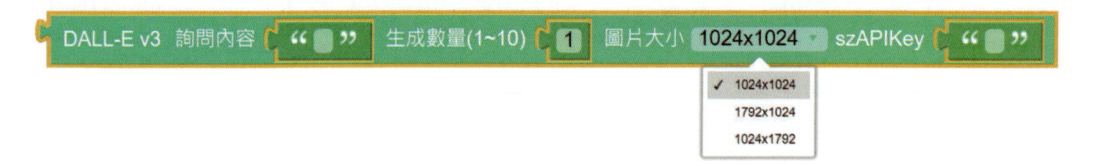

[DALL-E v3 詢問內容 " " 生成數量(1~10) 1 圖片大小 1024x1024 ▼ szAPIKey " "]

下拉選單：
- ✓ 1024x1024
- 1792x1024
- 1024x1792

功能說明

回傳 DALL·E 3 所產生的圖片資料（網址）的積木。（motoBlockly v.6.5.0 以上才提供此積木）

《詢問內容》：請 DALL·E 3 產生的圖片描述提示詞。

《生成數量(1~10)》：根據詢問內容，DALL·E 要生成的圖片數量。截稿前 OpenAI 官方一次只支援生成 1 張圖片。

<圖片大小>：DALL·E 3 要生成的圖片尺寸。有 1024x1024、1792x1024 和 1024x1792 三種尺寸可選擇。

《szAPIKey》：由 OpenAI 提供的授權碼。

程式積木

[DALL-E 生成圖片網址 第 0]

功能說明

回傳 DALL·E 模型所產生的圖片網址的積木。

《第》：回傳第 N 張 DALL·E 產生的圖片網址。

1-3　ESP32+HMI 多功能系統組裝步驟

　　本書後續的所有範例，均使用同樣的 ESP32 搭配 HMI 觸控螢幕的外殼組裝，其詳細的組裝步驟如下。

Step 1 先將 ESP32 與 ESP32 I/O Board 以如下圖所示的方式組裝在一起。

⚠️ 注意：ESP32 的安裝方向，若方向接反的話可能會造成 ESP32 或擴充板被燒毀。

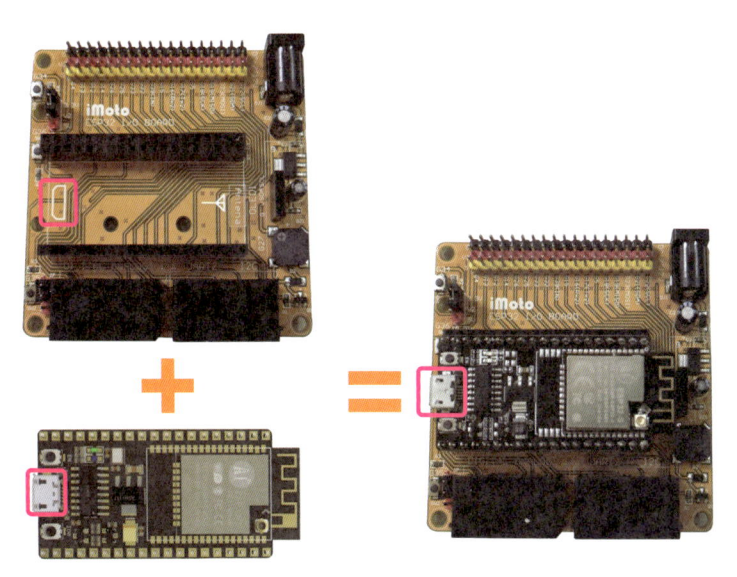

Step 2 如下圖紅框處所示，將擴充板上的 Jump 改為對接 V2 與 5V 兩腳位，讓 ESP32 擴充板上三個一組的外接排針可以提供外接模組 5 伏特 (5V) 的電壓電源。

Step 3 如下圖所示，使用金屬尖頭螺絲固定 I2S 喇叭。

⚠️注意：喇叭固定的位置無對應的雷切孔位，請直接鎖在外殼前板內側（沒有「Motoduino」字樣的那面）。

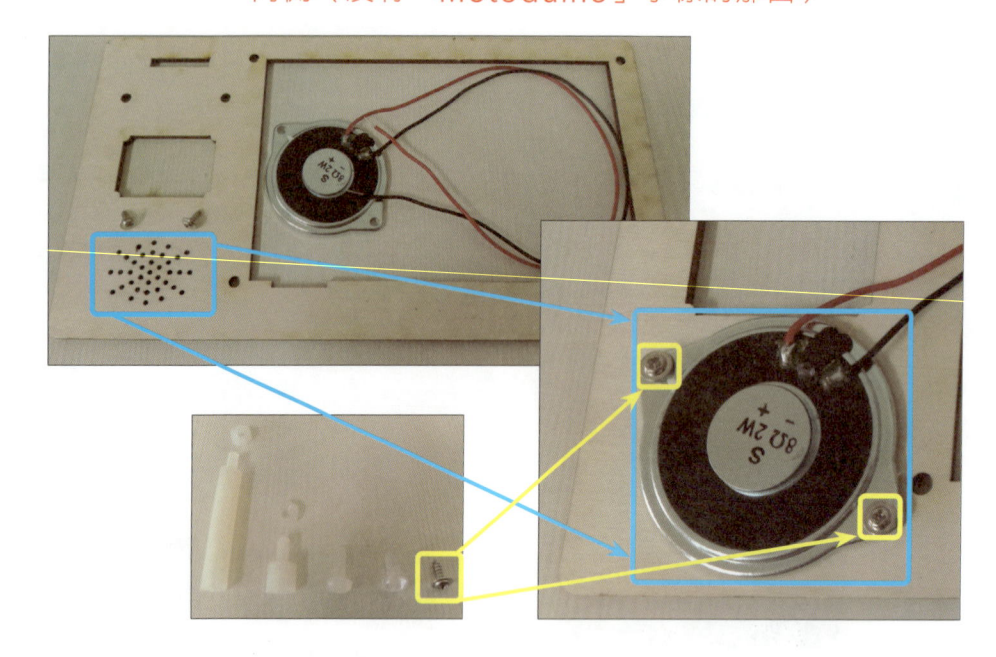

Step 4 如下圖所示，將 I2S 模組 (MAX98357A) 以金屬尖頭螺絲固定在外殼背板內側處（有雷切紋路的那面）。

⚠️注意：MAX98357A 模組固定的位置並無對應的雷切孔位，請直接將其鎖在靠近紅點所在的位置，以避免會擋住 ESP32 擴充板上 DC Jack 電源插頭的插拔。

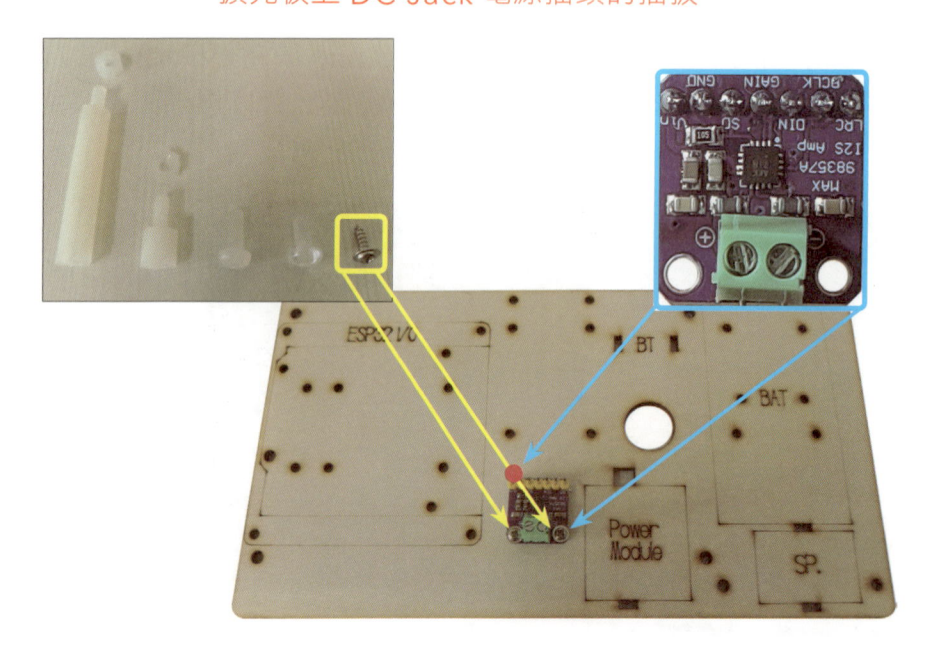

Step 5 如下圖所示，以最短的塑膠螺絲（不需要螺帽）固定已安裝好 ESP32 的擴充板。並以束線帶或雙面膠固定電源模組。ESP32 的 microUSB 插槽與電源模組的 DC Jack 插頭請朝上。

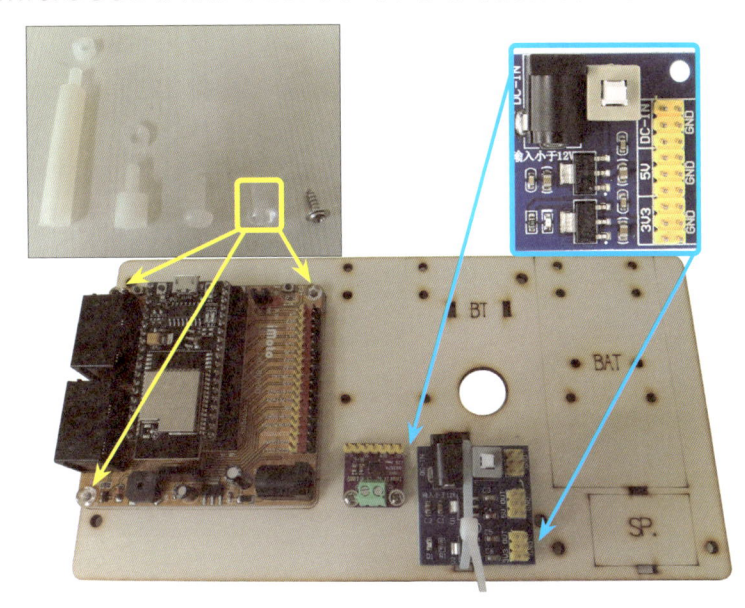

Step 6 先將 MAX98357A 模組依下圖所示的方式接到 ESP32 的擴充板上：
MAX98357A 模組的 LRC 腳位接到 ESP32 擴充板的 G25 信號排針 (S)
MAX98357A 模組的 BCLK 腳位接到 ESP32 擴充板的 G26 信號排針 (S)
MAX98357A 模組的 DIN 腳位接到 ESP32 擴充板的 G12 信號排針 (S)
MAX98357A 模組的 GND 腳位接到 ESP32 擴充板的 G25 接地排針 (G)
MAX98357A 模組的 Vin 腳位接到 ESP32 擴充板的 G25 電源排針 (V)。

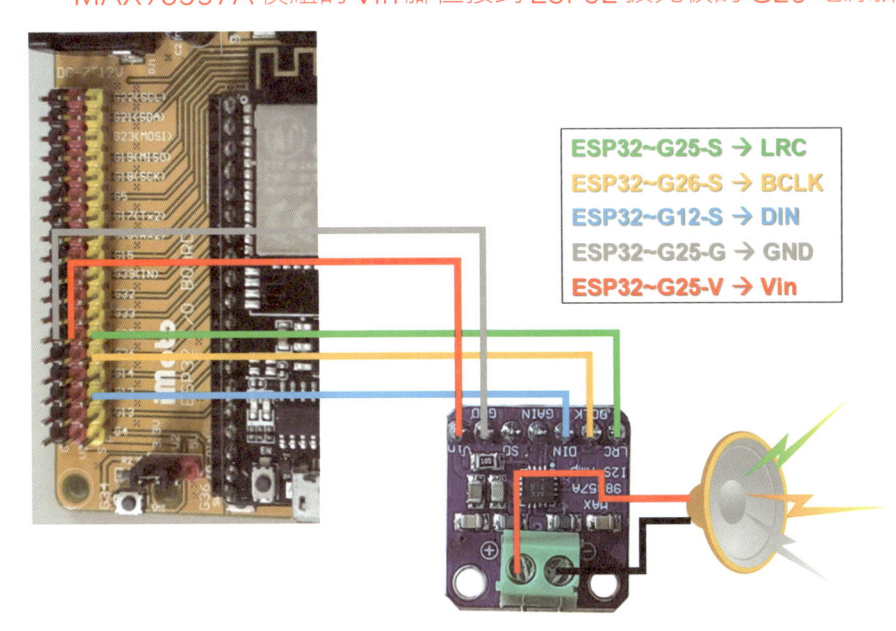

ESP32~G25-S → LRC
ESP32~G26-S → BCLK
ESP32~G12-S → DIN
ESP32~G25-G → GND
ESP32~G25-V → Vin

Step 7 以束線帶或雙面膠固定 HMI 觸控螢幕專用喇叭。音源線請朝向 ESP32 處。

Step 8 如下圖所示，以最短的塑膠螺絲（不需要螺帽）來固定 18650 電池盒。該電池盒可安裝在外殼背板的內側或外側，建議將其安裝在如圖所示的外殼背板外側（無雷切文字的那面）會比較方便日後電池的更換。

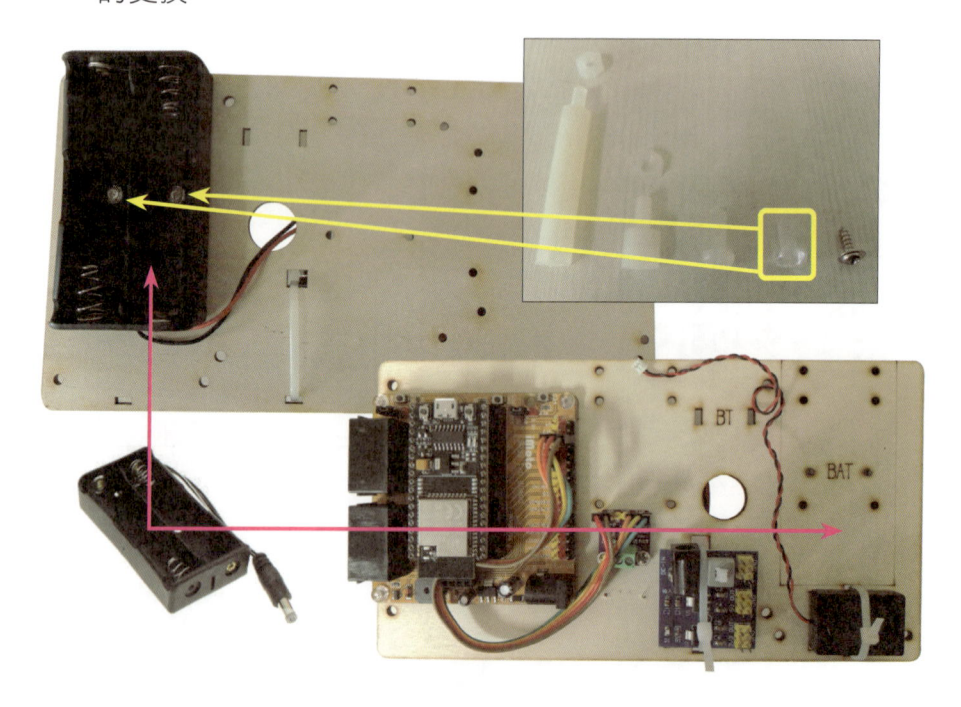

Step 9 將一分二電源線的兩個接頭分別接到如下圖黃框所示的 ESP32 擴充板與電源模組的 DC Jack 插座中。

Step 10 觸控螢幕組裝時，請將螢幕凸出的排線對齊外殼前板右下處的缺角再組裝。

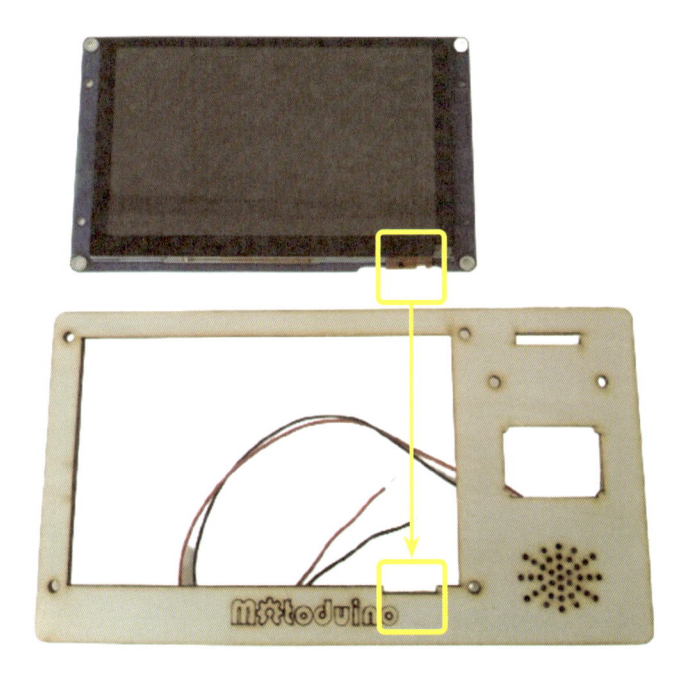

Step 11 如下圖所示，請使用最長的塑膠螺絲釘搭配塑膠螺柱來固定 HMI 觸控螢幕與外殼。

⚠注意：此時觸控螢幕的 microSD 插槽會朝上，HMI 電源信號線則會朝向外側。

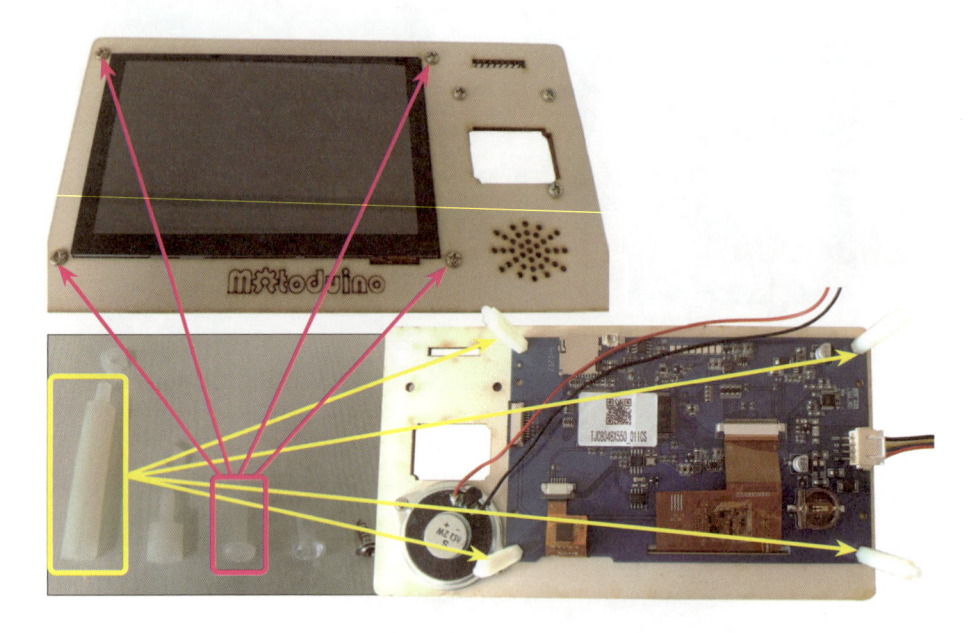

Step 12 如下圖藍色圈圈所示，請將 I2S 專用喇叭的紅黑兩條線接到 MAX98357A 模組上，其中黑線接到模組標示 ⊖ 的位置，紅線則接到 ⊕ 的位置。HMI 專用喇叭也請接到觸控螢幕的黃色方框處（喇叭接頭有方向性，不要硬接）。

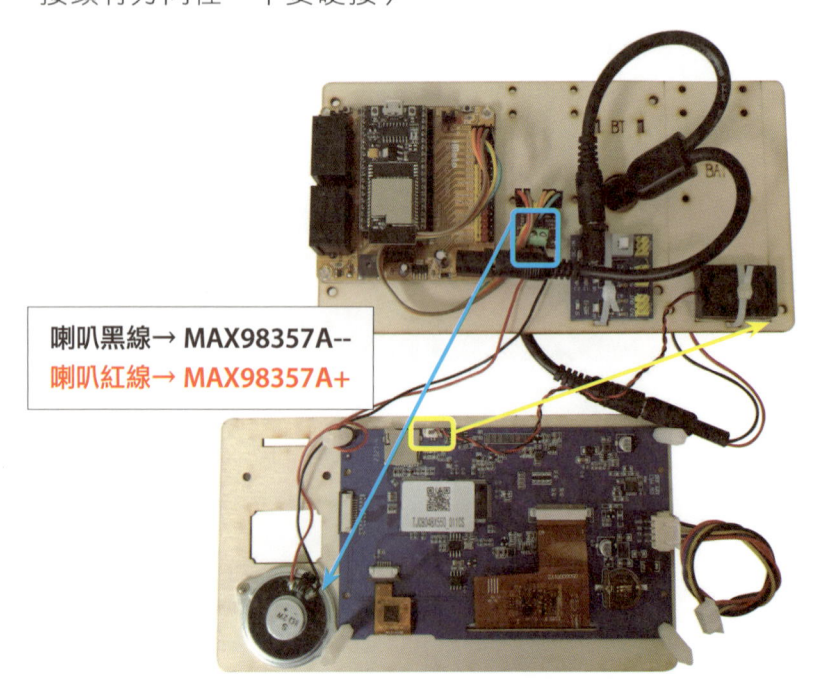

喇叭黑線→ MAX98357A--
喇叭紅線→ MAX98357A+

Step 13 如下圖上所示，將 HMI 的電源信號線安裝到觸控螢幕上。

⚠️注意：該電源信號線的黑線需對接至 HMI 的 GND，紅線則對接到 HMI 的 5V。

電源信號線的另一頭則以 4 條一公一母的杜邦線與其對接。此處杜邦線的顏色不重要，一公一母的型式即可。

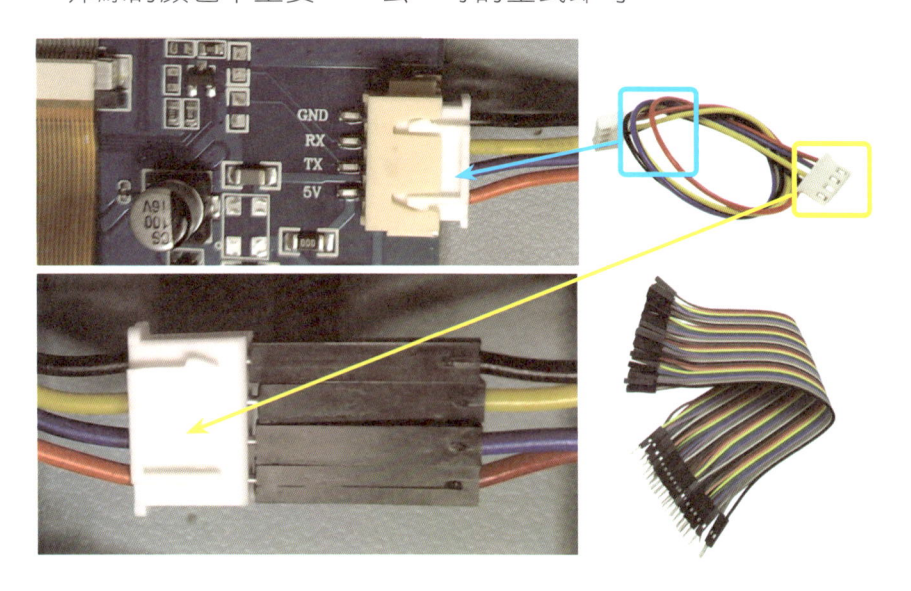

Step 14 將 HMI 觸控螢幕依下圖所示的方式接到 ESP32 的擴充板上：其中 HMI 螢幕的 GND 腳位接到電源模組的接地排針 (GND)、
HMI 螢幕的 RX 腳位接到 ESP32 擴充板的 G17(Tx2) 信號排針、
HMI 螢幕的 TX 腳位接到 ESP32 擴充板的 G16(Rx2) 信號排針、
HMI 螢幕的 5V 腳位則接到電源模組的電源排針上 (5V)。

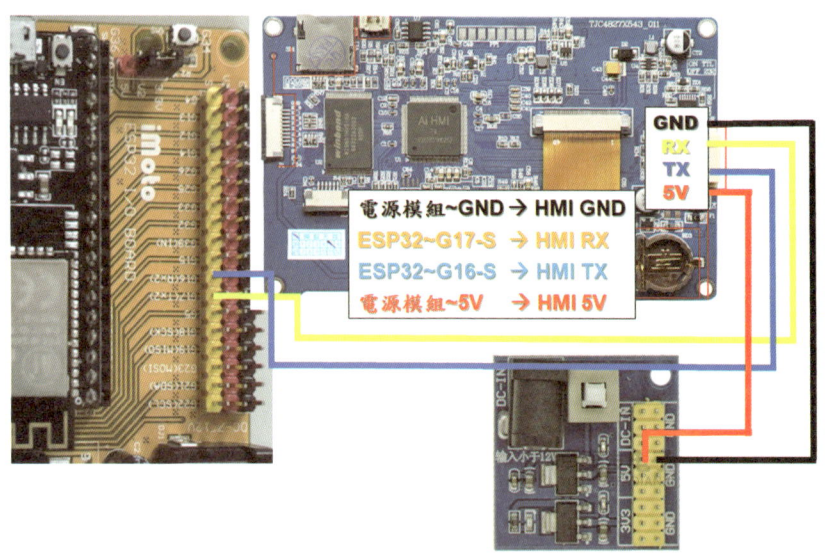

Step 15　如下圖所示，將外殼前板的塑膠螺柱對齊背板對應的雷切孔位之後，再使用塑膠螺帽將前後板外殼固定住。

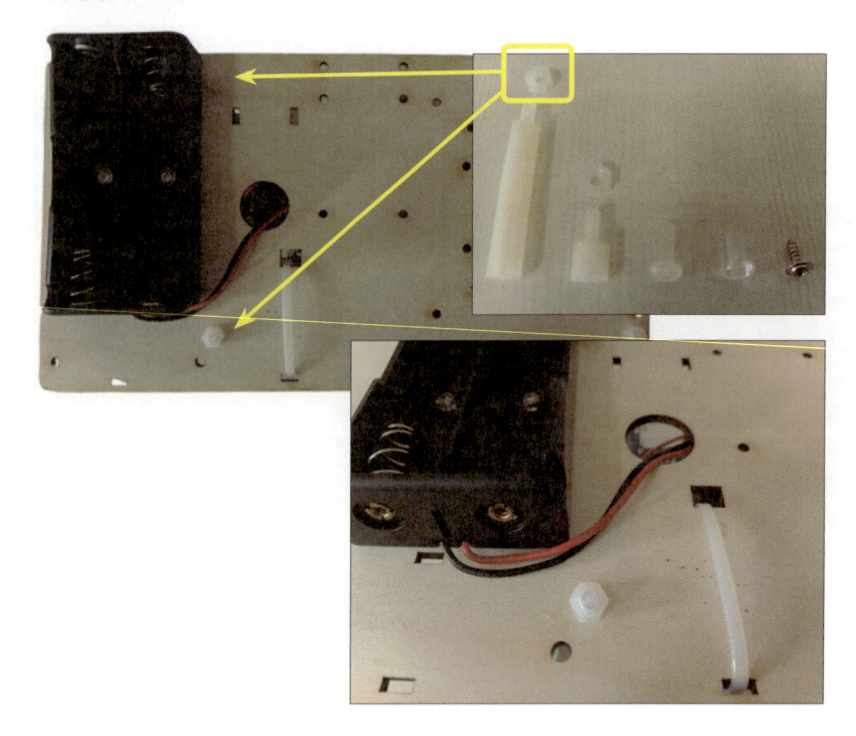

Step 16　以下圖所示的方式將底座組裝起來。

Step 17 完成。ESP32 搭配 HMI 觸控面板外殼組裝完成圖如下。

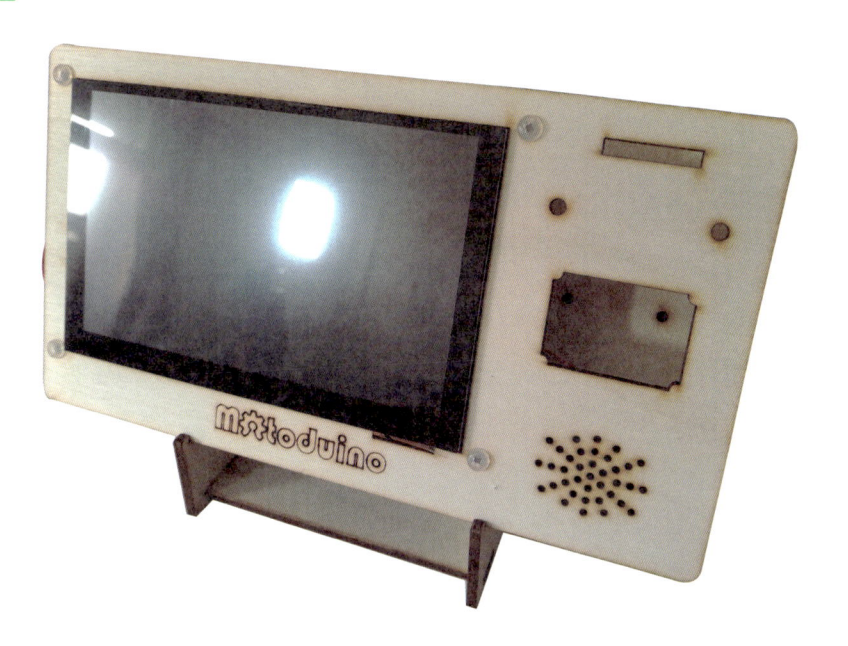

1-4 OpenAI API Key 取得流程

　　ESP32 若想使用 OpenAI 公司所提供的 ChatGPT 或 DALL·E 服務，均需先註冊並取得 OpenAI 所提供的 API 授權碼 (API Key)。至本書截稿為止，OpenAI 仍提供每位新註冊的使用者每人 5 美元的免費使用額度優惠（其計費方式可參考 https://openai.com/pricing 官方說明），**若額度不夠使用或優惠結束時，請用信用卡來進行實支實付**。詳細的 OpenAI API 授權碼取得流程如下：

Step 1 登入 OpenAI 的網站 (https://openai.com/) 後，請先點選「Login」按鈕，再點選「註冊」的選項後，便可開始進行 OpenAI 的註冊動作。

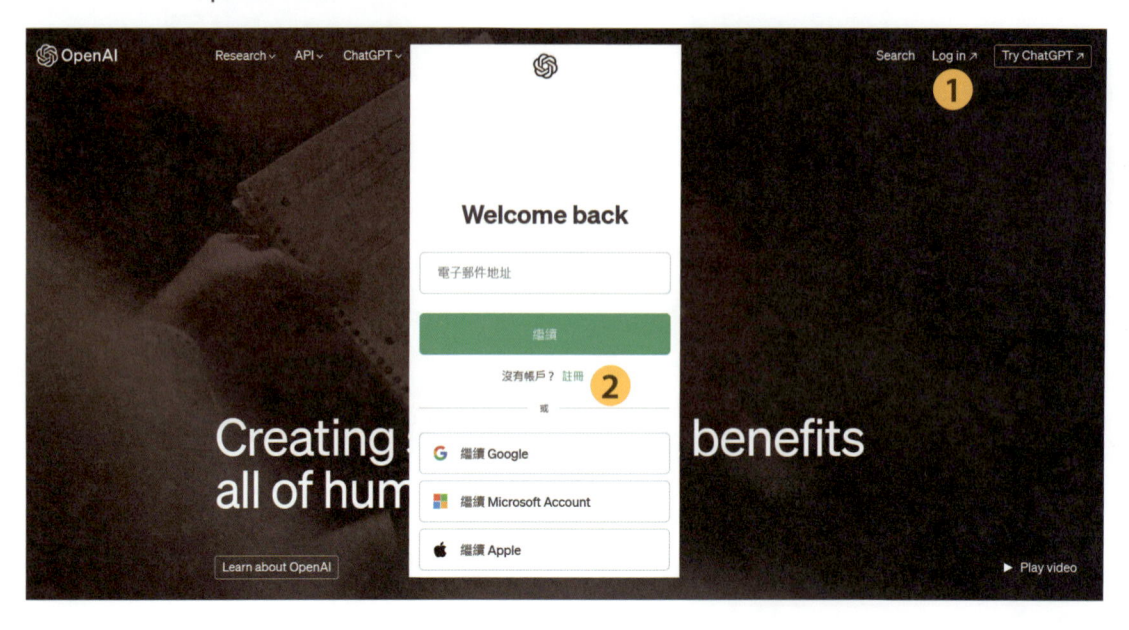

Step 2 如下圖所示，可以選擇使用既有的 Google 帳號直接來進行註冊即可。

Step 3 註冊畫面會如下圖左所示，請依照欄位說明來輸入對應的資料，其中：「First name」欄位請輸入自己的英文「名」、「Last name」欄位請輸入英文「姓」，而下圖紅框處的「Organization name (optional)」的欄位，請**不要**輸入任何文字。

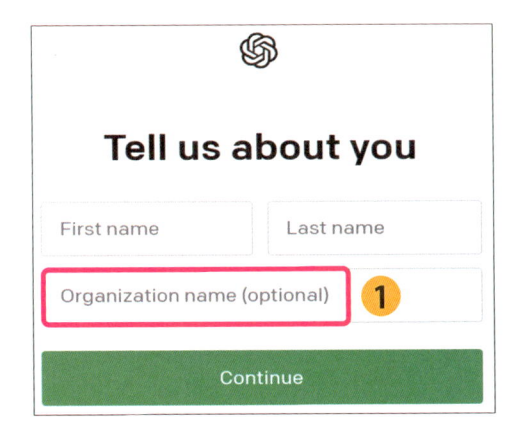

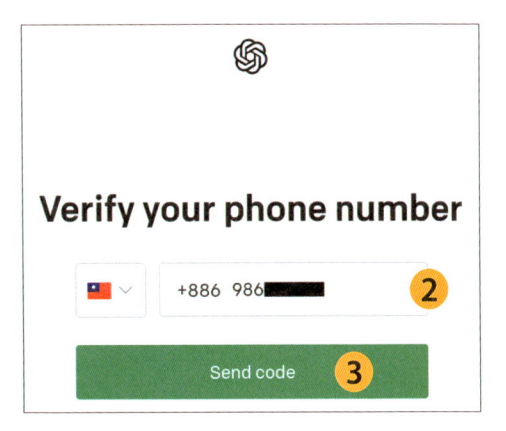

由於申請 OpenAI 的帳號需要綁定手機號碼，所以在上圖右處輸入自己的手機號碼，此處請把手機的第一個號碼 0 拿掉再輸入。若 OpenAI 回覆不接受該手機號碼的話，請再把手機的第一個號碼 0 加入後再試一遍。

Step 4 接下來 OpenAI 會根據使用者在上一步驟所註冊的電話號碼發出確認簡訊，請將該簡訊中所提供的確認碼輸入至下圖左的紅框處欄位中，接著點選下圖右的「Continue」按鈕繼續。

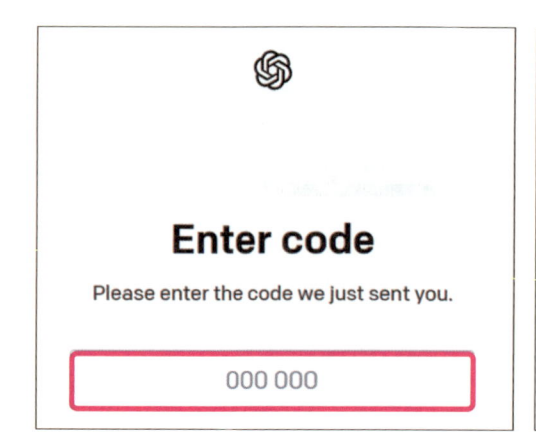

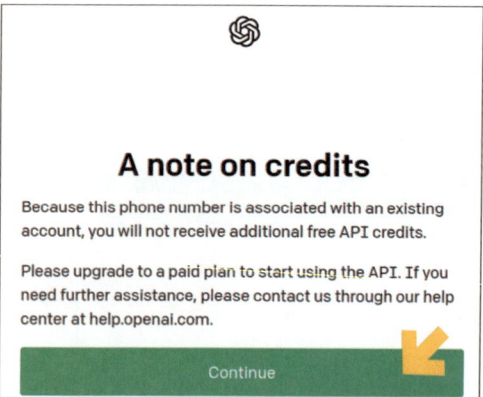

Step 5 當註冊流程跳到下圖左的「Organization settings」頁面時，同樣不要填寫該頁面的欄位問題，請直接點選該頁面的「Save」按鈕來完成註冊的動作。接著選取下圖右頁面的「API keys」選項來準備取得 OpenAI 的 API 授權碼。

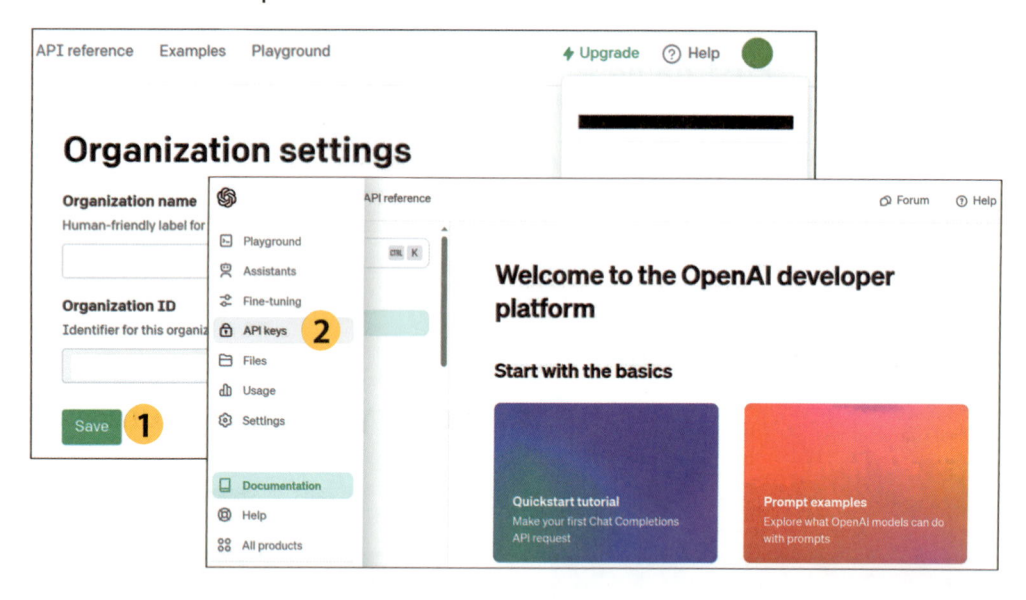

Step 6 進入 OpenAI 的 API keys 頁面後，請點選下圖左的「+ Create new secret key」按鈕來產生 API 授權碼。

⚠️注意：OpenAI 的 API 授權碼產生後請務必將其複製並記錄儲存之，否則一旦離開此頁面，便無法再看到這次所產生的完整授權碼。此時若想要再取得 OpenAI 的 API 授權碼，就得再點選「+ Create new secret key」按鈕重新建立。

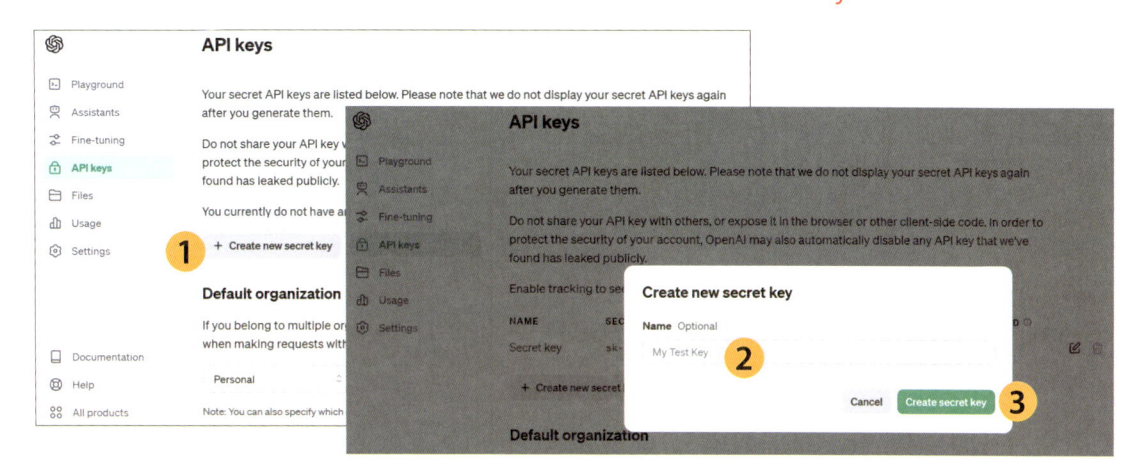

Step 7 使用 API 授權碼的費用可至如下圖所示的「Useage」頁面紅框處查詢。由於使用不同的 OpenAI 模型會有不同的計費方式，有興趣的讀者可至 OpenAI 的官網中查詢 (https://openai.com/pricing)。

Chapter 1　課後習題

■ 選擇題

_____ 1. 請問免費的 OpenAI API 授權碼有什麼樣的限制？
(A) 沒有限制　　　　　　(B) 只有額度限制
(C) 只有使用時間限制　　(D) 使用時間與額度限制

_____ 2. 請問 HMI 專用的喇叭應該接到哪裡？
(A)HMI 的電源插座中
(B)HMI 的喇叭專用插槽中
(C)MAX98357A 的喇叭插槽中
(D)ESP32 擴充板的 RJ11 插槽中

_____ 3. 請問 OpenAI 的 API 授權碼取得過程中，如果想有免費的測試額度，於 Organization name (optional) 的欄位中應該如何填寫？
(A) 隨便填寫一個組織名稱
(B) 不需要填寫
(C) 填寫使用者的姓名
(D) 填寫使用者的登入帳號

_____ 4. 請問 OpenAI 帳號註冊時，一定需要綁定下列哪項資訊？
(A) 銀行帳號　(B) 市話號碼　(C) 手機號碼　(D) 居住地址

_____ 5. 請問利用 DALL·E 2 所提供的 API 生成圖片，一次最多可以生成幾張？
(A)1　(B)5　(C)10　(D) 無上限

_____ 6. 請問 DALL·E 生成圖片時，有幾種尺寸可以選擇？
(A)1　(B)2　(C)3　(D)4

_____ 7. 請問 HMI 螢幕的 Tx 與 Rx 腳位若想接到 ESP32 的 UART2 的腳位，應分別接到 ESP32 擴充板的哪個信號排針？
(A)G13/G14　(B)G32/G33　(C)G16/G17　(D)G21/G22

_____ 8. 請問下列對於 ChatGPT 的描述何者「有誤」？
   (A) 所回覆的內容一定是正確的
   (B) 可動態生成文字內容
   (C) 有多種不同的 AI 模型可使用
   (D) 可支援以圖生文

_____ 9. 請問將 ESP32 擴充板上的 Jump 改為對接 V2 與 5V 兩腳位的目的是什麼？
   (A) 為外接模組供應 5V 的電壓
   (B) 提升 ESP32 的運算速度
   (C) 改善視覺效果
   (D) 增加 WiFi 通訊速度

_____ 10. 請問下列何者是 OpenAI 的官方網站可以提供的功能？
   (A) 提供 AI 模型　　　(B) 生成圖片
   (C) 生成文字　　　　(D) 提供 API 授權碼

MEMO

Chapter 2
ChatGPT & DALL·E 早安長輩圖產生器

2-1　RTC 與 LINE Notify 簡介

2-2　RTC、LINE Notify 與 ESP32

2-3　LINE Notify 的權杖 (Token) 取得

2-4　DALL·E 實作應用 I – 早安長輩圖產生器
　　（Only DALL·E）

2-5　DALL·E 實作應用 II – 早安長輩圖產生器
　　（搭配 ChatGPT）

2-6　DALL·E 實作應用 III – 早安長輩圖產生器
　　（搭配 RTC）

　　OpenAI 在 2022 年歲末推出 ChatGPT 與 DALL·E 的服務之後，使用者絕大部分都是使用電腦來進行 AI 生文或生圖的服務，對於搭配第三方軟體或微處理器的應用就比較少涉獵。因此本章將充分利用 ESP32 可以聯網的特性，除了會結合 OpenAI 的兩大 AI 服務之外，也會加上 ESP32 內建的 RTC 功能及串接 LINE Notify 傳訊服務，讓使用者可以藉由多種服務的組合搭配，就能感受到 AIGC 與 ESP32 所碰撞出的創意火花。

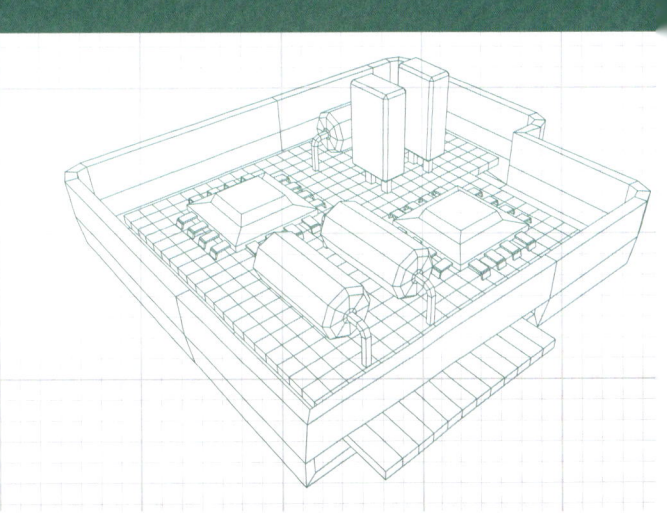

2-1 RTC 與 LINE Notify 簡介

實時時鐘 -RTC

　　RTC(Real Time Clock) 是一種計時器，可以在微處理器休眠時或重新啟動後持續計時，並且提供準確的時間資訊給主控板。不過若是微處理器沒有自帶電源來維持 RTC 功能運作的話，那在使用前就必須先幫 RTC 進行時間調校。不過即使電源有持續的供應，RTC 計時器仍有可能因為累積的誤差而造成時間的失準。因此在使用 ESP32 的 RTC 計時器時，建議每隔一段時間都要進行一次 RTC 的時間調校，以藉此保證 RTC 計時器的時間準確性。

LINE 通知 -LINE Notify

　　LINE Notify 是即時通訊軟體大廠 LINE 提供給用戶代為傳送通知訊息的服務。我們可以把 LINE Notify 想像成是一個 LINE 的機器人好友，使用者可以經由相互的串聯讓 LINE Notify 能夠代為發送來自 ESP32、IFTTT 或其他網路平台的訊息。由於 LINE 是目前台灣最為普及的即時通訊軟體，因此讓它與單晶片開發板搭配之後，就可以將其做為監控或排程的聯絡通知之用。

2-2 RTC、LINE Notify 與 ESP32

RTC 與 ESP32

　　ESP32 的 RTC 功能是由一個獨立的低功耗晶體振盪器來提供時鐘信號，因此該振盪器可以在 ESP32 進入深度睡眠模式時繼續運行。motoBlockly 的 RTC 程式積木可以個別提供秒、分、時、日、月、年等時間訊息，因此就可以利用這個服務來製作以 ESP32 為核心的定時開關或排程提醒裝置。

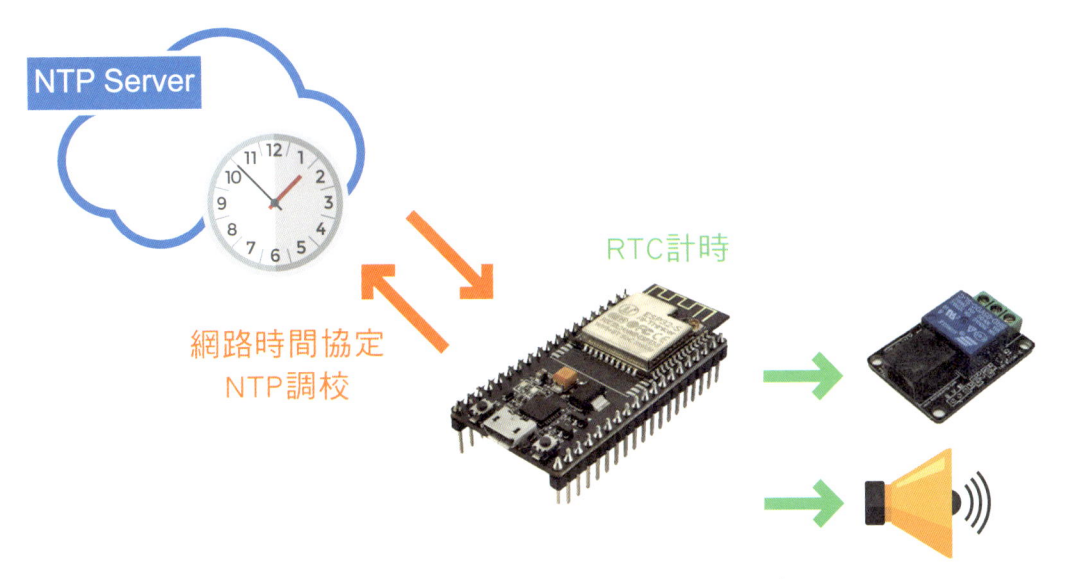

● 圖 2-1　ESP32 的 RTC 計時功能與時間校正

　　如圖 2-1 所示，NodeMCU-32S 使用 RTC 功能前，需先連上網路並透過網路時間協定 (Network Time Protocol，NTP) 來進行時間的校正。時間校正結束後，ESP32 內部的 RTC 就會持續進行計時的動作，使用者便可藉由程式的編寫來讓 ESP32 在指定的時間點做出指定的動作。

LINE Notify 與 ESP32

如圖 2-2 所示，ESP32 開發板與 LINE Notify 連結之後，便可搭配感測器或 RTC 計時器來監控某個狀態或排定某個時間觸發點。一旦所設立的條件被觸發，ESP32 開發板馬上就能透過 LINE Notify 所提供的傳訊服務將指定的訊息傳送給指定的人員。當然，前提是須先取得 LINE Notify 的授權，並加上正確的設定才行。

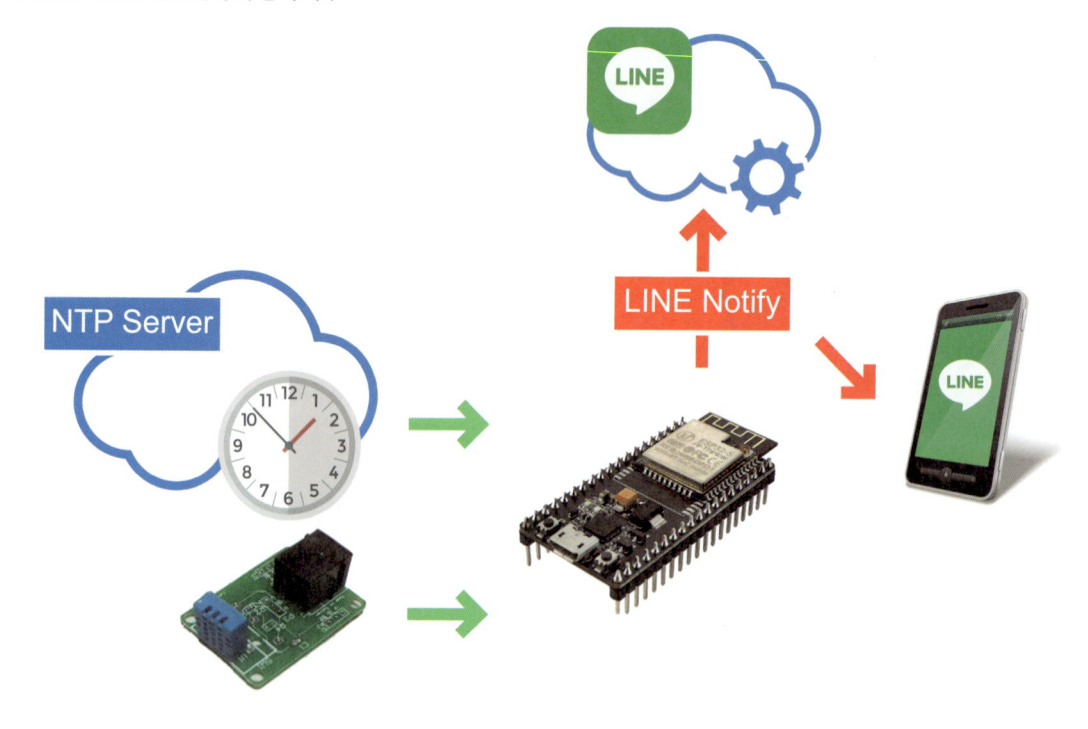

• 圖 2-2　ESP32 開發板與 LINE Notify 連結做監控

motoBlockly 與 RTC 相關的程式積木放置在「RTC」類別的「RTC」群組中，LINE Notify 的相關程式積木則放置在「雲端服務平台」類別的「LINE Notify」群組中。詳細的 RTC 與 LINE Notify 程式積木功能介紹如下：

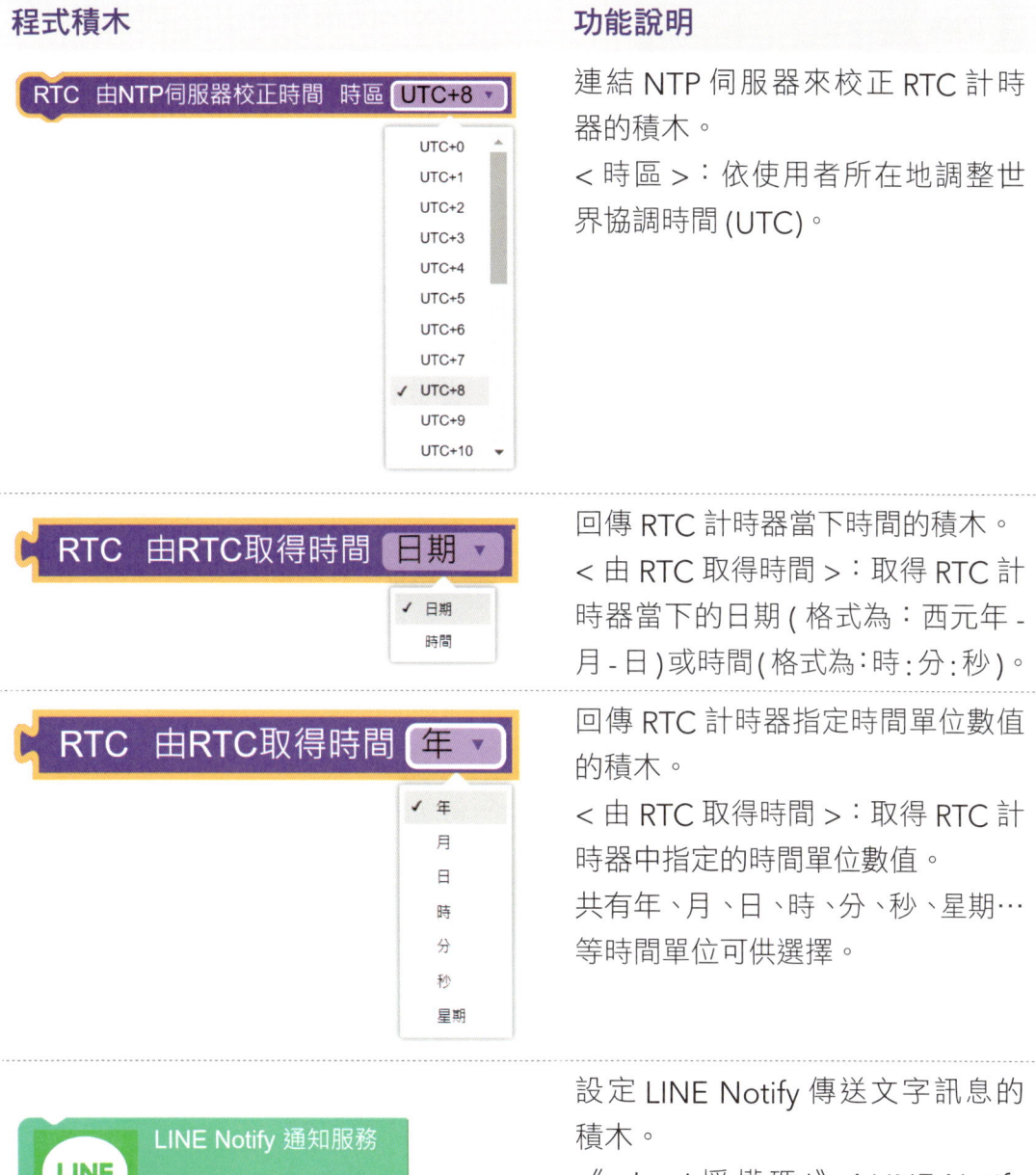

程式積木	功能說明
RTC 由NTP伺服器校正時間 時區 UTC+8 （選項：UTC+0、UTC+1、UTC+2、UTC+3、UTC+4、UTC+5、UTC+6、UTC+7、✓UTC+8、UTC+9、UTC+10）	連結 NTP 伺服器來校正 RTC 計時器的積木。 ＜時區＞：依使用者所在地調整世界協調時間(UTC)。
RTC 由RTC取得時間 日期 （選項：✓日期、時間）	回傳 RTC 計時器當下時間的積木。 ＜由 RTC 取得時間＞：取得 RTC 計時器當下的日期(格式為：西元年-月-日)或時間(格式為：時:分:秒)。
RTC 由RTC取得時間 年 （選項：✓年、月、日、時、分、秒、星期）	回傳 RTC 計時器指定時間單位數值的積木。 ＜由 RTC 取得時間＞：取得 RTC 計時器中指定的時間單位數值。 共有年、月、日、時、分、秒、星期…等時間單位可供選擇。
LINE Notify 通知服務 token(授權碼) " " 訊息 " "	設定 LINE Notify 傳送文字訊息的積木。 《token(授權碼)》：LINE Notify 的權杖序號。token 須至官網申請，申請流程之後會詳述。 《訊息》：LINE Notify 要代為傳送的文字訊息內容。

程式積木	功能說明
LINE Notify 通知服務 token(授權碼) " " 訊息 " " 圖組ID " " 貼圖ID " "	設定 LINE Notify 同時傳送文字及貼圖的積木。 《token(授權碼)》：LINE Notify 的權杖序號。 《訊息》：LINE Notify 要傳送的文字訊息。 《圖組 ID》：LINE Notify 要傳送的內建圖檔群組 ID 編號。 《貼圖 ID》：LINE Notify 要傳送的內建圖檔 ID 編號。
LINE Notify 通知服務 token(授權碼) " " 訊息 " " 圖片縮圖網址 " " 圖片原圖網址 " "	設定 LINE Notify 同時傳送文字訊息及網路圖片連結的積木。 《token(授權碼)》：LINE Notify 的權杖序號。 《訊息》：LINE Notify 要傳送的文字訊息。 《圖片縮圖網址》：LINE Notify 要傳送的網路圖片縮圖網址。 《圖片原圖網址》：LINE Notify 要傳送的網路圖片全尺寸原圖網址。

2-3 LINE Notify 的權杖 (Token) 取得

　　在使用 LINE Notify 的訊息傳送服務前，必須先建立與 LINE Notify 的服務連結，並且要取得該 LINE Notify 的權杖授權 (Token) 後，才有辦法進一步讓 LINE 來協助 ESP32 發送指定的訊息。LINE Notify 權杖取得的步驟如下：

Step 1 進入 LINE Notify 的登入首頁（網址為：https://notify-bot.line.me/zh_TW/），並以自己 LINE 帳號的註冊 Email 與密碼進行登入（註冊 LINE 帳號的 Email 可在手機 LINE 設定的「我的帳號」中找到，若忘記密碼也可以利用手機的 LINE 來重新進行設定）。登入後請再點選右上角的「個人頁面」選項來進行下一步。

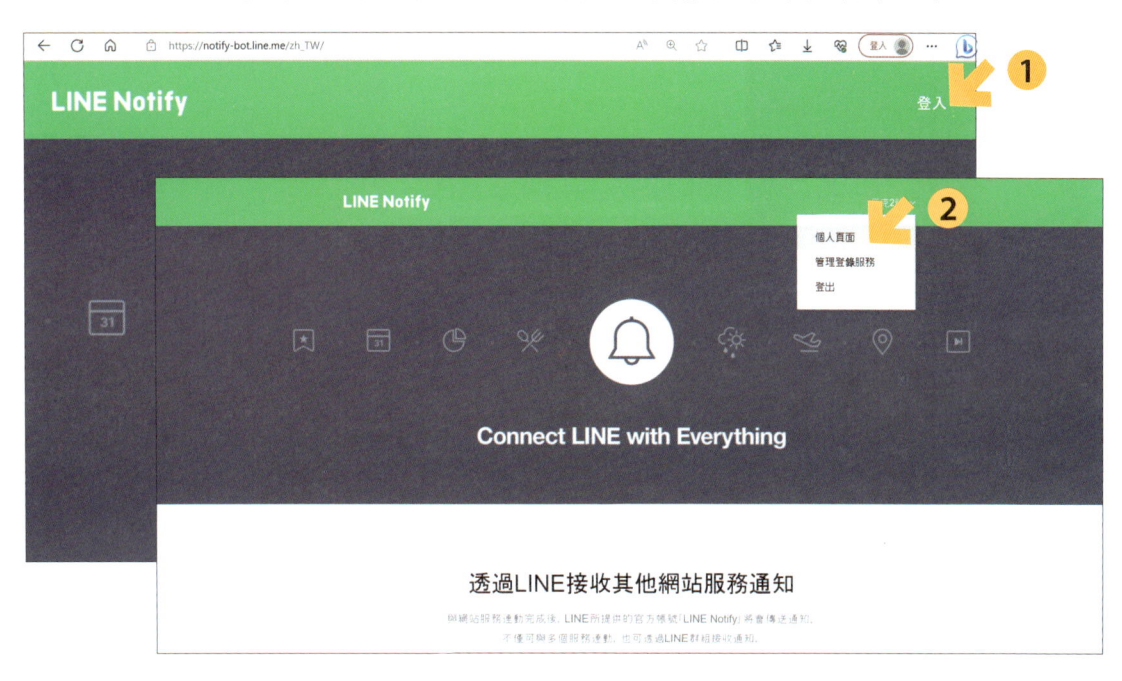

Step 2 如下圖所示，進入 LINE Notify 的個人頁面後，首先會看到所有使用這個 LINE 帳號來進行連動的雲端服務。倘若之前有使用其他的雲端平台 (例如 IFTTT) 來透過此帳號發送訊息的話，此時該雲端平台就會被列在「已連動的服務」之中。不過此設定步驟的重點為取得 LINE Notify 的權杖授權碼，因此此時請點選畫面左下方的「發行權杖」按鈕來繼續進行下一個動作。

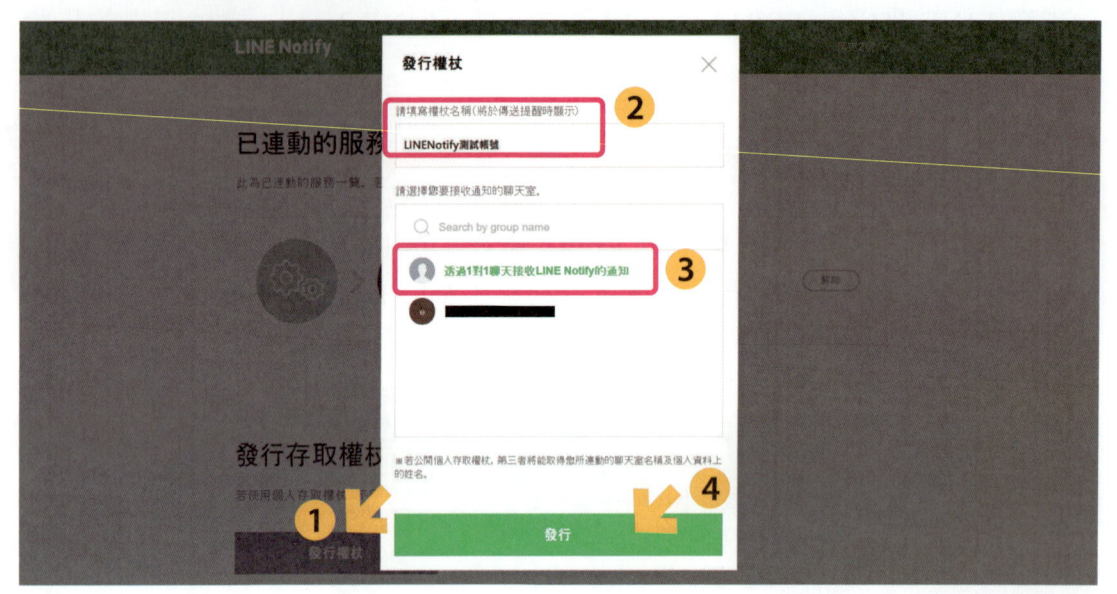

在發行權杖的設定視窗中，首先要設定 LINE Notify 的功能名稱。與 LINE 的好友名稱一樣，權杖名稱會於 LINE Notify 傳送訊息時顯示（本例將該名稱設為「LINENotify 測試帳號」）。另外還需選擇訊息通知的對象（可以選擇「透過 1 對 1 聊天接收 LINE Notify 的通知」選項來自行接收 LINE 訊息就好。**但若想發送早安圖給長輩，就得選擇自己與該長輩共同所在的聊天群組。除此之外，也必須要把「LINE Notify」這個帳號拉進該聊天群組才行**），填寫完畢後再按下「發行」的按鈕即可完成申請程序。

Step 3 如下圖所示，完成權杖的設定程序後便可取得在 motoBlockly 程式積木中所需的 LINE Notify 權杖授權碼。該權杖授權碼由 LINE Notify 自行產生，除了不能修改之外，關閉此視窗後也無法再次取得這個授權碼，因此請務必將其先複製並儲存起來以利後續的操作。

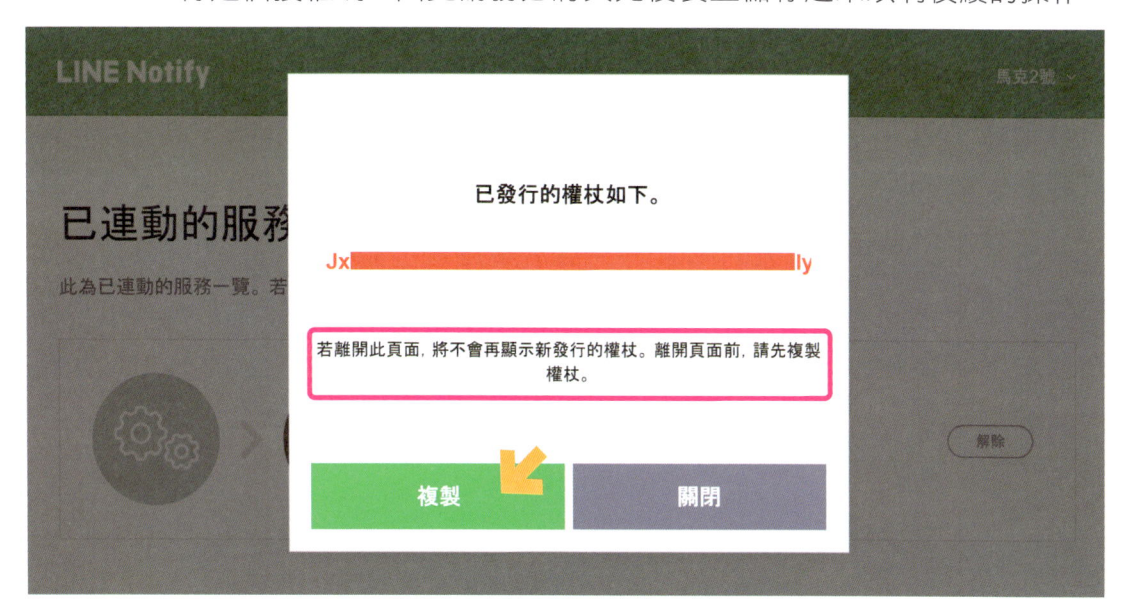

Step 4 關閉顯示權杖的視窗後，「已連動的服務」列表便會新增一個剛剛所建立的連動服務，且在該帳號的 LINE APP 中也會收到來自 LINE Notify 傳送的「已發行個人存取權杖。」的確認訊息。至此，建立 LINE Notify 權杖的步驟便已全部完成。

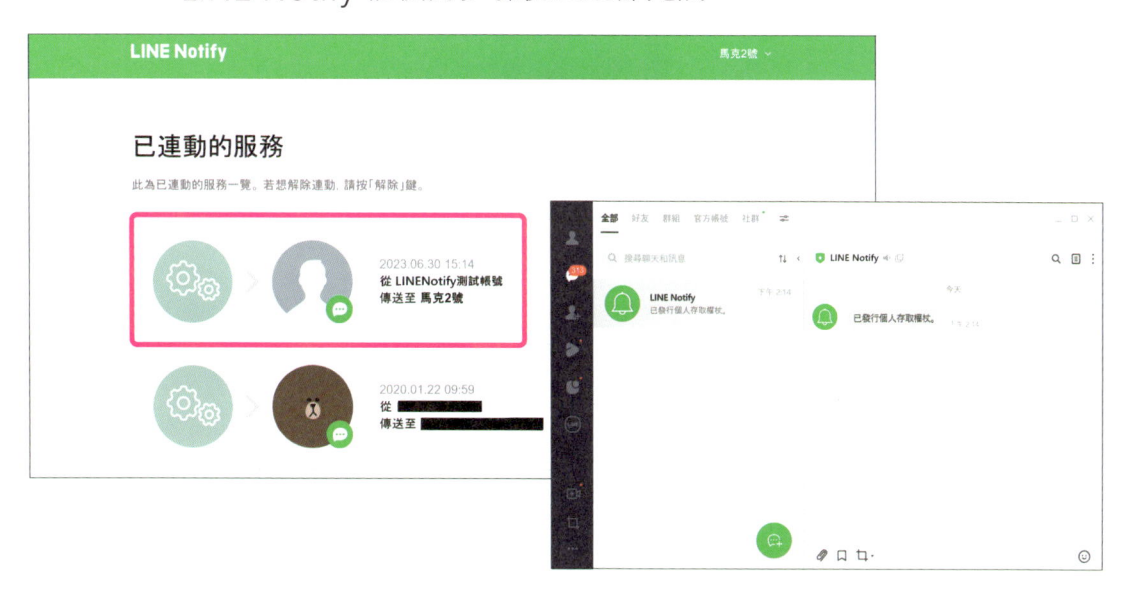

2-4 DALL·E 實作應用 I – 早安長輩圖產生器 (Only DALL·E)

在現今的工商社會中,年輕一代平時都較為忙碌,因此對家中的長輩難免疏於關心陪伴,也造成長輩不得不透過3C產品來與自己的家人進行互動。而長輩為了以通訊軟體來問候或關懷家人,帶有祝福話語和風景圖片的早安長輩圖便隨著時代的變遷應運而生了。

當收到長輩發送過來的問候時,為了讓長輩也能夠得到相對的回應,本節將使用 ESP32 搭配 DALL·E 與 LINE Notify 服務,讓使用者除了可以藉由 DALL·E 來動態生成不同的早安長輩圖之外,也能透過 LINE Notify 將產生的圖片再加上噓寒問暖的祝福吉祥話傳送給長輩。經由這個被動回覆的動作,讓家中長輩不會再有被冷落忽視的感覺。

ESP32 單純搭配 DALL·E 的簡易版「早安長輩圖產生器」運作流程如圖 2-3 所示:使用者只需按下 G34 腳位的按鈕,NodeMCU-32S 便會請 DALL·E 產生一張預先指定提示詞 (Prompt) 的長輩圖,最後 NodeMCU-32S 再將該圖片連同簡單的早安問候透過 LINE Notify 傳送給指定的長輩。

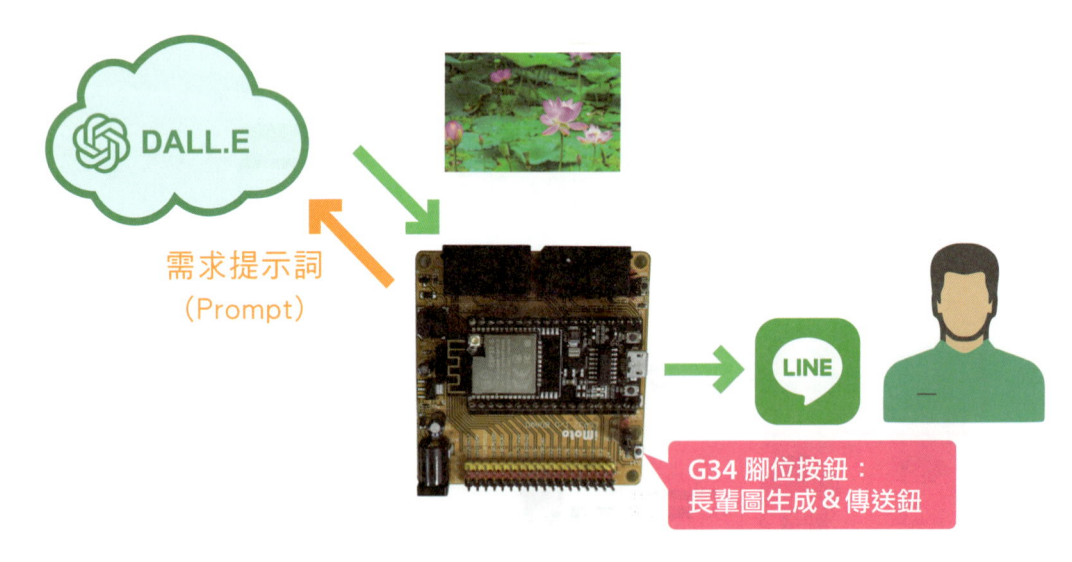

- 圖 2-3　簡易版「早安長輩圖產生器」運作流程

ESP32 硬體設定

早安長輩圖產生器在硬體方面的需求有：
1. 作為大腦來控制各項硬體的 NodeMCU-32S。
2. 內建按鈕與蜂鳴器的慧手科技 ESP32 IO Board 擴充板。

硬體組裝步驟

將 NodeMCU-32S 與 ESP32 IO Board 依圖 2-4 所示的方式接合在一起即完成。

G2 腳位 LED：
LED 亮起即表示可傳送長輩圖

G34 腳位按鈕：
長輩圖生成＆傳送鈕

• 圖 2-4　早安長輩圖產生器硬體組裝

ESP32 圖控程式

完成 LINE Notify 權杖 (Token) 的取得及 ESP32 硬體組裝後，尚有 ESP32 端的程式需要編寫。由於慧手科技的圖控式軟體 motoBlockly 內含支援 DALLE 服務的程式積木，因此可以簡單快速地完成本系統的 ESP32 程式。其編寫流程如下。

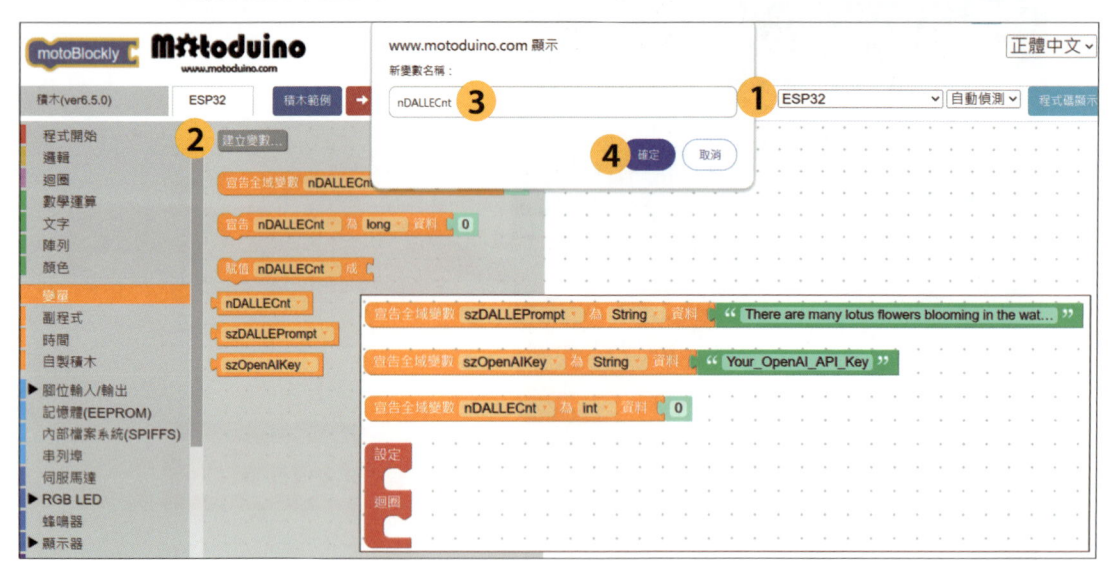

Step 1 首先需將 motoBlockly 的開發板型號選擇為「ESP32」才能產生正確的 ESP32 程式碼。接著建立三個不同型態的全域變數，首先是記錄請求 DALL·E 生成圖片提示詞 (Prompt) 的 szDALLEPrompt 變數（String 字串型態）。由於本範例會使用對中文理解能力較差但較便宜的 DALL·E-2 模型，因此 szDALLEPrompt 變數的內容會以英文編寫：「There are many lotus flowers blooming in the water, and the green lotus leaves and pink lotus flowers are still covered with morning dew.」（水中有許多荷花，綠色的荷葉與粉紅的荷花上仍帶有清晨的露珠）。另外還有記錄 OpenAI 授權碼 (API Key) 的 String 型態變數 szOpenAIKey（請輸入自己取得的授權碼），以及接收 DALL·E 生成圖片回傳數量的 int 型態變數 nDALLECnt。

Step 2 在設定 (Setup) 積木中設定 ESP32 與電腦連接的 Serial 串列埠傳輸速率（本例設為 115200 bps），以利後續 ESP32 除錯訊息的傳送。接著進行 ESP32 連接網路的初始化設定：「WiFi 設定」積木中的「SSID（分享器名稱）」與「Password（密碼）」參數分別為 ESP32 準備連線的路由器或無線網路分享器的名稱與密碼，請依實際狀況來進行設定。

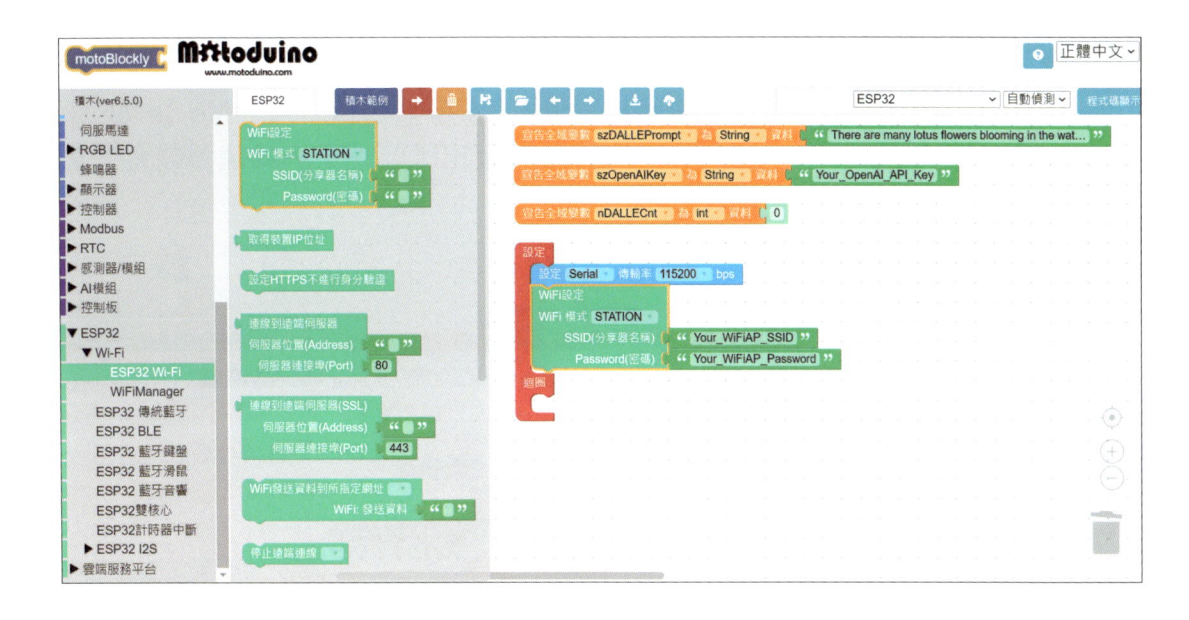

Step 3 ESP32 開發板連上網路之後，便可使用 motoBlockly 提供的 DALL·E 程式積木來預先產生早安長輩圖備用。motoBlockly 的 DALL·E 程式積木可連結 DALL·E-2 與 DALL·E-3 兩種模型，本例選擇使用較為便宜的 DALL·E-2 程式積木。該程式積木中的「詢問內容」與「szAPIKey」參數請分別設定為提示詞 szDALLEPrompt 與授權碼 szOpenAIKey 變數。另外的「生成數量」和「圖片大小」兩參數則分別設定為最小的「1」張與「256x256」即可。

當 ESP32 收到 DALL·E-2 回傳的生成圖片網址後，將該網址傳送至電腦的監控視窗中顯示，並點亮 NodeMCU-32S 內建的 G2 腳位 LED 來告知使用者。

Step 4 接著開始在迴圈(Loop)積木中不斷檢查擴充板上的G34腳位按鈕是否有被按下。當擴充板上的G34按鈕被按下時，NodeMCU-32S便會關閉G2腳位的LED，並發出「叮咚」的蜂鳴器聲音來告知使用者。

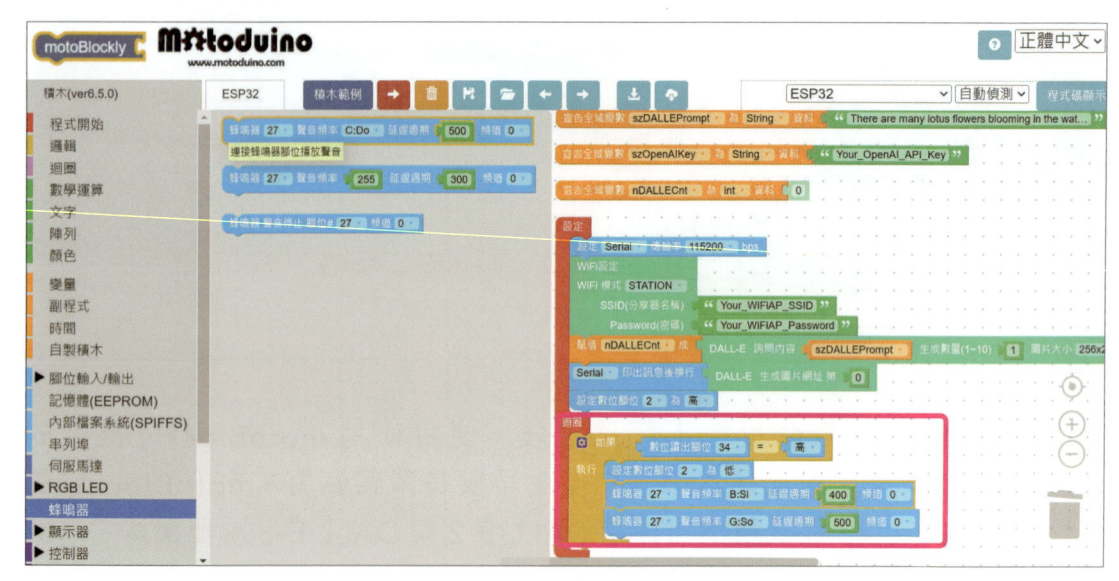

Step 5 使用「LINE Notify通知服務」程式積木同時將固定的問候語「早安」及DALL·E-2生成的長輩圖傳送給指定的長輩。其中「token(授權碼)」參數請輸入上一節所取得的LINE Notify授權權杖，「訊息」參數請設定為「早安！」。「圖片縮圖網址」和「圖片原圖網址」參數則設定為「DALL·E 第『0』個 生成圖片網址」，如此對方便可以同時看到帶有「早安」問候語以及由DALL·E-2所生成的早安長輩圖。

⚠️ 注意：記得將長輩、自己以及LINE Notify拉到同一個LINE群中，如此對方才能收到由ESP32所產生且發送的長輩圖。

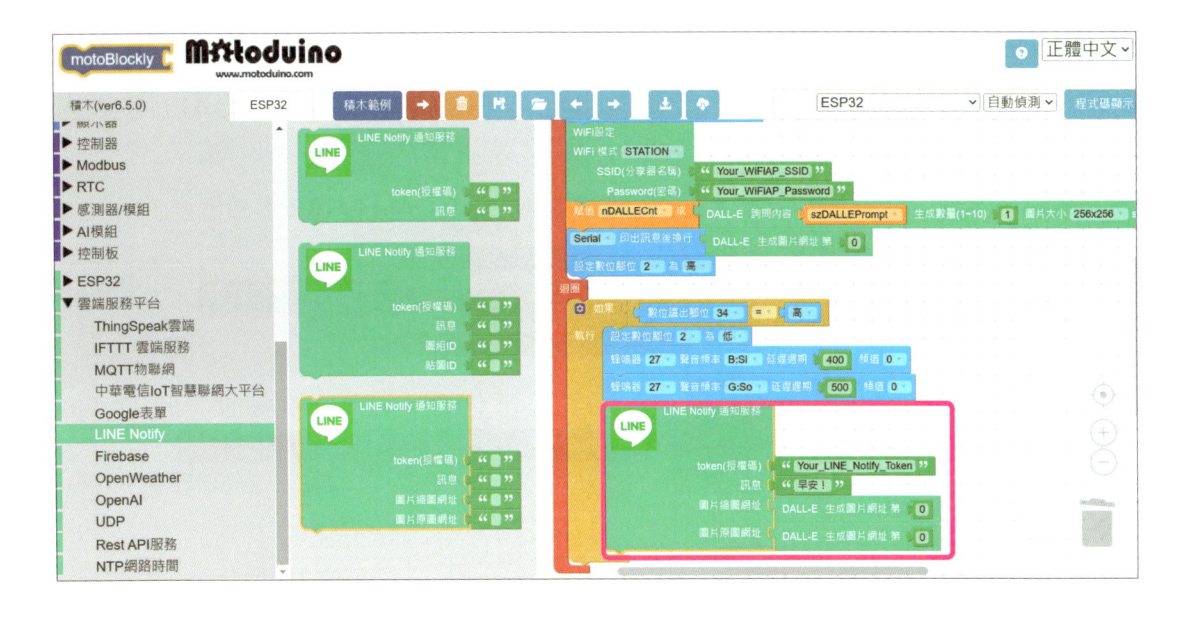

Step 6 早安長輩圖用 LINE 傳送完畢之後，便可再次呼叫 DALL·E-2 程式積木來產生新的長輩圖備用。若新的圖片產生完畢，再點亮 NodeMCU-32S 內建的 G2 腳位 LED 來告知使用者（此時才可以再次按下按鈕來傳送新的早安長輩圖）。

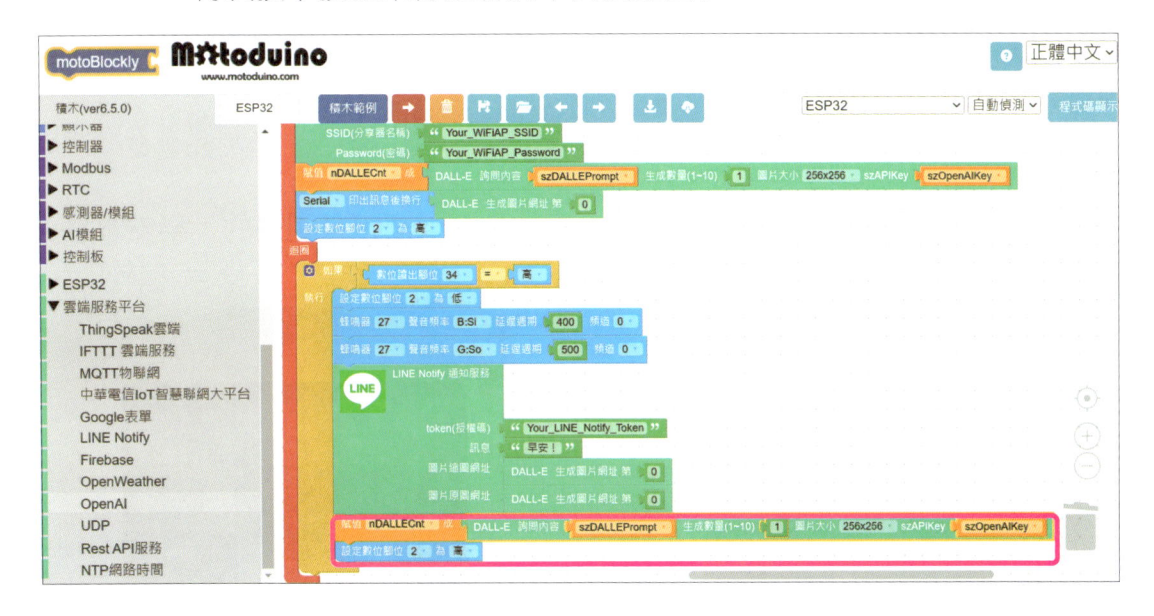

Step 7 完整的簡易版「ESP32 早安長輩圖產生器」motoBlockly 程式如下所示。請在紅框處填入自己對應的 Wi-Fi 連線、DALL·E 以及 LINE Notify 的相關資訊，程式才能正常的運作。

程式名稱：2-1.DALLE- 早安長輩圖產生器 .xml

成果展示
每次傳送的圖片都不同，但問候語都是相同的「早安！」

• 圖 2-5　早安長輩圖產生器 (Only DALL·E) 成果展示

2-5 DALL·E 實作應用 II – 早安長輩圖產生器（搭配 ChatGPT）

在上個範例中，雖然每次透過 LINE 所傳送的 DALL·E 長輩圖都不一樣，但一同發送的問候語卻都是千篇一律的「早安！」。若是想讓每次傳送出去的問候語都不一樣，則可再搭配使用 motoBlockly 的 ChatGPT 程式積木，讓每次搭配早安圖發送的祝福問候語也能夠獨一無二。

接下來會以上一節的「早安長輩圖產生器」範例程式為基礎，繼續新增程式積木來擴充其功能。

Step 1 如下圖紅框處所示，新增一個 String 字串型態的 szChatGPTMsg 變數，用來存放 ChatGPT 所生成的祝福吉祥話。接著在 DALL·E-2 產生長輩圖之後，使用 motoBlockly 的 ChatGPT 程式積木來生成新的祝福吉祥話。其中「模型」參數請選擇文字生成速度較快的『gpt-3.5-turbo-instruct』模型，「詢問內容」參數則設定為『請用繁體中文寫出一句祝福的吉祥話』。「生成隨機性(0~1)」參數設為高隨機性的『0.8』以避免產生重複的文字。「max_tokens(<=4097)」參數為『128』，「szAPIKey」參數則為『szOpenAIKey 變數』。

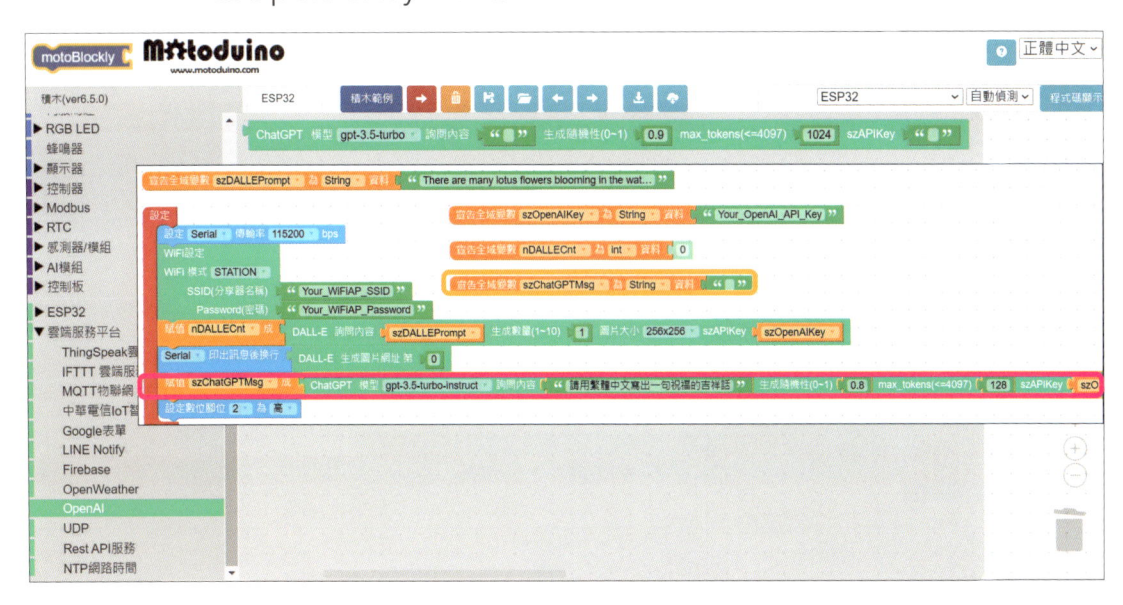

Step 2 早安長輩圖用 LINE 傳送完畢之後，同樣在 DALL·E-2 產生新的長輩圖之後，使用 motoBlockly 的 ChatGPT 程式積木來再次生成新的祝福吉祥話，完成。

Step 3 完整搭配 ChatGPT 程式積木的「ESP32 早安長輩圖產生器」motoBlockly 程式如下。請在原本程式中加入下圖紅框處所標示的新程式積木，黃框處則填入對應的 Wi-Fi 連線、OpenAI 以及 LINE Notify 的相關資訊，程式即可正常運作。

程式名稱：2-2.DALLE-早安長輩圖產生器+ChatGPT.xml

成果展示

每次傳送的圖片與問候語都不同。

• 圖 2-6　早安長輩圖產生器 (搭配 ChatGPT) 成果展示

2-6 DALL·E 實作應用 III – 早安長輩圖產生器（搭配 RTC）

到目前為止的「早安長輩圖產生器」程式已經可以每次都送出不同的問候及圖片，若是想要更進階地化被動為主動，讓系統可以每天在固定時間自動發送早安長輩圖，就得再把 ESP32 特有的 RTC 計時器功能加進來。本範例同樣以上一節的程式為基礎來進行修改。

Step 1 由於系統需要在使用者按下按鈕或到達設定時間時都要發送早安長輩圖，因此先將整個發送的流程打包成一個副程式 fnSendMorningPic()。該副程式中發送 LINE Notify 的動作不需增減任何的程式積木。

Step 2 建立兩個 int 整數型態的變數，分別代表定時發送長輩圖的時 (nNotifyHour) 與分 (nNotifyMin)，本例將其分別設定為代表早上 6:30 的「6」與「30」(此排程時間讀者可依自己的需求進行更改)。接著在 ESP32 連上網路後、使用 RTC 功能的時間前，呼叫「NTP 伺服器校正時間」程式積木先進行 ESP32 對時的動作。

Step 3 接著開始在迴圈 (loop) 函式積木中不斷地偵測 G34 腳位的按鈕是否有被按下，同時檢查排程發送的時間是不是已經到了。只要前述

兩個條件有一個成立，ESP32 都會以 LINE 發送出早安長輩圖。但是排程時間發送出長輩圖後，則需再多休息 60 秒，以避免系統在同一分鐘內不斷地發送出早安長輩圖。

Step 4 完整搭配 RTC 定時程式積木的「ESP32 早安長輩圖產生器」motoBlockly 程式如下所示。請在紅框處填入自己對應的 Wi-Fi 連線、定時發送時間、OpenAI API Key 以及 LINE Notify 的相關資訊，程式才能正常的運作。

程式名稱：2-3.DALLE-早安長輩圖產生器+RTC.xml

Chapter 2　課後習題

▋選擇題

_____ 1. 請問在 motoBlockly 開發程式時，ESP32 開發板型號應選擇下列何者？
(A)Arduino　　　　　　(B)ESP01
(C)ESP32　　　　　　　(D)ESP8266

_____ 2. 請問下列哪個雲端平台可以提供「以文生圖」的服務？
(A)LINE-Notify　　　　(B)DALL-E 2
(C)WALL-E 2　　　　　(D)WELL-E 2。

_____ 3. 請問下列哪個雲端平台可以提供「以文生文」的服務？
(A)LINE-Notify　　　　(B)DALL-E 2
(C)ChatGPT　　　　　 (D)ThingSpeak

_____ 4. 請問下列何者「不是」ESP32 對接 DALL-E 時所需要的參數？
(A)OpenAI 授權碼 (API Key)　　(B) 圖片生成數量
(C) 隨機生成率 (Temperature)　(D) 圖片生成尺寸

_____ 5. 請問下列何者「不是」ESP32 對接 ChatGPT 時所需要的參數？
(A)OpenAI 授權碼 (API Key)
(B)Token 數量
(C) 隨機生成率 (Temperature)
(D)OpenAI 登入帳號 (SSID)

_____ 6. 請問為何在「早安長輩圖產生器」最後的版本中要把生成及發送圖片的流程打包成副程式 fnSendMorningPic()？
(A) 為了確保程序正確執行　(B) 為了方便程式維護
(C) 為了有效管理程式　　　(D) 以上皆是

_____ 7. 請問 ESP32 可以運用何種內建功能來取得時間資訊？
   (A)RTC   (B)RPG   (C)CLK   (D)MRT

_____ 8. 請問 RTC 的正確全名是什麼？
   (A)Real Time Controller (B)Real Time Clock
   (C)Real Time Counter   (D)Real Time Constant

_____ 9. 請問 motoBlockly 的 RTC 程式積木可以個別提供下列何種時間資訊？
   (A) 月 / 日   (B) 時 / 分 / 秒   (C) 星期 (幾)   (D) 以上皆可

_____ 10. 請問 LINE Notify 是由哪一家公司提供的服務？
   (A)LINE   (B)Google   (C)OpenAI   (D)Facebook

Chapter 2　實作題

■ 心靈雞湯產生器

40 mins

請在每天 23:00 就寢前，讓 ESP32 可以透過 LINE Notify 自動傳送一句打氣鼓勵的話語與圖片給自己。

創客題目編號：A040023

創客指標：

外形	0
機構	0
電控	1
程式	2
通訊	2
人工智慧	3
創客總數	**8**

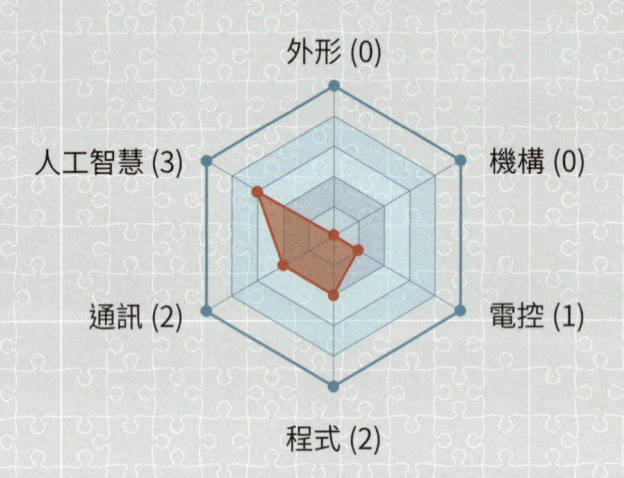

綜合素養指標：

空間力	0
堅毅力	0
邏輯力	3
創新力	1
整合力	1
團隊力	1

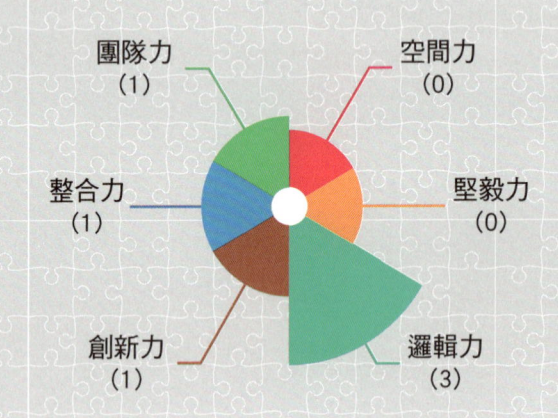

Chapter 3

ChatGPT 健康小幫手

3-1 使用及運作流程

3-2 HMI 觸控螢幕程式介紹

3-3 motoBlockly 程式編輯流程

筆者曾經看過某位醫師網紅以自身的醫學知識來評斷 ChatGPT 對於醫療相關問題的回答,該醫師的心得是:雖說 ChatGPT 的回覆不完整也不完全正確,不過對於醫生及病人仍有其參考價值。因此本章節將利用 ESP32 以及 HMI 觸控螢幕與 ChatGPT 的 AI 醫療服務對接,讓使用者可以透過觸控螢幕來選擇輸入自己目前的病徵,再讓 ChatGPT 分別以中、西醫兩種不同的角度來判斷病人可能罹患的疾病,並且提供相關的治療建議。(注意:本範例的回覆內容僅供參考,若有身體不適的狀況,請洽詢專業的醫療人員)

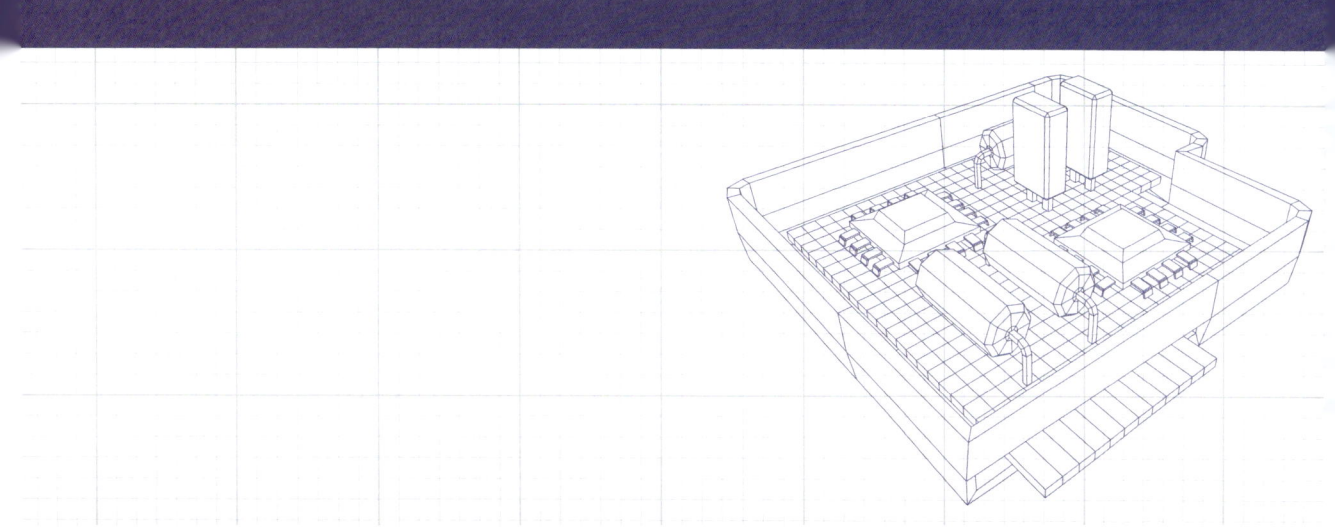

3-1 使用及運作流程

Step 1 當系統上電時，HMI 觸控螢幕會出現如下圖右上角「網路連線中…」的畫面，此時觸控螢幕上的「開始諮詢」按鈕會暫時失效（可見但無法按下）。一直到 ESP32 與指定的 Wi-Fi 無線分享器連線成功、且觸控螢幕上的提示文字從「網路連線成功！」變成「ChatGPT 健康小幫手」之後，便可按下觸控螢幕上的「開始諮詢」按鈕來繼續進行下一步。

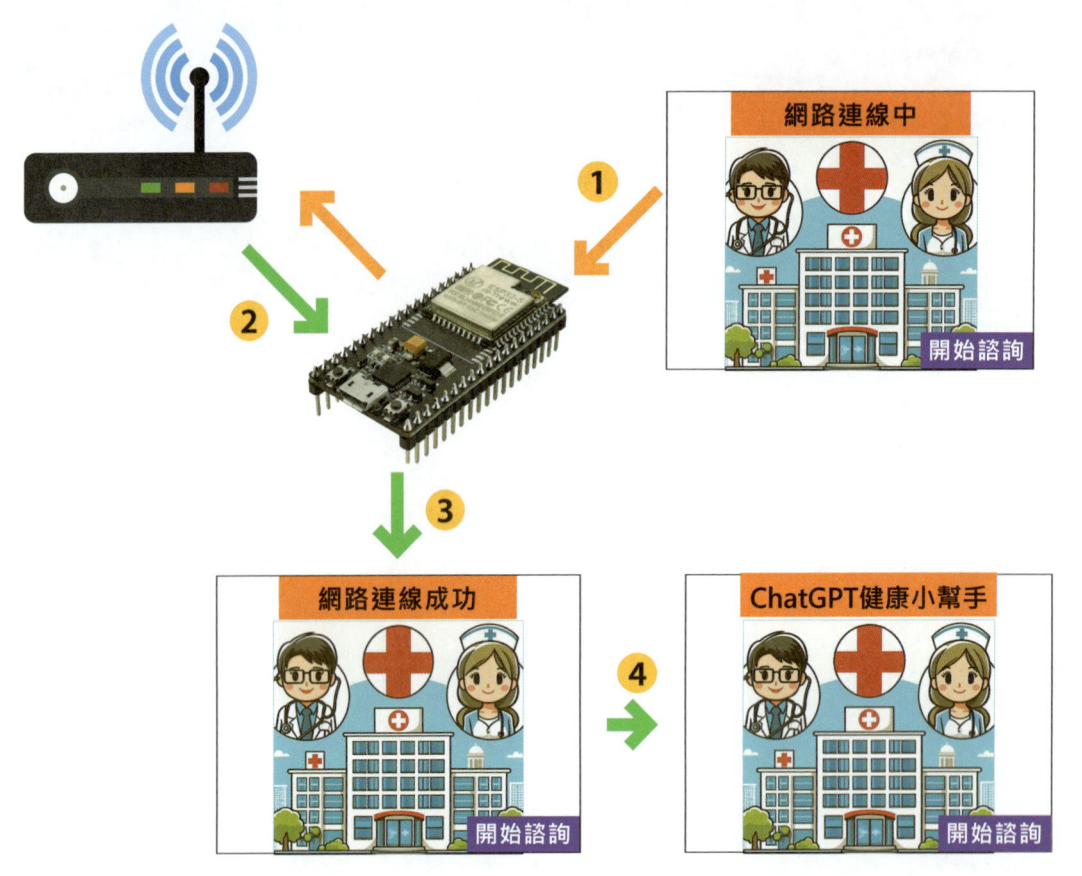

Step 2 如下圖左所示，在觸控螢幕上選擇目前身體不適的狀況（可複選），完成後再按下觸控螢幕右下角的「上傳症狀」按鈕，此時 ESP32 便會將剛剛所選取的症狀收集起來，並向 OpenAI 的 ChatGPT 服務發出諮詢的動作。

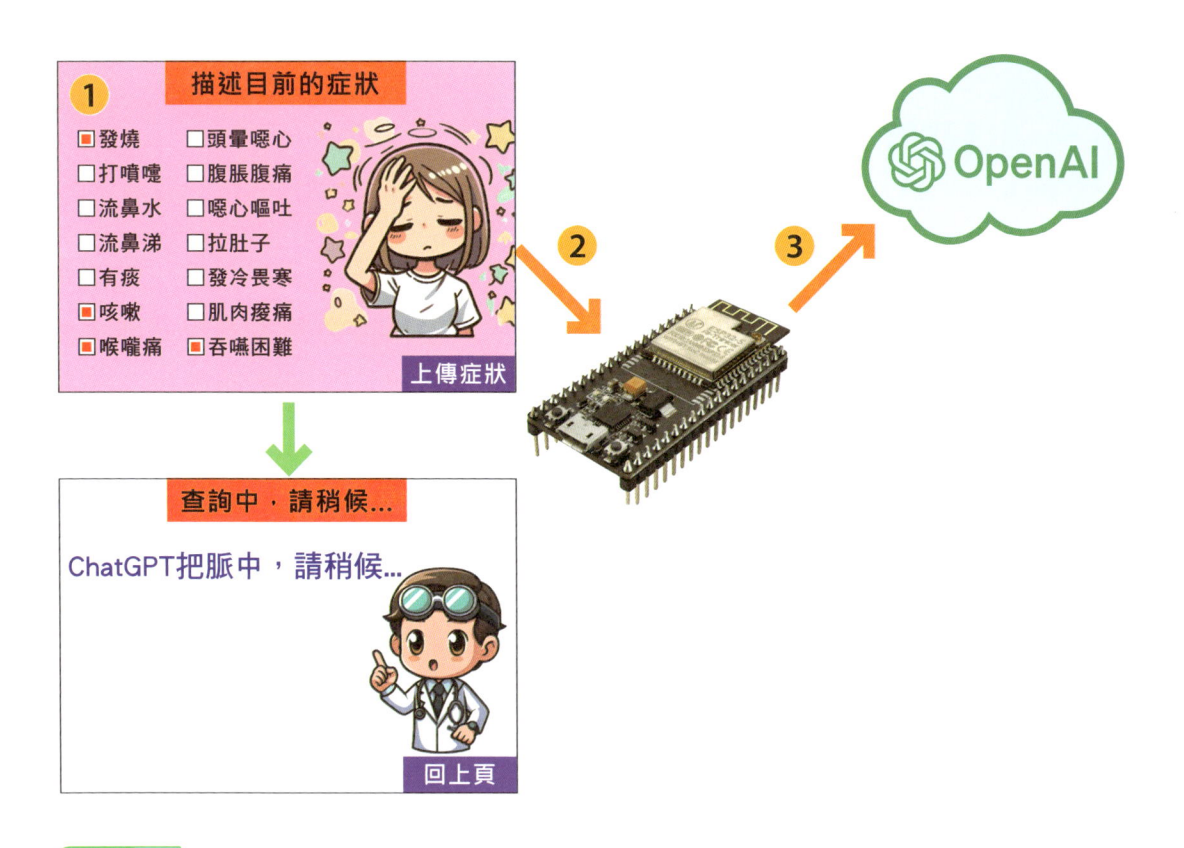

Step 3　最後，當 ChatGPT 產生解答並回覆之後，ESP32 便會將來自於 ChatGPT 回覆的文字訊息顯示在觸控螢幕上。若 ChatGPT 回覆訊息的數量較多時，使用者也可以拖曳螢幕畫面來觀看排列在下方的其他文字訊息。

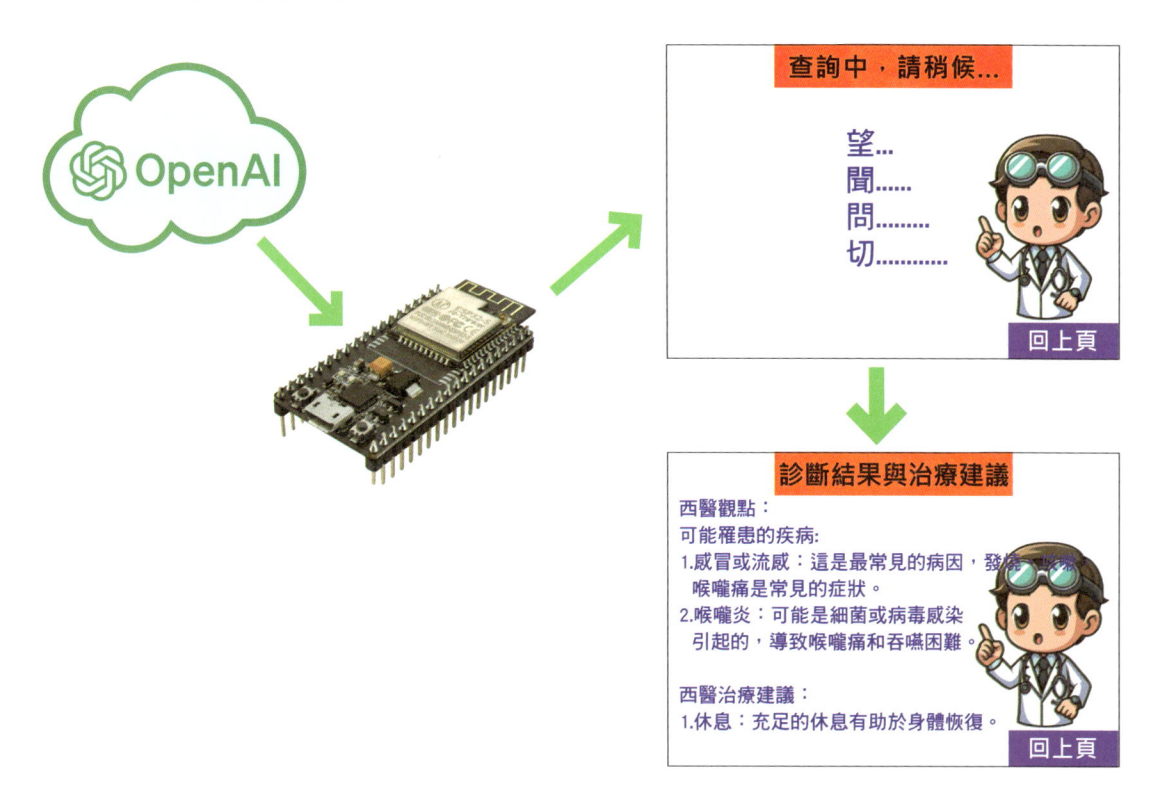

3-2 HMI 觸控螢幕程式介紹

當使用 ESP32 搭配觸控螢幕來製作專題、且該系統又要提供比較複雜的服務時，通常在 ESP32 以及觸控螢幕端均需編寫各自的對應程式碼。而 ChatGPT 健康小幫手也是屬於運作相對複雜的系統，因此本節會先來解析觸控螢幕端的程式與相關的設定，讓讀者除了可以藉此更了解本系統的運作方式之外，也能熟悉觸控螢幕的設定與程式編寫的模式。

Step 1 首先開啟之前已在電腦安裝的觸控螢幕程式編輯軟體 USART HMI，並依如下圖的操作步驟來新增建立一個新的專案。

（本範例將專案名稱設定為 X5-DrChatGPT_0.HMI，其命名規則為：「X5」為觸控螢幕的型號，「DrChatGPT」則是此系統提供的服務功能，最後的「0」則為觸控螢幕顯示的角度。此專案名稱可支援中英文，讀者可依自己喜好及需求來進行命名。另外命名規則為筆者個人的習慣，讀者不一定要遵循之。）

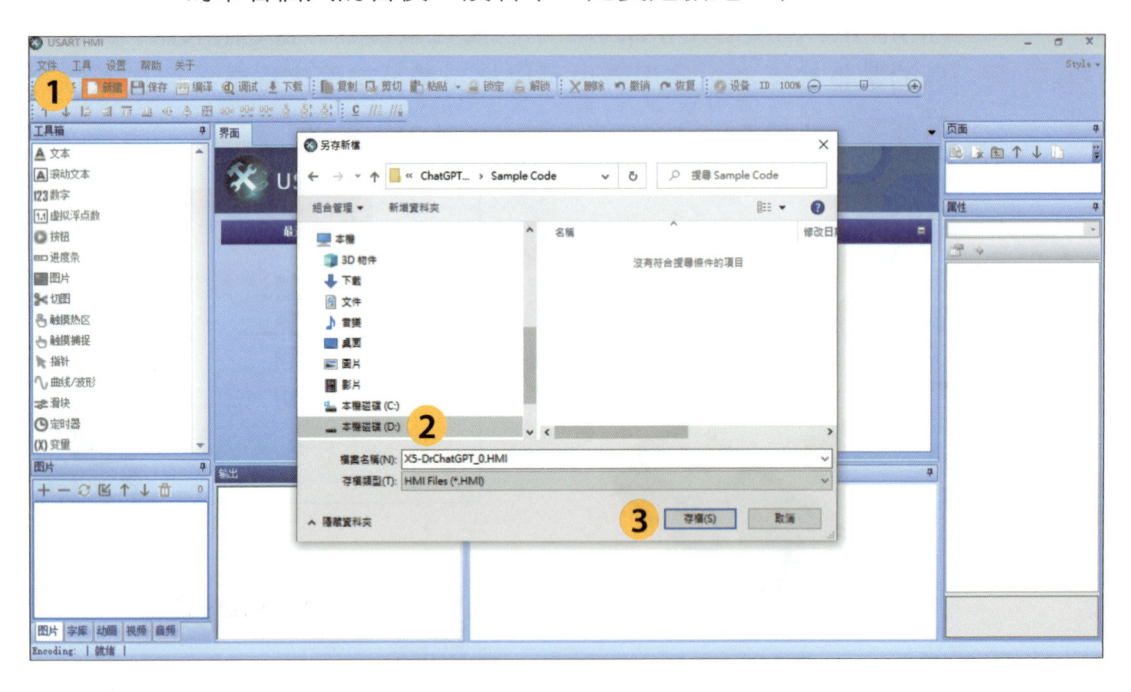

Step 2 接著需選擇觸控螢幕的對應型號 (Model)，以利此 HMI 編輯軟體產生出對應觸控螢幕大小的畫面。由於本書使用的觸控螢幕是解析度為 800x480 的 X5 型號 5 吋螢幕，因此此處請務必選取「TJC8048X550_11」這個選項。

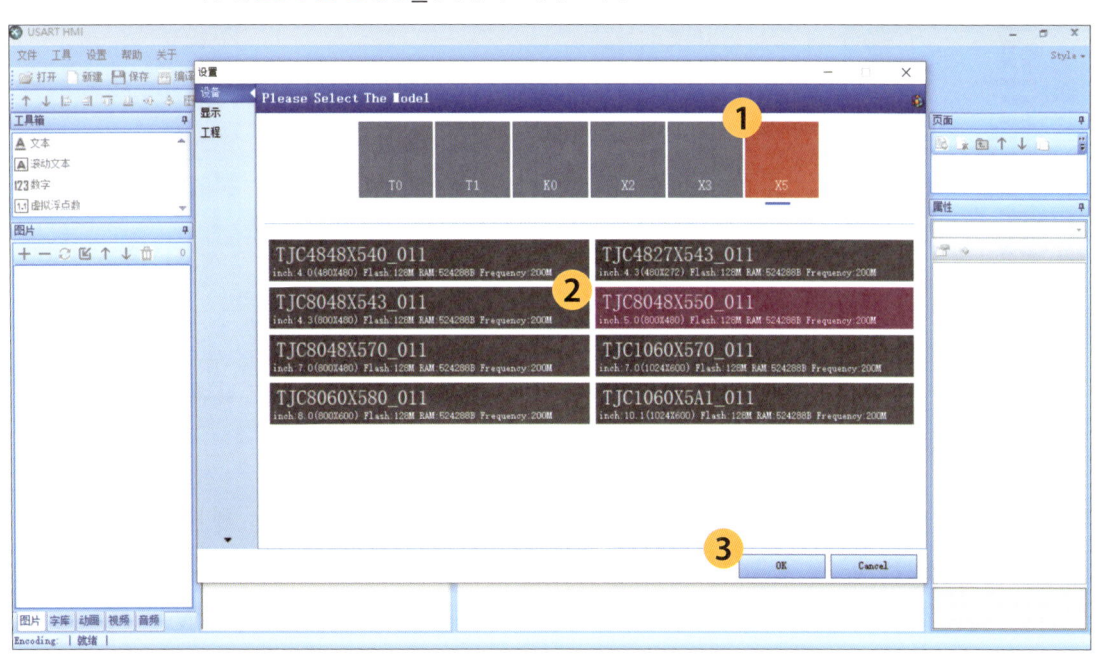

Step 3 為了方便 microSD 卡的插拔，ChatGPT 健康小幫手組裝時是將 HMI 觸控螢幕的 microSD 插槽朝上，因此如下圖右所示設定頁的「顯示方向」請務必選擇『0 橫屏』的選項 (若選擇『180 橫屏』選項，便會以 180 度顛倒的畫面來顯示)。另外由於之後準備匯入的中文字庫是以 UTF-8 編碼的方式來生成，故此設定頁的「字符編碼」處也請務必選擇『utf-8』的選項。

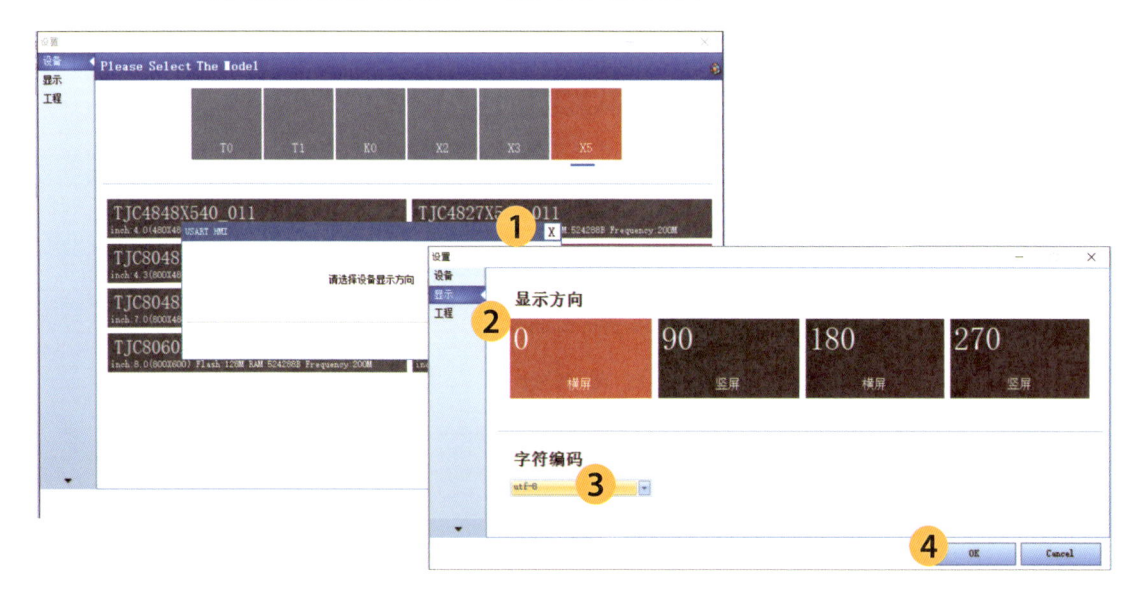

Step 4 當看到如下的畫面時，即代表新的 HMI 專案已順利建立完成。

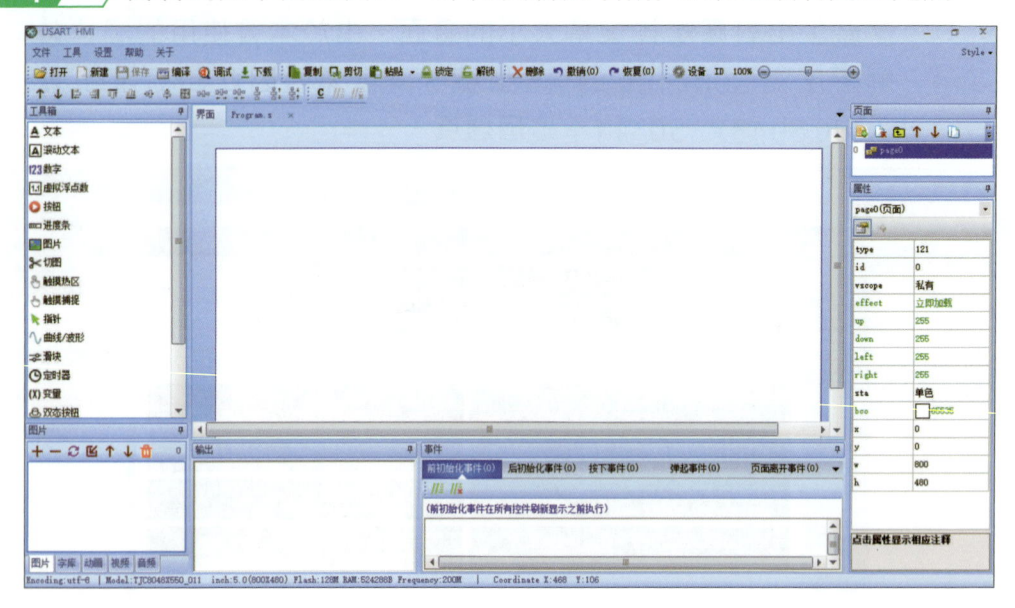

Step 5 接著在如下圖所示的「Program.s」頁面中進行觸控螢幕的初始化設定與全域變數的宣告。其中包含三個 int 整數型態的全域變數：nCheckCnt 是使用者勾選目前症狀的總數量、nWaitStep 則是決定目前觸控螢幕顯示的等待文字為何，而 nShift 則是複選框 (Check Box) 與對應文字（文本）元件之間的 ID 差值。**第三行的「bauds=115200」是設定 HMI 與 ESP32 之間資料往來的傳輸速率，本例設為 115200 bps**，ESP32 端所設定的傳輸速率也必須和此處設定的相同，如此雙方才能相互傳遞訊息。

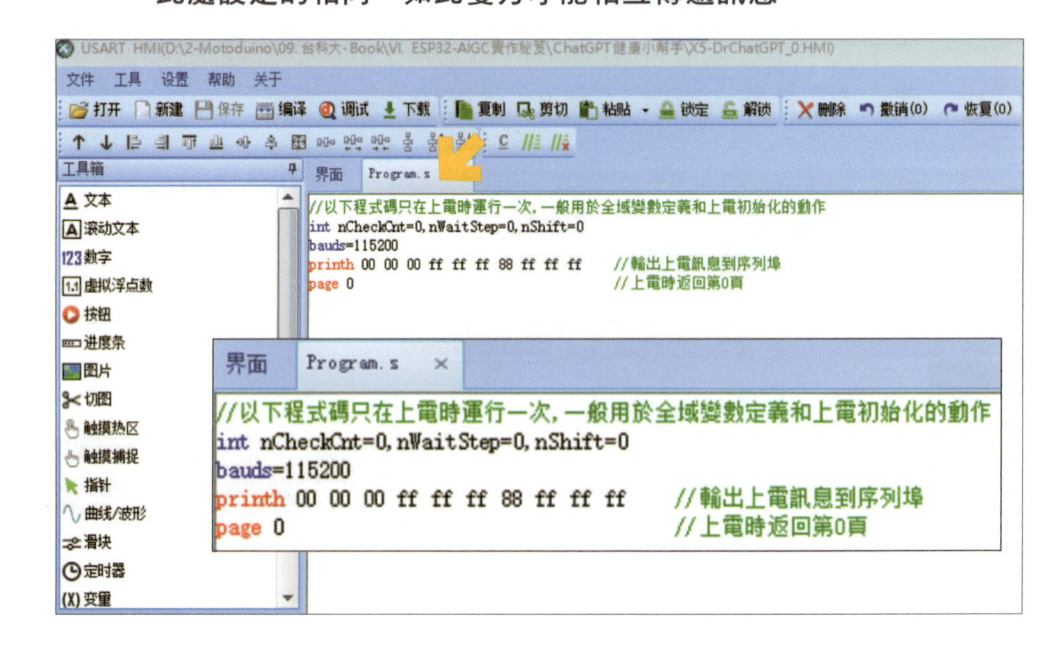

第四行的「printh 00 00 00 ff ff ff 88 ff ff ff」則是當觸控螢幕通電後，預設會傳送給 ESP32 的訊息，本系統雖然不會用到但仍將其保留。第五行的「page 0」則是當觸控螢幕每次重新通電後，便會將觸控螢幕的顯示畫面跳回此系統的首頁。

Step 6 請依下圖步驟所示，在左下角的「圖片」選項中點選「+」按鈕來匯入 ChatGPT 健康小幫手三張配合 HMI 螢幕大小、解析度均為 800x480 的觸控螢幕背景圖片備用。若是擔心所使用的圖片會有版權問題，建議可用微軟 (Microsoft) 公司所提供的 Bing Image Creator 產圖功能來生成所需的圖片。

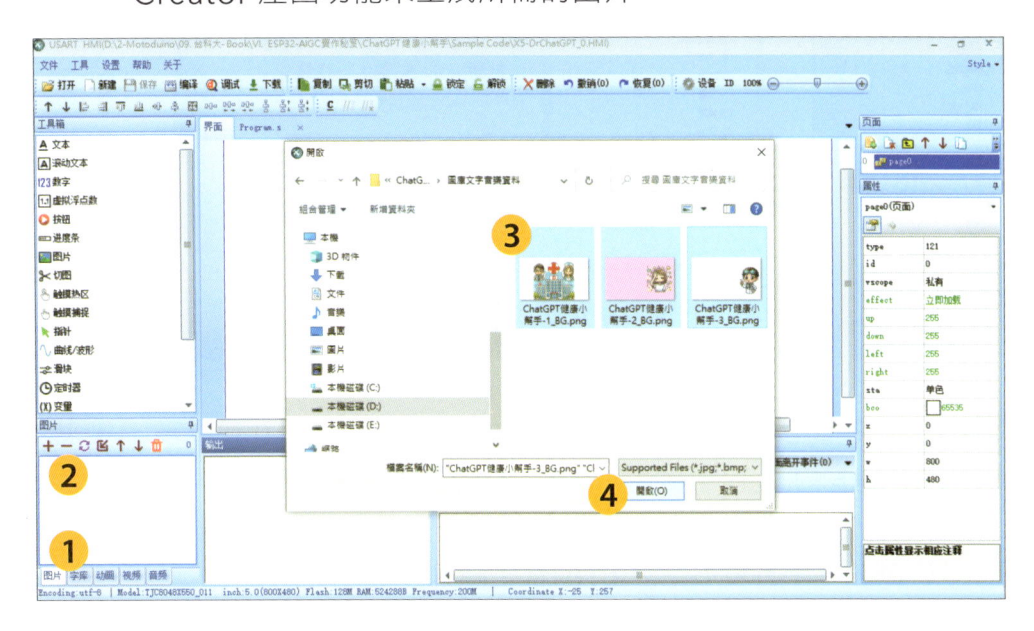

Step 7 請依下圖步驟所示，在左下角的「字庫」選項中點選「+」按鈕來匯入 ChatGPT 健康小幫手三個字型同為微軟正黑字體、但字型大小不同（依序分別為 32、48、56）的字庫檔案備用。目前提供的字庫檔案內各約有 6510 個文字，若有文字無法顯示的狀況發生時，讀者可再自行將新的文字加入字庫內容中。

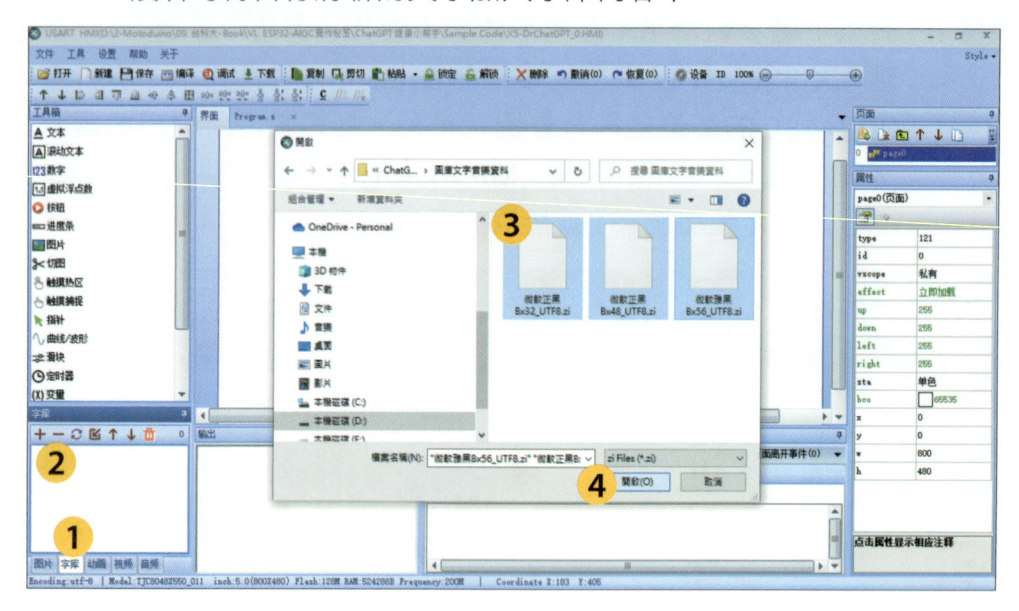

Step 8 如下圖步驟所示，先點選右上角的「page0」選項，接著將本 Page 的「sta」屬性從原本的『單色』改為『圖片』，再點選「pic」選項並選取從步驟 6 所匯入的第一張圖片 (ID: 0) 作為 ChatGPT 健康小幫手首頁 (page0) 的背景圖片。

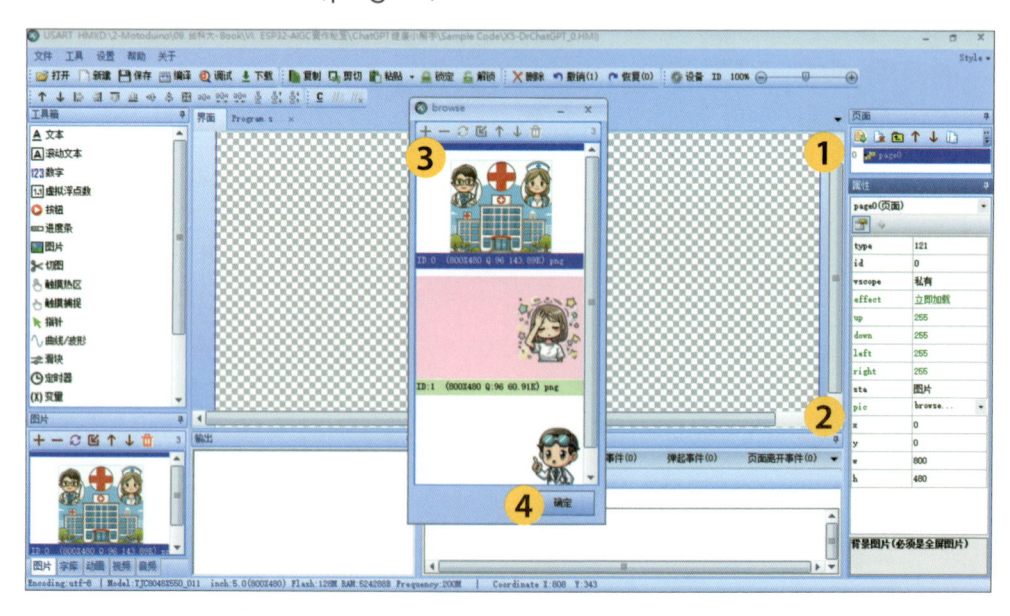

Step 9 如下圖紅框處所示，加入一個可以顯示目前系統連網狀態的文本元件。其中該文本的屬性為～font (對應字庫)：2(字高 56 微軟正黑粗體)，bco (背景顏色)：64512(橘色)，pco (字體顏色)：0(黑色)，txt_maxl (最大字數)：100，txt (顯示文字)：「ChatGPT 健康小幫手」，x (X 軸座標)：180，y (Y 軸座標)：0，w (元件寬度)：440，h (元件高度)：65。

Step 10 如下圖紅框處所示，加入可以切換至下一頁畫面的「開始諮詢」按鈕。其中該按鈕的屬性為～font (對應字庫)：1(字高 48 微軟正黑粗體)，bco (平時背景顏色)：32799(藍色)，bco 2(按下時背景顏色)：1024(綠色)，pco & pco2 (字體顏色)：65535(白色)，txt_maxl (最大字數)：100，txt (顯示文字)：「開始諮詢」，x (X 軸座標)：640，y (Y 軸座標)：430，w (元件寬度)：160，h (元件高度)：50。

在「彈起事件」中輸入「page 1」程式碼,讓此按鈕被按下鬆開時,將本系統的螢幕畫面跳至下一頁(page1)。

Step 11 在首頁(page0)的「前初始化事件」中加入『tsw b0,0』程式碼,讓「開始諮詢」按鈕一開始是可見但無法被按下的狀態,需等待此系統網路連線成功後,方可致能來等待被按下。

Step 12 如下圖步驟所示,點選右上角新增頁面按鈕來加入第二個頁面「page1」(症狀勾選頁),接著將本 Page 的「sta」屬性從原本的『單色』改為『圖片』後,再點選屬性「pic」並選取從步驟 6 所匯入的第二張圖片 (ID: 1) 作為 ChatGPT 健康小幫手第二個頁面 (page1) 的背景圖片。

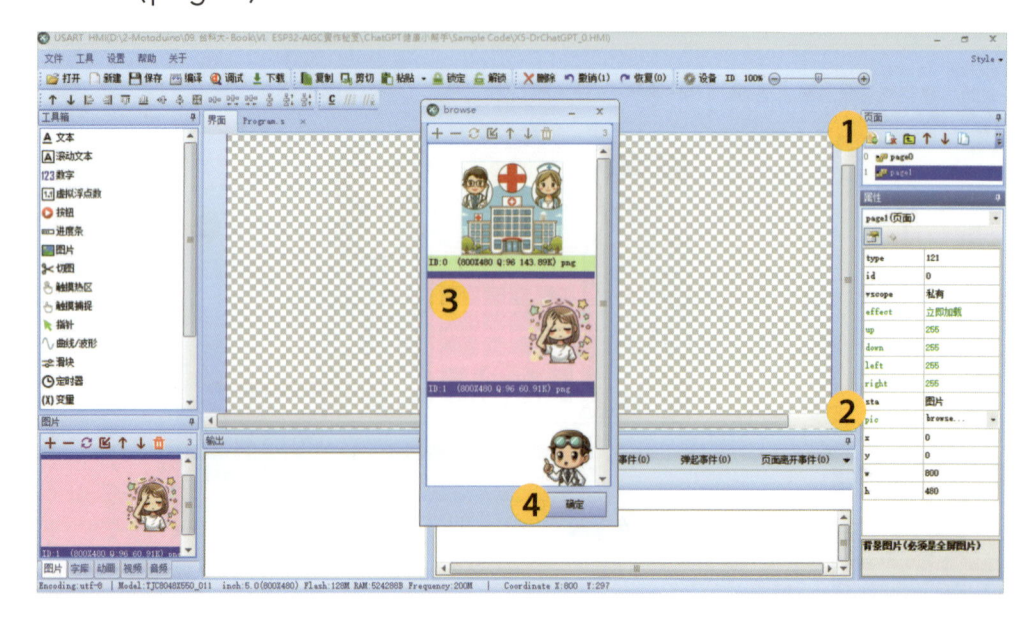

Step 13　如下圖紅框處所示，加入一個可以顯示此頁面功能的文本元件。其中該文本的屬性為～font(對應字庫)：1(字高48微軟正黑粗體)，bco(背景顏色)：63488(紅色)，pco(字體顏色)：0(黑色)，txt_maxl(最大字數)：100，txt(顯示文字)：「描述目前的症狀」，x(X軸座標)：250，y(Y軸座標)：0，w(元件寬度)：300，h(元件高度)：45。

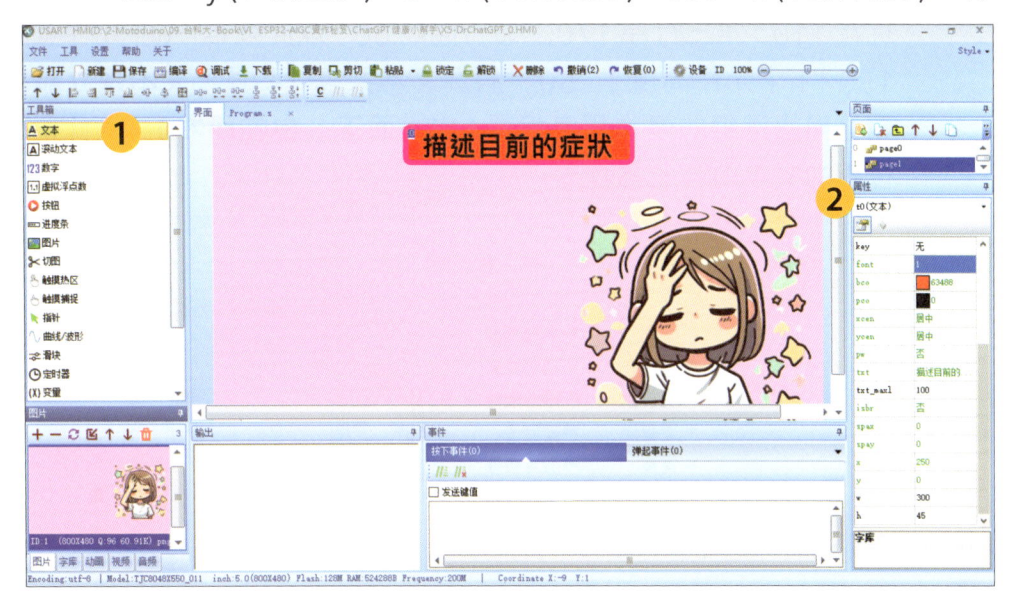

Step 14　如下圖步驟所示，加入多個可以勾選的複選框選項。其中複選框的屬性為～vscope(應用區域)：全局(螢幕切換至其他頁面時，內容仍會保留)，bco(未勾選時顏色)：65535(白色)，pco(被勾選時顏色)：63488(紅色)。val(預設狀態)：0(不勾選)。x：第一列為35、第二列為255，y：第一行為60、第二行為120，w：30，h：30。複選框共需14個，**請由上而下、由左而右來依序建立**。

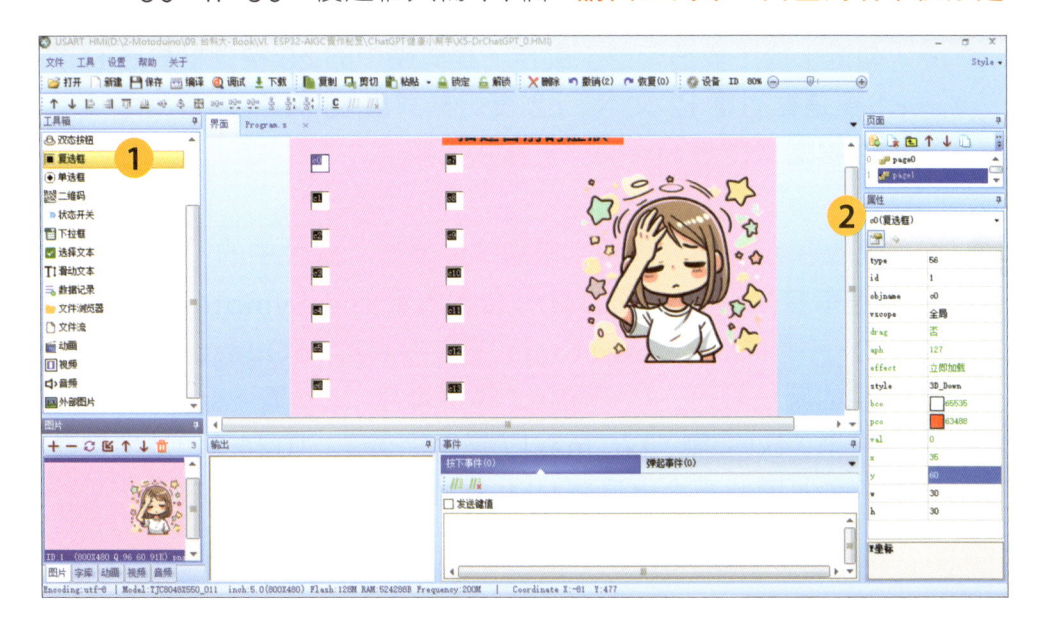

Step 15 如下圖步驟所示，加入對應複選框選項的文本元件。其中文本元件的屬性為 ~ vscope（應用區域）：私有，font（對應字庫）：1（字高 48 微軟正黑粗體），pco（字體顏色）：0（黑色），xcen：靠左，txt_maxl（最大字數）：50，txt：{各種病況}。x（X 軸座標）：第一列為 70、第二列為 290，y（Y 軸座標）：第一行為 50、第二行為 110、第三行為 170…每行間隔 60、以此類推，w（元件寬度）：150，h（元件高度）：50。病況文本共需 14 個，**文本建立順序請務必與複選框的建立順序相同 (由上而下、由左而右)**，如此便有利後續的文本內容收集程序。

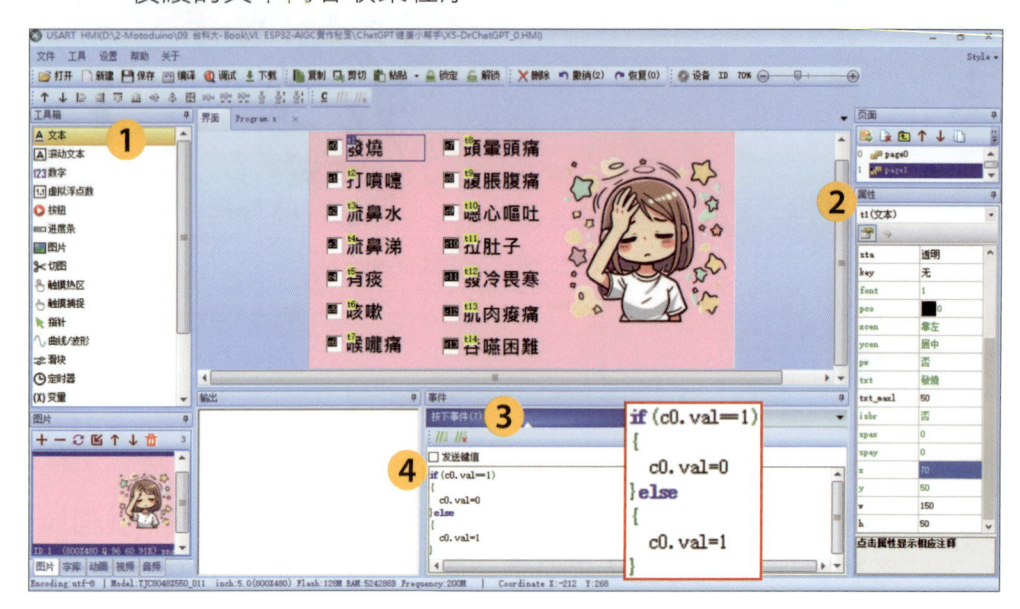

由於使用者在點選病況時，不論是點選複選框或病況文本都需要加以回應。因此在每個病況文本的「按下事件」中，均需加入如上圖 ❹ 所示的程式碼，讓使用者點選病況文本時，複選框也能有對應的「勾選」或「取消勾選」動作。程式碼中的 c0 複選框對應 t1 文本、c1 複選框對應 t2 文本、c2 複選框對應 t3 文本…直到最後一個的 c13 複選框對應 t14 文本。請以此類推之。

Step 16 如下圖所示，加入兩個字串型態的變數：屬性中的「objname」分別是串接所有被勾選的病況文本內容的 szSymptoms，以及結合「Q:」字首與 szSymptoms 變數內容的 szQuestion。兩個變數的其他屬性均為 ~ vscope（應用區域）：私有，sta（變數型態）：字符串，txt：無，txt_maxl（最大字數）：1024。由於變數為不可視元件，因此不會出現在 HMI 觸控螢幕的預覽畫面中。

Step 17 如下圖紅框處所示，加入一個傳送勾選病況內容的「上傳症狀」按鈕。其中該按鈕的屬性為～font (對應字庫)：1(字高 48 微軟正黑粗體)，bco (平時背景顏色)：32799(藍色)，bco 2(按下時背景顏色)：1024(綠色)，pco & pco2 (字體顏色)：65535(白色)，txt_maxl (最大字數)：100，txt (顯示文字)：「上傳症狀」，x (X 軸座標)：640，y (Y 軸座標)：430，w (元件寬度)：160，h (元件高度)：50。

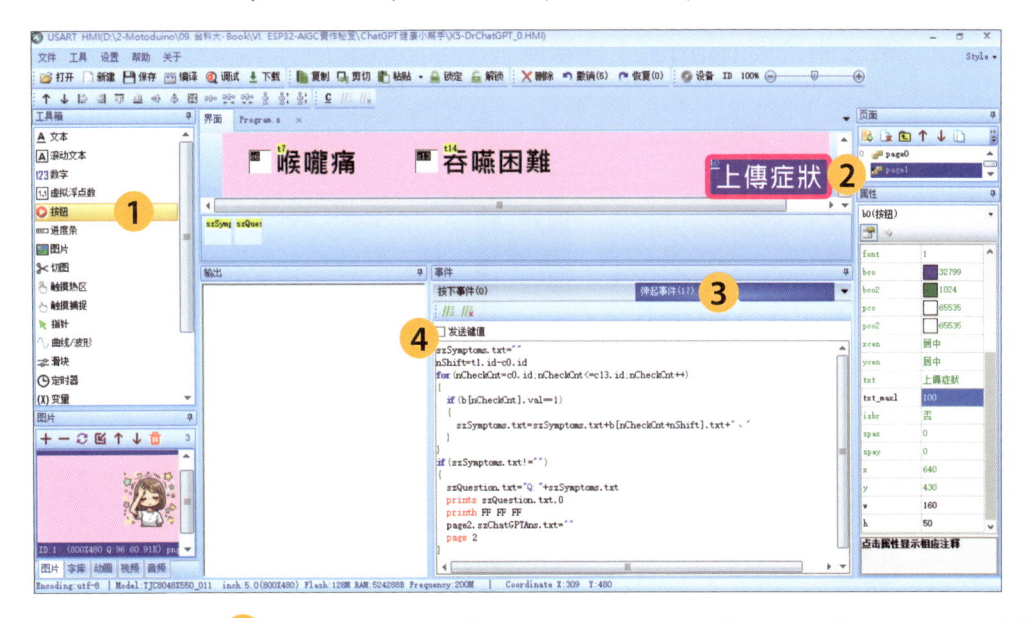

如上圖 **4** 所示，編寫按下「上傳症狀」按鈕的「彈起事件」程式碼。其中：

A. b[元件 id] 即可代表某元件。

B. prints att,length 將指定變數從序列埠輸出。att 為變數，length 為變數長度。（若設為 0 即代表輸入變數的長度）

C. printh hex1 hex2 hex3 … 將 16 進制的資料從序列埠 (UART) 輸出。

```
szSymptoms.txt=""          //將szSymptoms字串變量的內容(txt)清空
nShift=t1.id-c0.id         //算出第一個病況文本(t1)與第一個複選框(c0)兩者id的差值

//開始檢查所有複選框的狀態。若被勾選,便將所對應的病況文本文字內容(txt)串接到szSymptoms字串變量中
for(nCheckCnt=c0.id;nCheckCnt<=c13.id;nCheckCnt++)
{
  //如果該複選框有被勾選
  if(b[nCheckCnt].val==1)
  {
    //將對應的病況文本文字內容(txt)串接到szSymptoms字串變量中
    szSymptoms.txt=szSymptoms.txt+b[nCheckCnt+nShift].txt+"、"
    //szSymptoms字串變量的內容會以如下的方式來串接累加:"症狀I、症狀II、症狀III、...、"
  }
}
//如果szSymptoms字串變量內有文字內容(代表至少有一個病況複選框被勾選)
if(szSymptoms.txt!="")
{
  //將szQuestion字串變量的內容(txt)設為"Q:症狀I、症狀II、症狀III、...、"
  szQuestion.txt="Q:"+szSymptoms.txt

  prints szQuestion.txt,0    //將szQuestion字串變量的內容傳送給ESP32
  printh FF FF FF            //傳送三個0xFF給ESP32,代表資料傳送已結束

  page2.szChatGPTAns.txt=""  //將顯示ChatGPT回覆訊息頁面的szChatGPTAns字串變量內容(txt)清空
  page 2                     //切換到顯示ChatGPT回覆訊息頁面
}
```

Step 18 如下圖步驟所示,點選右上角新增頁面按鈕來加入第三個頁面「page2」(ChatGPT 診斷結果顯示頁)。接著將此 Page 的「sta」屬性從原本的『單色』改為『圖片』後,再點選「pic」屬性並選取從步驟 6 所匯入的第三張圖片 (ID: 2) 作為 ChatGPT 健康小幫手的第三個頁面 (page2) 背景圖片。

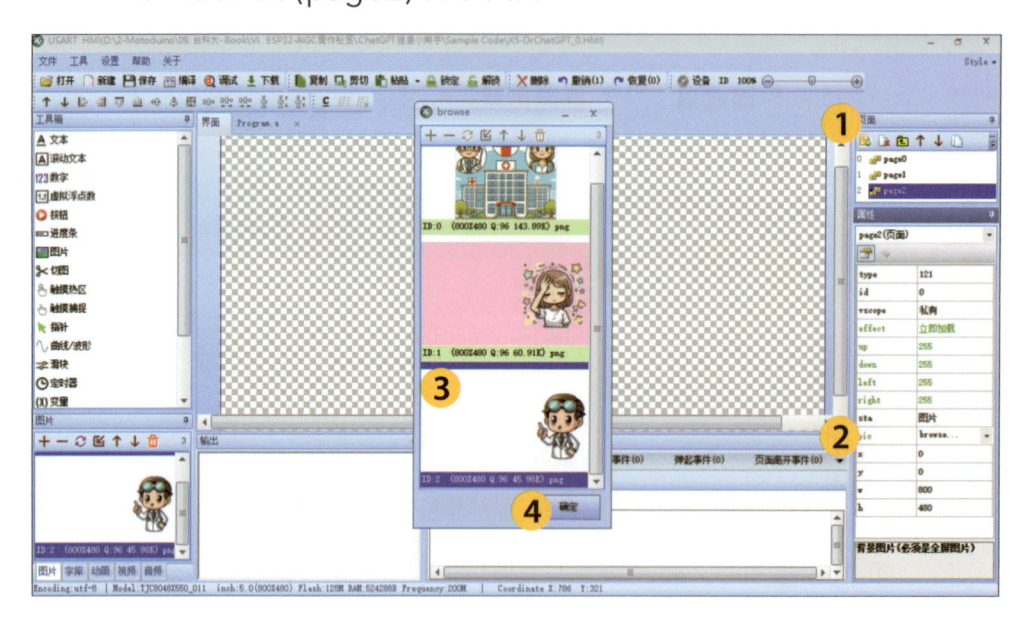

Step 19 如下圖紅框處所示，加入兩個文本元件。其中螢幕上方可以顯示目前等待 ChatGPT 處理狀態的文本的屬性為～font (對應字庫)：1(字高 48 微軟正黑粗體)，bco (背景顏色)：63488(紅色)，pco (字體顏色)：0(黑色)。txt (顯示文字)：「查詢中，請稍候…」，txt_maxl (最大字數)：100。x (X 軸座標)：130，y (Y 軸座標)：0，w (元件寬度)：340，h (元件高度)：45。

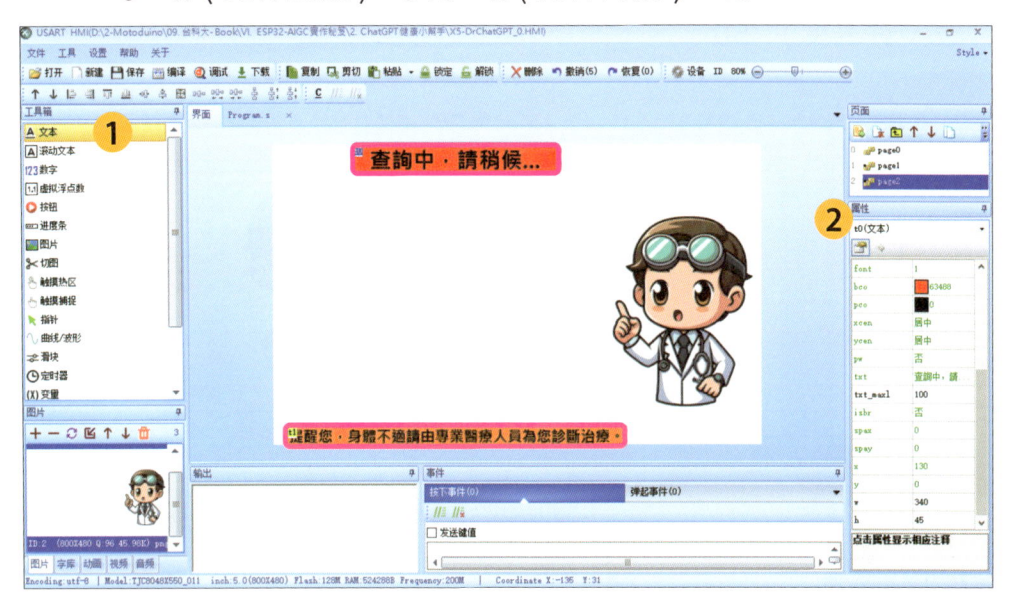

另外螢幕下方顯示警語提示的文本屬性為～font (對應字庫)：0(字高 32 微軟正黑粗體)，bco (背景顏色)：64520(橘色)，pco (字體顏色)：0(黑色)。txt (顯示文字)：「提醒您，身體不適請由專業醫療人員為您診斷治療。」，txt_maxl (最大字數)：100。x (X 軸座標)：20，y (Y 軸座標)：450，w (元件寬度)：560，h (元件高度)：30。

Step 20 如下圖紅框處所示，加入一個可返回病況勾選頁面的「回上頁」按鈕。其中該按鈕的屬性為 ~ font (對應字庫)：1(字高 48 微軟正黑粗體)，bco (平時背景顏色)：32799(藍色)，bco 2(按下時背景顏色)：1024(綠色)，pco & pco2 (字體顏色)：65535(白色)。txt (顯示文字)：「回上頁」，txt_maxl (最大字數)：100。x (X 軸座標)：640，y (Y 軸座標)：430，w (元件寬度)：160，h (元件高度)：50。

另外請在此按鈕的「彈起事件」中加入如上圖 ④ 所示的「page 1」程式碼，讓此按鈕被按下鬆開時，將 HMI 觸控螢幕畫面跳回上一頁 (page1) 的症狀勾選頁面。

Step 21 如下圖所示，加入可以顯示大量文字的滑動文本元件。其中該滑動文本的屬性為 ~ font (對應字庫)：0(字高 32 微軟正黑粗體)，pco (字體顏色)：16(深藍色)，txt (顯示文字)：無，txt_maxl (最大字數)：3072。isbr (是否自動換行)：是 (文字超過邊界會自動換行)，x (X 軸座標)：20，y (Y 軸座標)：50，w (元件寬度)：610，h (元件高度)：395。

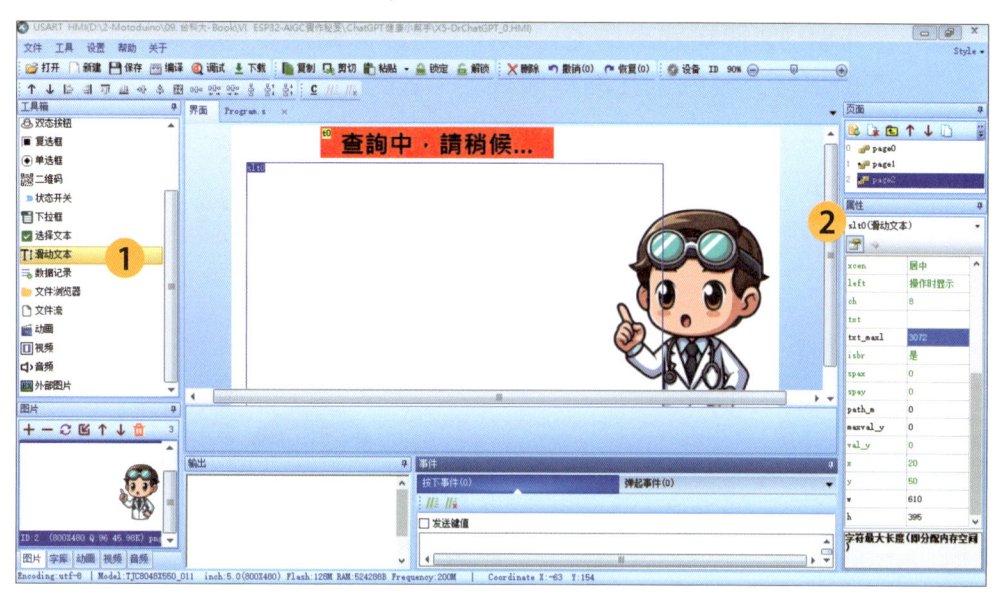

Step 22 如下圖所示，加入兩個字串型態的變數。第一個是用來暫存由 ESP32 傳送過來的 ChatGPT 分段內容的 szGPTmp。該變數的屬性為 ~ vscope (應用區域)：私有。sta (變數型態)：字符串，txt (預設內容)：無，txt_maxl (最大字數)：128。

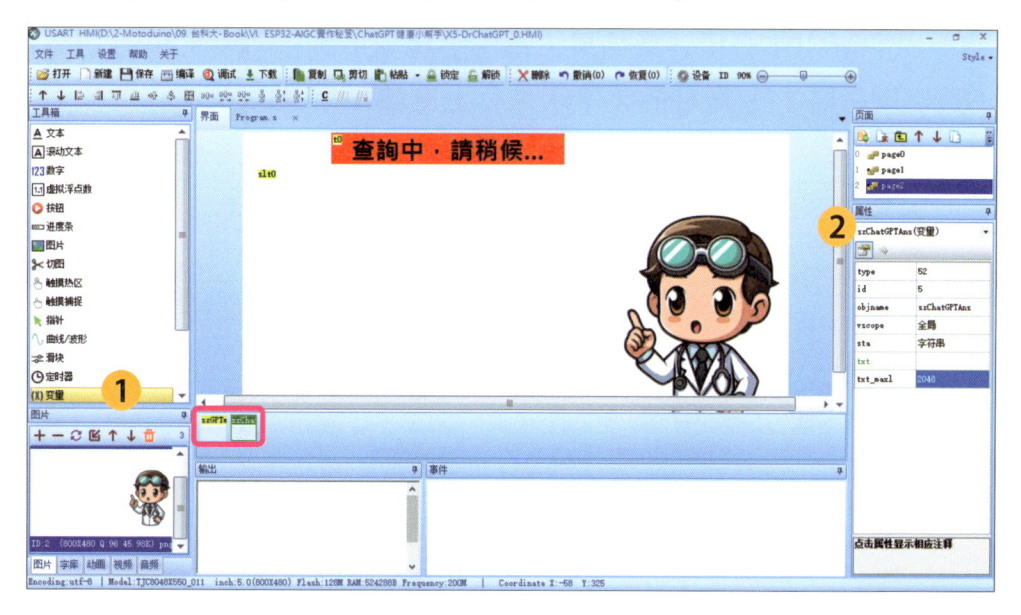

另一個字串變數則是用來存放串接 szGPTmp 分段內容的 szChatGPTAns。其中變數的屬性為～vscope (應用區域)：全局 (螢幕切換至其他頁面時，內容仍會保留)。sta (變數型態)：字符串，txt (預設內容)：無，txt_maxl (最大字數)：2048。

Step 23 如下圖所示，加入定時器的變數：定時器 tm0 是用來定時接收來自於 ESP32 傳送過來的 ChatGPT 分段診斷結果，並將分段診斷結果不斷串接之後顯示在觸控螢幕上。該定時器的屬性為～vscope (應用區域)：私有 (僅限於此頁面)。tim (定時執行時間，單位為 ms 毫秒)：125，en (預設狀態)：1(啟動)。

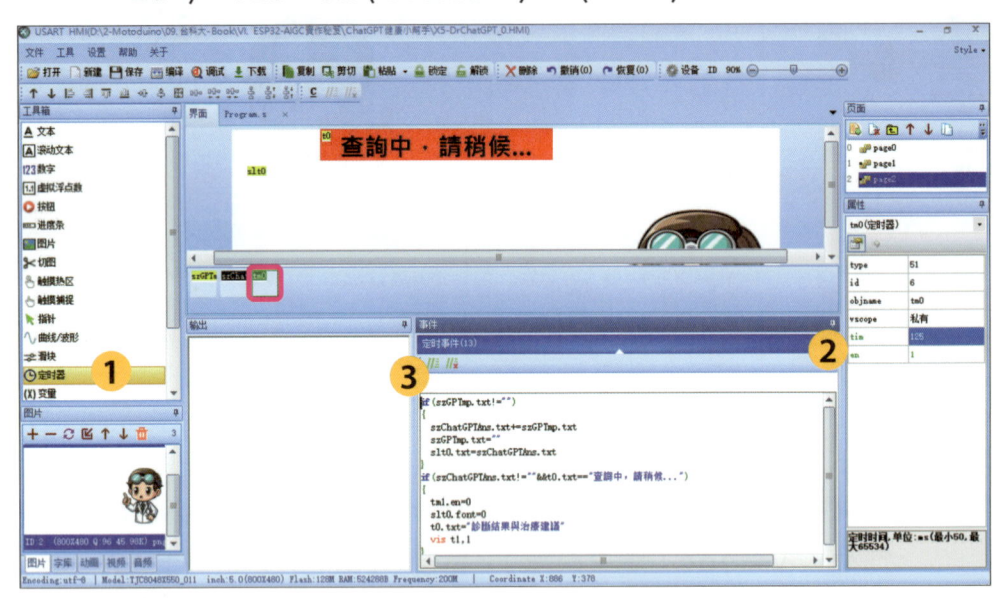

因為定時器 tm0 是用來定時接收來自於 ESP32 傳送過來的 ChatGPT 分段診斷結果，為了防止漏接訊息，因此 tm0 定時器需以每隔 125 毫秒的頻率來進行上圖 ③ 處所編寫的動作。以下是該定時事件中的程式碼內容與解析。

```
//當字符串szGPTmp變量內容不為空時，即代表開始收到來自於ESP32的ChatGPT片段回覆
if(szGPTmp.txt!="")
{
  szChatGPTAns.txt+=szGPTmp.txt        //將存放於szGPTmp變量的內容串接到szChatGPTAns變量中
  szGPTmp.txt=""                        //清空szGPTmp變量來準備接收新的ChatGPT回覆片段
  slt0.txt=szChatGPTAns.txt             //將szChatGPTAns變量的內容填入至slt0滑動文本元件中來顯示

//當送出勾選的症狀後，第一次收到來自於ESP32的ChatGPT片段回覆時
if(szChatGPTAns.txt!=""&&t0.txt=="查詢中，請稍候...")
{
  tm1.en=0                              //將原本顯示等待文字的定時器關閉
  slt0.font=0                           //將顯示ChatGPT回覆內容的slt0滑動文本文字顯示設定為字高最小(32)的字庫
  t0.txt="診斷結果與治療建議"              //更改ChatGPT訊息回覆顯示頁面最上方的提示文本內容
  vis t1,1                              //顯示ChatGPT訊息回覆顯示頁面最下方的提醒文本元件
}
```

Step 24 第二個定時器 tm1 是用來在觸控螢幕上定時顯示等待 ChatGPT 回覆診斷結果的「望、聞、問、切 ...」等文字。該定時器的屬性為 ~ vscope (應用區域)：私有 (僅限於此頁面)。tim (定時執行時間，單位為 ms 毫秒)：5000(5000 毫秒即為 5 秒)，en (預設狀態)：1(啟動)。

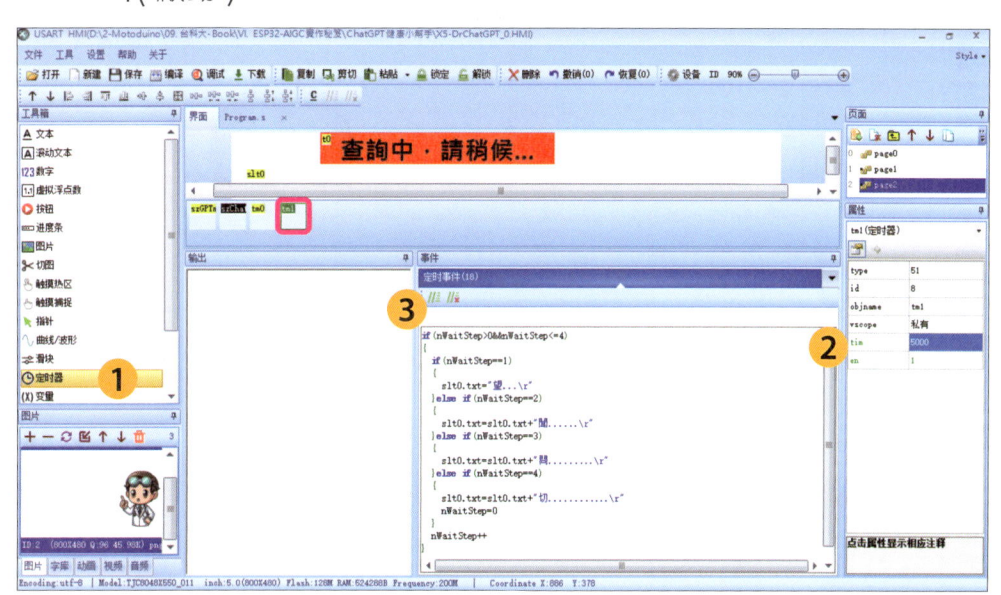

由於定時器 tm1 是讓 HMI 等待 ChatGPT 回覆答案的過程中定時顯示等待文字以告知使用者之用，因此跳出等待文字的間隔時間不需太快。本例讓 tm1 定時器以每隔 5000 毫秒 (即 5 秒) 的頻率來進行上圖 ❸ 處所編寫的動作，詳細的定時事件程式碼內容與解析請參考下圖。

```
//nWaitStep變數被宣告於「Program.s」頁面的初始設定中
//依nWaitStep變數目前的數值，在不同的等待階段讓slt0滑動文本元件顯示不同的等待訊息
if(nWaitStep>0&&nWaitStep<=4)
{
  if(nWaitStep==1)                //當nWaitStep=1時，在slt0滑動文本元件中顯示"望..."
  {
    slt0.txt="望...\r"
  }else if(nWaitStep==2)          //當nWaitStep=2時，在slt0滑動文本元件中顯示"望、聞..."
  {
    slt0.txt=slt0.txt+"聞......\r"
  }else if(nWaitStep==3)          //當nWaitStep=3時，在slt0滑動文本元件中顯示"望、聞、問..."
  {
    slt0.txt=slt0.txt+"問.........\r"
  }else if(nWaitStep==4)          //當nWaitStep=4時，在slt0滑動文本元件中顯示"望、聞、問、切..."
  {
    slt0.txt=slt0.txt+"切............\r"
    nWaitStep=0                   //將nWaitStep歸零，讓slt0滑動文本元件重新顯示"望、聞、問、切..."
  }
  nWaitStep++                     //將nWaitStep變數+1
}
```

Step 25 當 HMI 觸控螢幕的畫面剛切換至 ChatGPT 診斷結果顯示頁面時，需要進行一些變數或元件的設定，其內容如下圖所示。

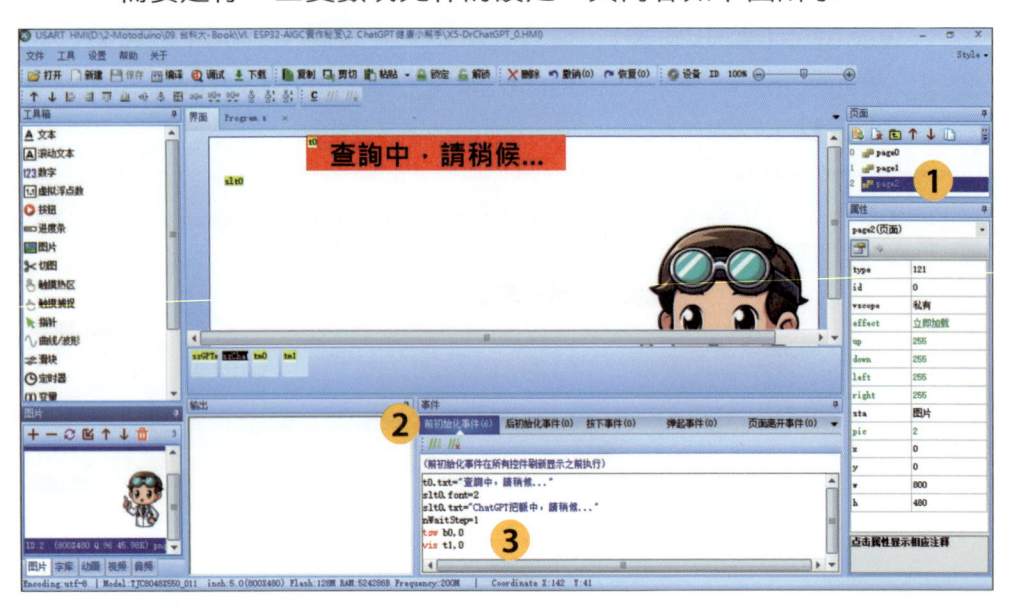

上圖 ❸ 處需編寫 HMI 觸控螢幕剛切換至 ChatGPT 診斷結果顯示頁面時需進行的動作，以下是「前初始化事件」中的程式碼內容與解析。

```
t0.txt="查詢中，請稍候…"           //設定此頁面最上方的提示文本內容
slt0.font=2                       //將顯示ChatGPT回覆內容的slt0滑動文本文字顯示設定為字高48的字庫
slt0.txt="ChatGPT把脈中，請稍候…"  //設定slt0滑動文本元件的顯示內容
nWaitStep=1                       //將nWaitStep變數初始值設為1
tsw b0,0                          //將此頁面中的「回上頁」按鈕設定為無法點選狀態
vis t1,0                          //隱藏此頁面最下方的提醒文本元件
```

3-3 motoBlockly 程式編輯流程

　　由於本系統的運作模式是由使用者從觸控螢幕點選目前症狀後，再由 ESP32 連網詢問 ChatGPT，最後再將其回覆的結果傳回觸控螢幕上顯示。因此在完成觸控螢幕端操作介面的配置與設定後，ESP32 端也要編寫如何與觸控螢幕及 ChatGPT 相互溝通的對應程式。而 ESP32 的對應程式，本書均以慧手科技所提供的圖控式程式編輯軟體 motoBlockly 來完成。詳細的程式編寫流程如下：

Step 1 首先需將 motoBlockly 的開發板型號選擇為「ESP32」才能產生正確的 ESP32 程式碼。接著請先宣告三個全域字串變數，包括要傳送給 ChatGPT 的提示詞 (Prompt) 變數 szSystemRole、OpenAI 的授權碼變數 szAPIKey(請輸入自己申請到的 OpenAI 授權碼 (API Key))，以及用來備份 ChatGPT 回傳訊息的變數 szChatGPTAnswerBackup。

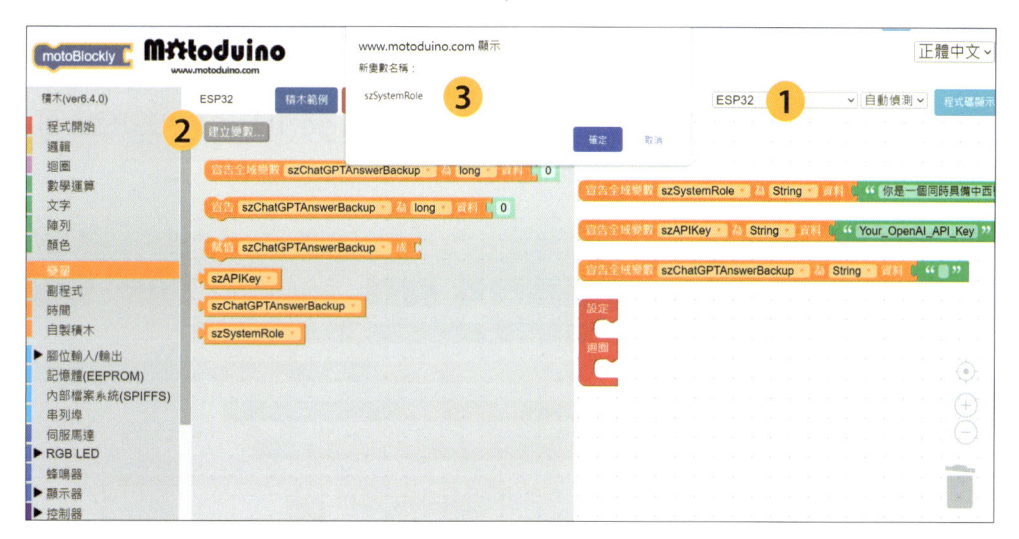

其中 szSystemRole 變數在本例將其設為：「你是一個同時具備中西醫知識的醫生，專長是耳鼻喉科、內科和小兒科。請使用繁體中文依照病人所描述的症狀，分別以西醫及中醫的觀點來判斷病人可能罹患的疾病，最後再以西醫及中醫不同的角度來提供治療的建議。目前病人告知的症狀有：」。讀者可依自己的需求來調整此段提示詞。

Step 2 接著建立一個全域的字元 (char) 陣列變數 szUARTData，用來存放透過 Tx/Rx 傳輸介面傳送、來自於 HMI 觸控螢幕的 UART 訊息。本例將該陣列長度設為 1024 bytes。

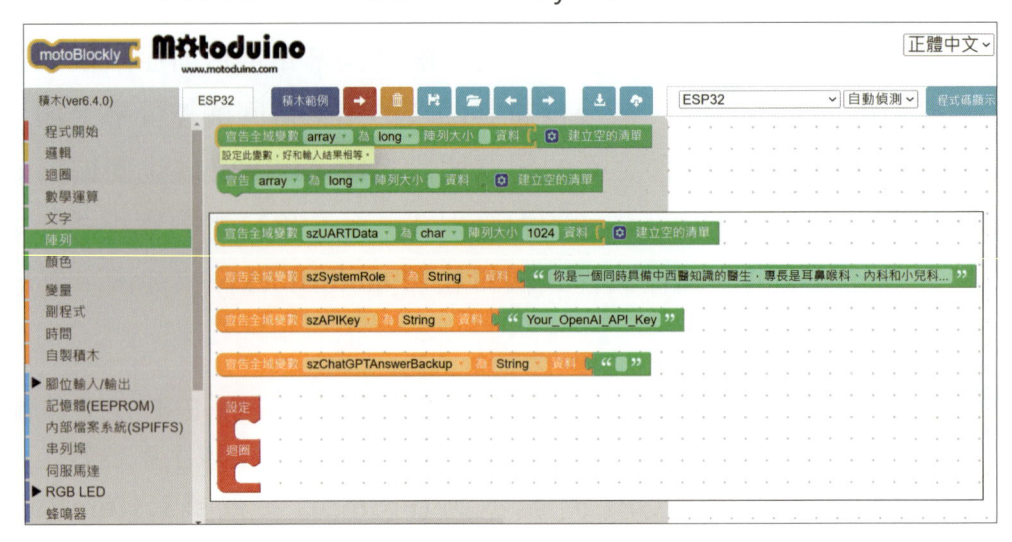

Step 3 如下圖所示，由於 ESP32 有時需要透過 UART 介面來切換觸控螢幕上的顯示頁面，因此需先將此動作打包成一個副程式 fnSetHmiPage()。呼叫使用 fnSetHmiPage() 副程式時需要告知觸控螢幕接下來要切換到哪一個頁面，因此副程式需再加入一個 int 整數型態的變數參數 nPageNum(即 Page ID)，讓 ESP32 可以直接輸入要切換顯示的頁面 ID。

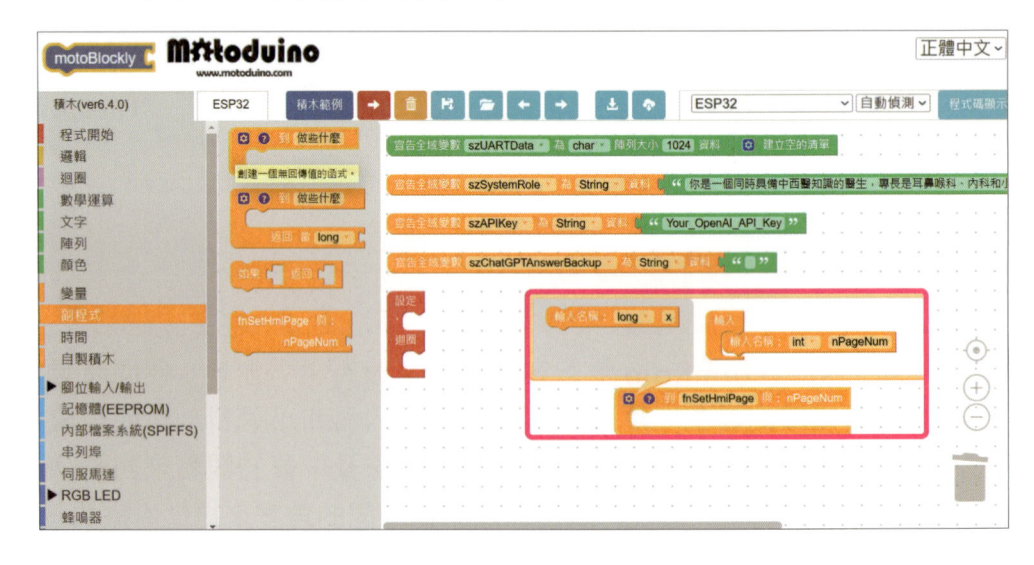

Step 4 如下圖紅框處所示，由於觸控螢幕切換顯示頁面的命令格式為：「page｛頁面 ID｝」，因此需先宣告一個可以連結「page」（**註：page 後面要空一格**）字串與 nPageNum 變數的字串變數 szHMICmd。完成後，再將 szHMICmd 變數的內容從 ESP32 與觸控螢幕對接的 Serial2(UART2) 串接埠輸出。

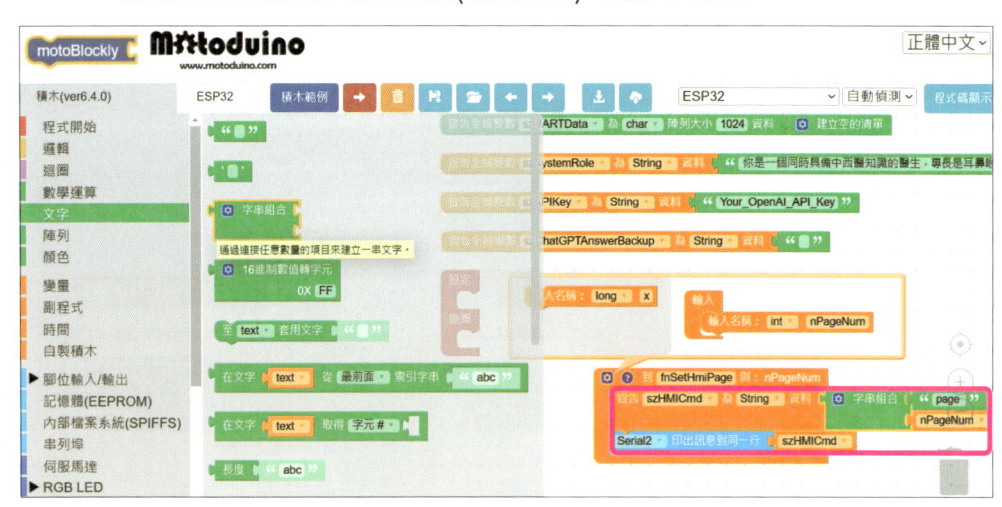

Step 5 由於觸控螢幕接收命令訊息時需連續收到三個 0xFF(255) 的資料內容才能確定訊息傳送方已結束傳送動作。因此如下圖紅框處所示，ESP32 在傳送完「page｛頁面 ID｝」的切換頁面訊息格式之後，需再從 Serial2 串列埠口連續傳送三個 0xFF(255) 的訊息才能算是一個完整的切換頁面訊息。

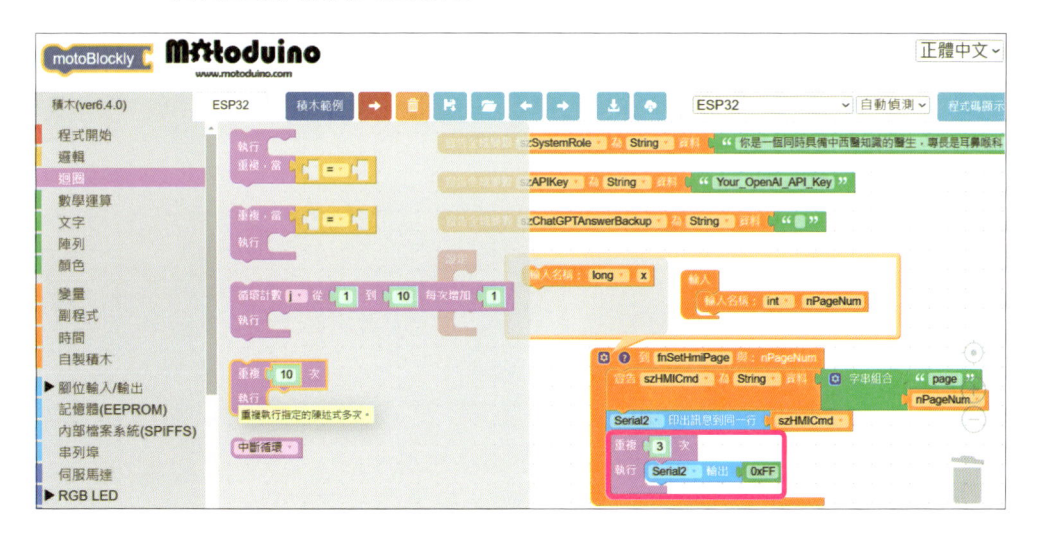

Step 6 由於 ESP32 常常需要透過 UART 介面來修改觸控螢幕的文字內容，也需要由 ESP32 來設定螢幕頁面按鈕是否可以點選，因此依照上一個步驟建立副程式 fnSetHmiPage() 的邏輯概念，再將上述兩個 ESP32 透傳設定動作也分別打包成副程式 fnSetHmiTxt() 與 fnSetHmiTSW()。

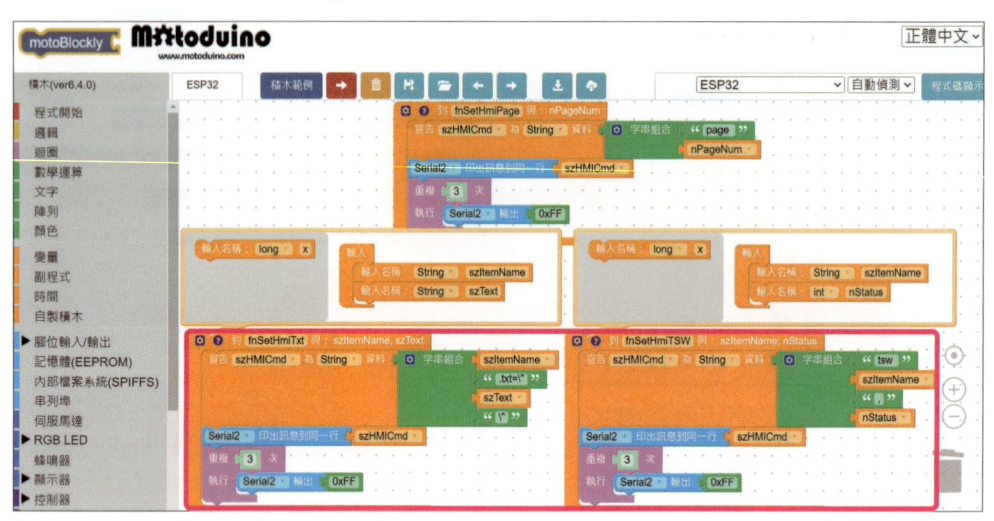

其中觸控螢幕更改元件文字內容的命令格式為：「元件名稱.txt={新的文字內容}」，因此 fnSetHmiTxt() 副程式需新增「元件名稱 szItemName」與「新的文字內容 szText」兩個 String 字串型態的變數參數。另外設定觸控螢幕頁面上的按鈕是否可點選的命令格式為：「tsw 元件名稱,{0/1}」(0 為不可按、1 為可按)，因此 fnSetHmiTSW() 副程式亦需增加 String 字串型態的「元件名稱 szItemName」變數與 int 整數型態的「可否點選 nStatus」變數的兩個參數。

Step 7 如下圖所示，建立一個可以從 ESP32 接收來自於觸控螢幕輸出資訊的副程式 fnHandleHMISerial()，並在最後回傳所收取到的總資料量長度 nHMIDataLen。接著在每次開始接收資訊前，將全域陣列變數 szUARTData 的內容清空。

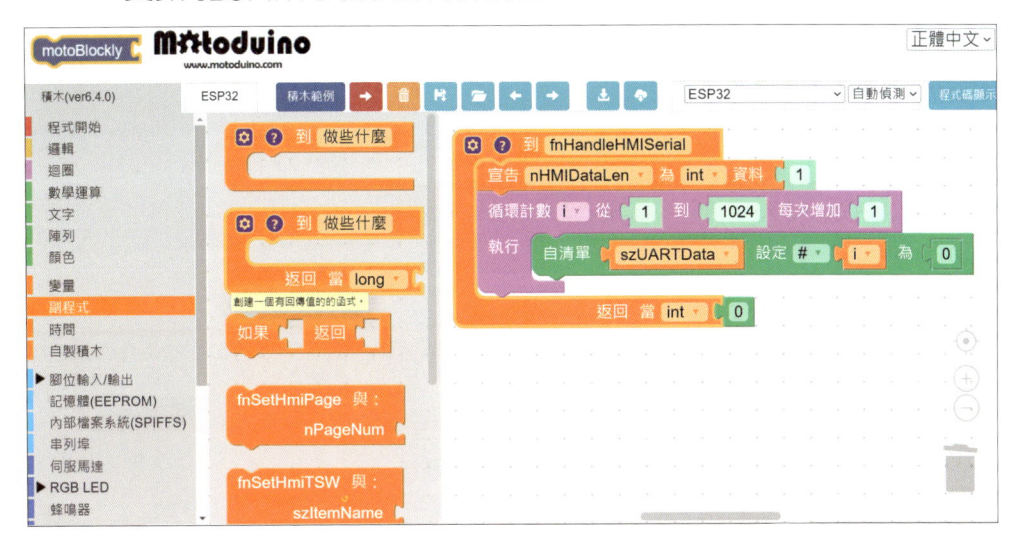

Step 8 清空 szUARTData 陣列變數的內容後，開始檢查是否有資料從觸控螢幕端送出。一旦從 Serial2 開始接收到資料，便需持續接收資料。

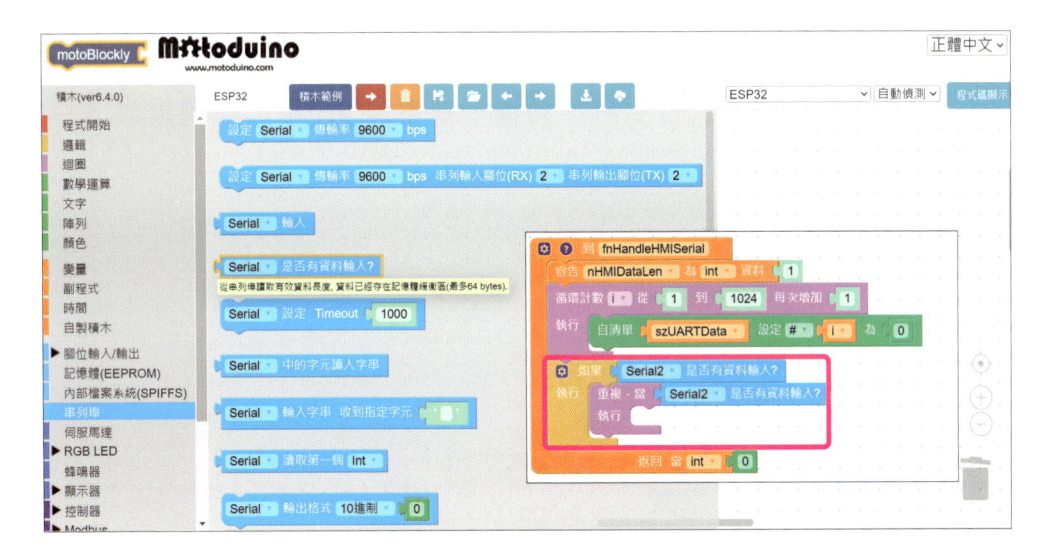

Step 9 接著將傳入資訊一個一個讀出並放到 cSingleData 字元變數中，再將其依序放入全域陣列變數 szUARTData 之中，直到收到結尾數據 (連續三個 0xFF) 出現為止。另外一般從觸控螢幕端送出的資訊量通常不會太多，若是已達 1024 bytes 仍未結尾，便以雜訊視之，直接放棄整段資訊並回傳 0。

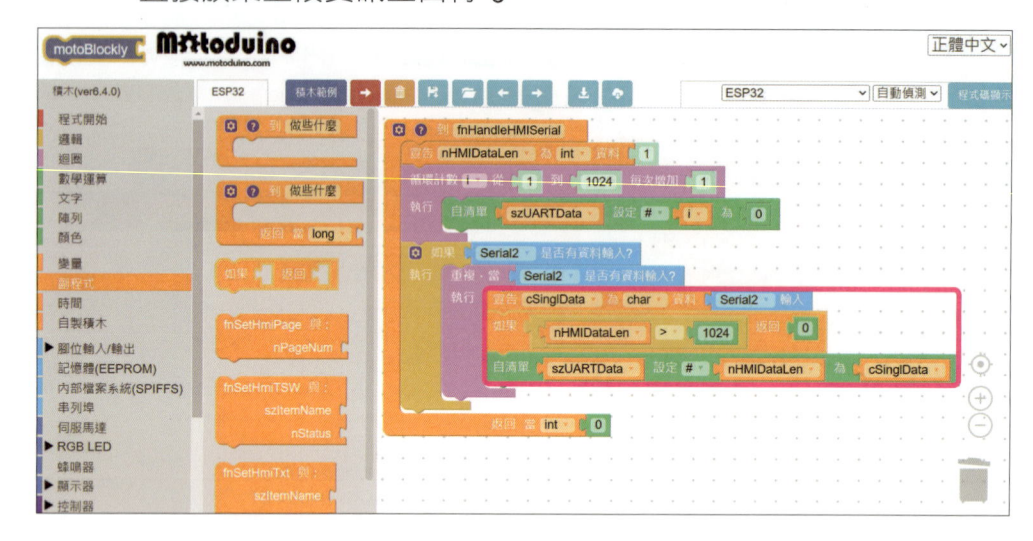

Step 10 當全域陣列變數 szUARTData 的長度大於 3 時，開始檢查 szUARTData 變數內容的末三個 bytes 是否包含有 3 個結尾數據 (0xFF)。若有結尾數據，馬上停止接收新資訊並回傳 szUARTData 的長度；反之若沒有結尾數據，則每隔 20 毫秒繼續讀取下一個傳輸訊息。

Step 11 完成所有副程式之後，就可以回到主程式的設定(setup)部分。首先將 ESP32 與電腦端的串列埠 Serial 傳輸率設為 115200 bps(bits per second)，ESP32 與觸控螢幕端的串列埠 Serial2 傳輸率也設為 115200 bps。接著在等待觸控螢幕開機的 1000 毫秒 (1 秒) 後，將觸控螢幕的頁面切回首頁，並將首頁的網路連線狀態文本元件 t0 顯示的內容修改為「網路連線中…」。

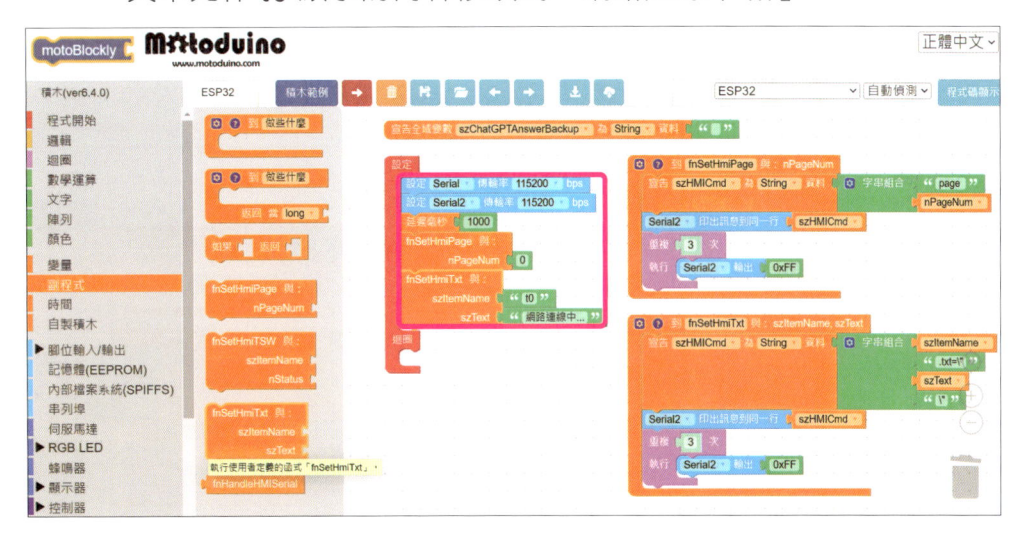

Step 12 開始進行連接網路的設定。「WiFi 設定」積木中的「SSID(分享器名稱)」與「Password(密碼)」參數分別為 ESP32 準備連線的路由器或無線網路分享器的名稱與密碼，請依實際狀況來進行設定即可。

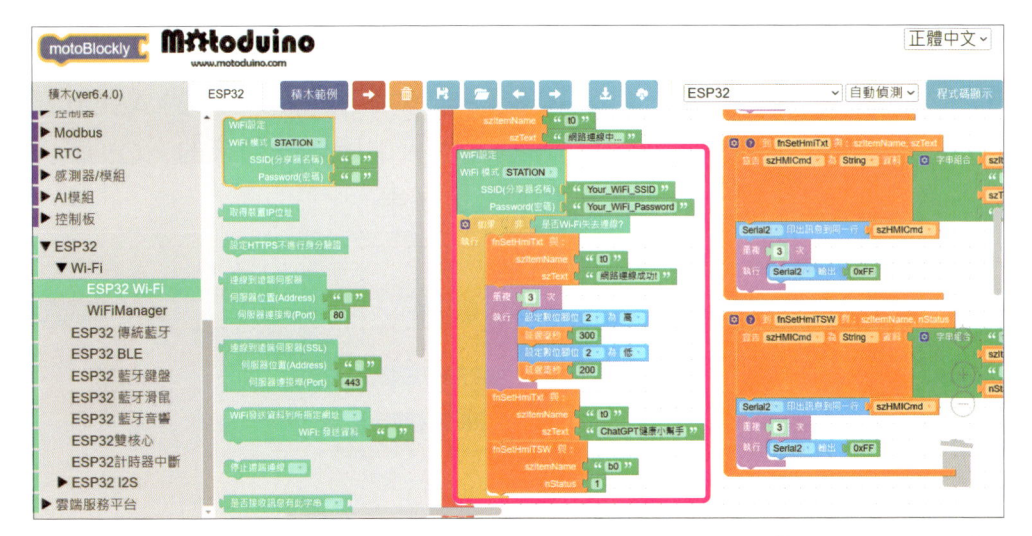

當網路連線成功之後 (程式積木以「非」+「是否 Wi-Fi 失去連線？」兩個雙重否定來表示肯定 (網路連線成功))，先將首頁的網路連線狀態文本元件 t0 顯示的內容修改為「網路連線成功！」，並

在 ESP32 內建的 G2 腳位 LED 閃爍三次後，再將首頁的網路連線狀態文本元件 t0 顯示的內容修改為「ChatGPT 健康小幫手」，並呼叫 fnSetHmiTSW() 副程式將首頁的「開始諮詢」(b0) 按鈕恢復成可以點選的狀態。

Step 13 接著開始到迴圈 (loop) 程式積木中不斷呼叫 fnHandleHMISerial() 副程式來偵測是否收到來自於觸控螢幕端的訊息。以 fnHandleHMISerial() 副程式所回傳的訊息長度是否大於 0 來判斷，訊息則會被存放在 szUARTData 陣列變數中。

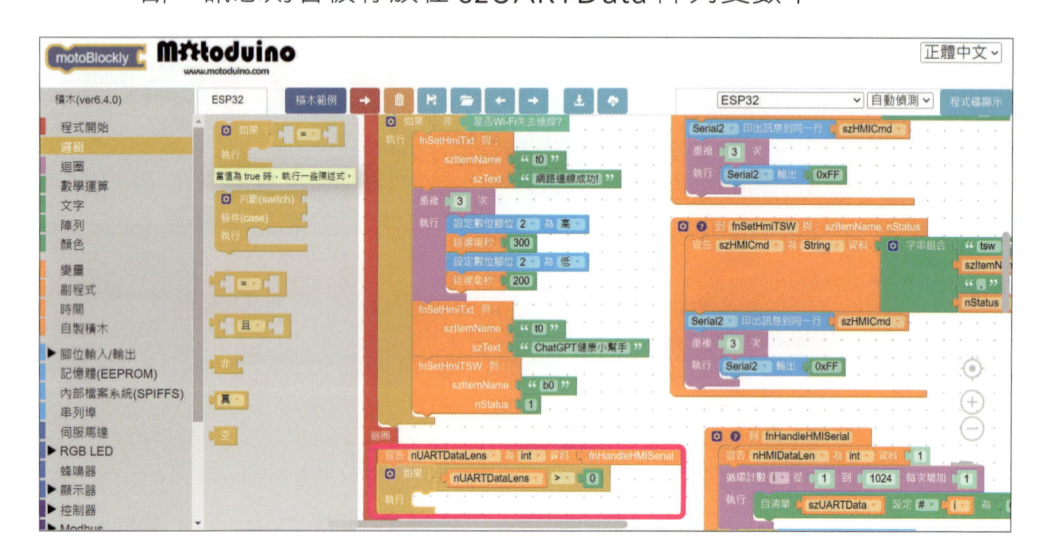

Step 14 從 fnHandleHMISerial() 副程式所取得的 szUARTData 陣列變數中比對前兩個 byte 的內容，若第一個 byte 內容等於 0x51(『Q』的 ASCII 碼)、第二個 byte 內容等於 0x3A(『:』的 ASCII 碼)，即代表目前取得的資訊是由觸控面板端所傳送過來的「Q: 症狀 1、症狀 2、症狀 3、…、症狀 N、」字串。

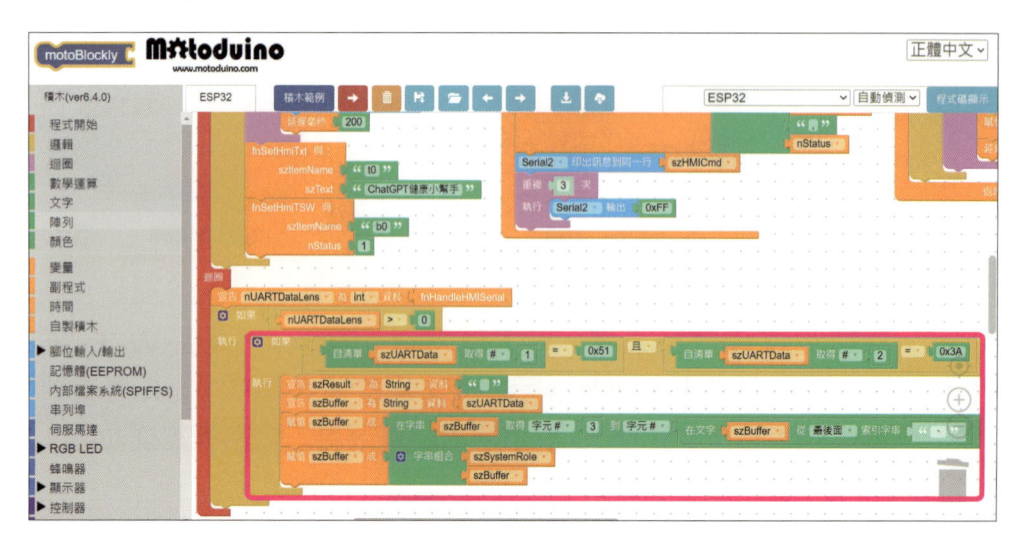

此時將原本的「Q: 症狀 1、症狀 2、症狀 3、…、症狀 N、」字串紅字部分截頭去尾變成「症狀 1、症狀 2、症狀 3、…、症狀 N」後放到 szBuffer 字串變數中，再與要傳送給 ChatGPT 的提示詞變數 szSystemRole 組合後變成完整的請求提示詞 (Prompt)：「你是一個同時具備中西醫知識的醫生，專長是耳鼻喉科、內科和小兒科。請使用繁體中文依照病人所描述的症狀，分別以西醫及中醫的觀點來判斷病人可能罹患的疾病，最後再以西醫及中醫不同的角度來提供治療的建議。目前病人告知的症狀有：『症狀 1、症狀 2、症狀 3、…、症狀 N』」。

Step 15 使用上一個步驟取得的完整的提示詞 szBuffer 變數來詢問 ChatGPT，並將 ChatGPT 的回覆內容存放至 szResult 及 szChatGPTAnswerBackup 字串變數中。另外由於 HMI 觸控螢幕會將換行符號「\n」顯示出來，因此此處利用「自訂積木 程式碼」程式積木輸入「szResult.replace("\\n\\n", "\\r\\r");」以及「szResult.replace("\\n", "\\r");」的方式用「\r」來取代原本的「\n」。

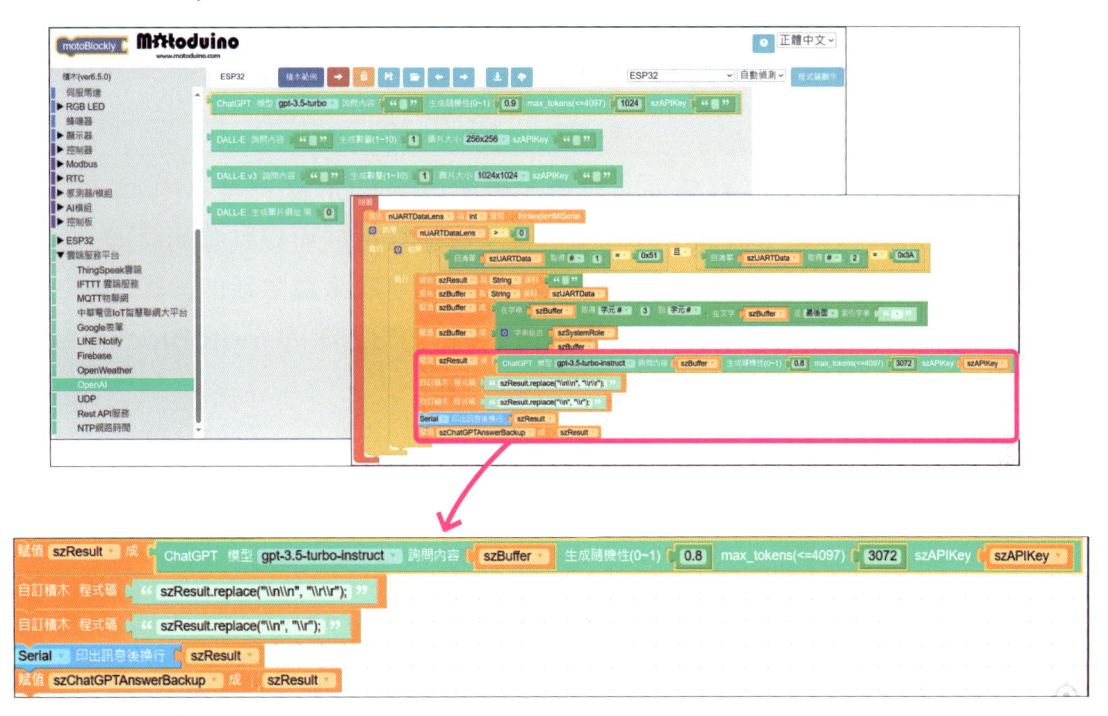

⚠️注意：ChatGPT 積木參數請選擇文字生成速度較快的「gpt-3.5-instruct」AI 模型。

Step 16 由於 ESP32 無法將 ChatGPT 所回覆的全部內容一次就傳送給 HMI 觸控螢幕來進行顯示，因此 ESP32 端的程式會如下圖紅框處所示：以每次 128 bytes 的資料長度、每 250 毫秒 (即 0.25 秒) 送出一次的頻率，批次地將 ChatGPT 所生成的診斷內容傳送給觸控螢幕。這些分段的資料都會傳送給 HMI 診斷內容顯示頁面的字串變數 szGPTmp，HMI 端收到後便會利用這些分段資料來進行後續的串接與顯示…(HMI 觸控螢幕端的對應程式碼請參考本章 HMI 程式編輯流程的第 23 個步驟)

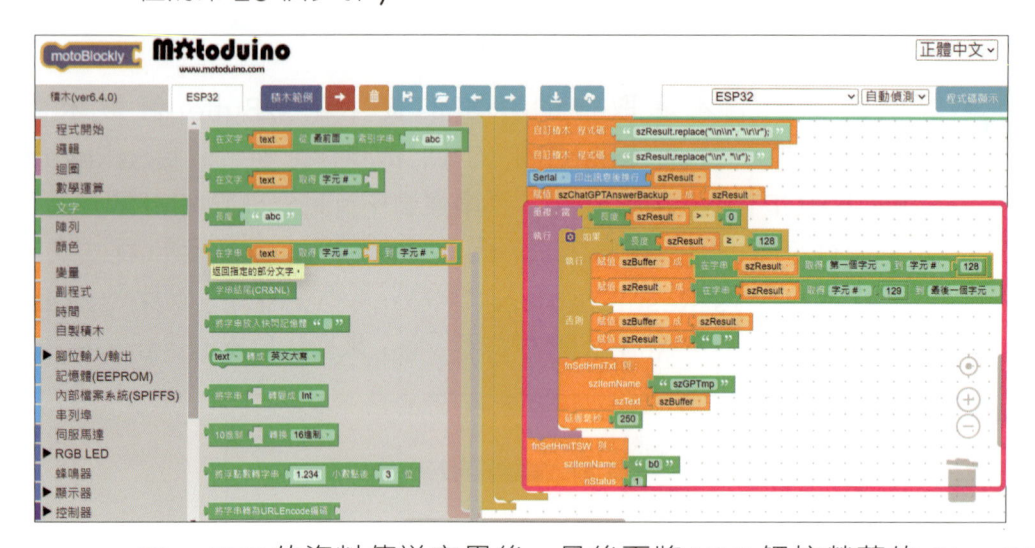

ChatGTP 的資料傳送完畢後，最後再將 HMI 觸控螢幕的 ChatGPT 診斷內容顯示頁面中的「回上頁」按鈕恢復成可以點選的狀態，讓使用者可以重新回到症狀勾選頁勾選其他症狀來產生新的診斷回覆。至此，整個「ChatGPT 健康小幫手」ESP32 端的 motoBlockly 程式便已全部完成。

Step 17 完整的「ChatGPT 健康小幫手」ESP32 端 motoBlockly 程式如下所示。請在紅框處填入自己對應的 WiFi 與 OpenAI 授權碼資訊，如此程式才能正常的運作。

程式名稱：3.motoBlockly-DrChatGPT_Sample-v6.5.0.xml

成果展示 https://youtu.be/7atA92jbTqA

Chapter 3　課後習題

▍選擇題

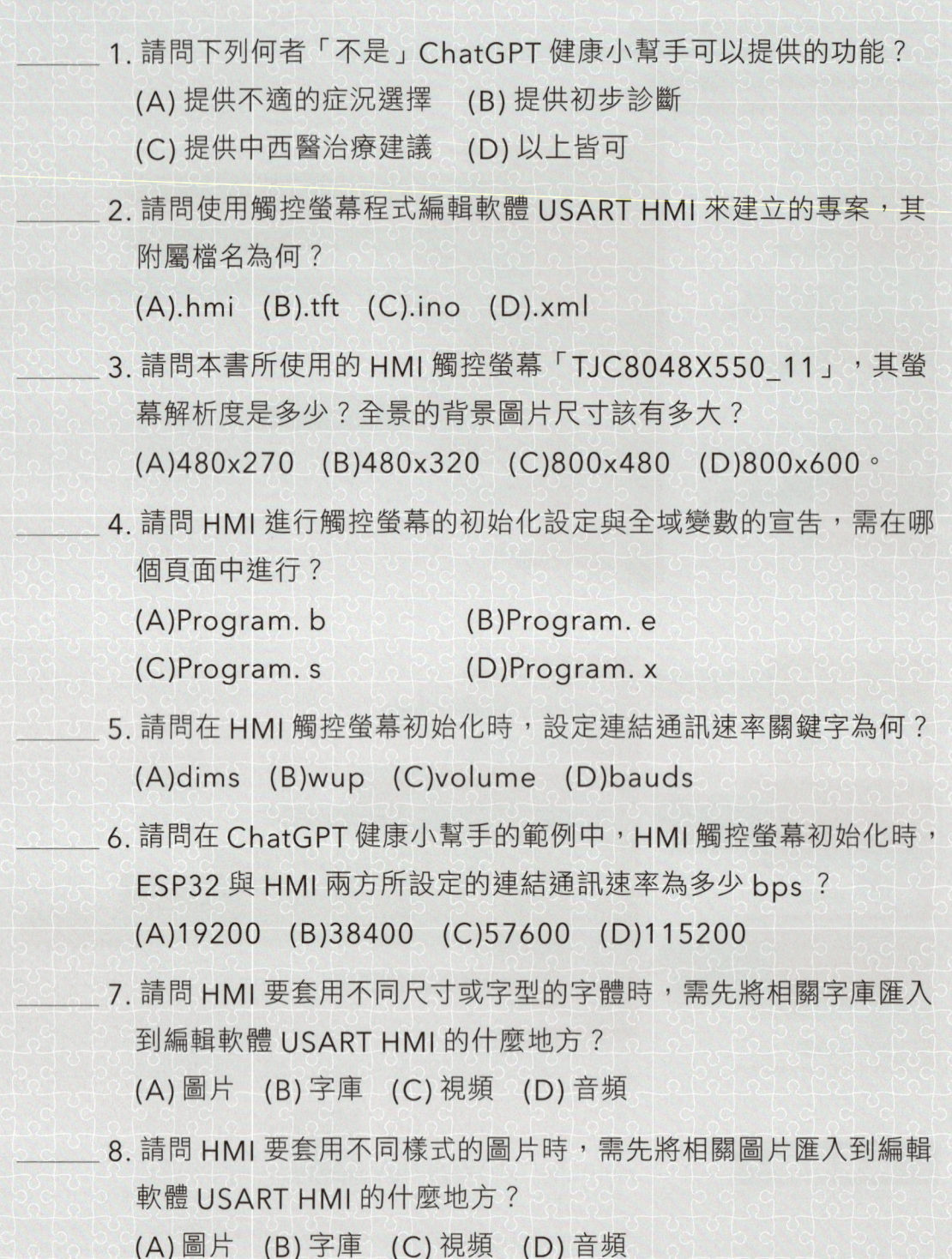

_____ 1. 請問下列何者「不是」ChatGPT 健康小幫手可以提供的功能？
(A) 提供不適的症況選擇　(B) 提供初步診斷
(C) 提供中西醫治療建議　(D) 以上皆可

_____ 2. 請問使用觸控螢幕程式編輯軟體 USART HMI 來建立的專案，其附屬檔名為何？
(A).hmi　(B).tft　(C).ino　(D).xml

_____ 3. 請問本書所使用的 HMI 觸控螢幕「TJC8048X550_11」，其螢幕解析度是多少？全景的背景圖片尺寸該有多大？
(A)480x270　(B)480x320　(C)800x480　(D)800x600。

_____ 4. 請問 HMI 進行觸控螢幕的初始化設定與全域變數的宣告，需在哪個頁面中進行？
(A)Program. b　　　　(B)Program. e
(C)Program. s　　　　(D)Program. x

_____ 5. 請問在 HMI 觸控螢幕初始化時，設定連結通訊速率關鍵字為何？
(A)dims　(B)wup　(C)volume　(D)bauds

_____ 6. 請問在 ChatGPT 健康小幫手的範例中，HMI 觸控螢幕初始化時，ESP32 與 HMI 兩方所設定的連結通訊速率為多少 bps？
(A)19200　(B)38400　(C)57600　(D)115200

_____ 7. 請問 HMI 要套用不同尺寸或字型的字體時，需先將相關字庫匯入到編輯軟體 USART HMI 的什麼地方？
(A) 圖片　(B) 字庫　(C) 視頻　(D) 音頻

_____ 8. 請問 HMI 要套用不同樣式的圖片時，需先將相關圖片匯入到編輯軟體 USART HMI 的什麼地方？
(A) 圖片　(B) 字庫　(C) 視頻　(D) 音頻

_____ 9. 請問在 HMI 觸控螢幕程式設定中，改變 Page 的「sta」屬性為『圖片』的目的是什麼？
(A) 設定背景為單色格式　(B) 設定背景為無圖片格式
(C) 設定背景為圖片格式　(D) 設定背景為透明格式

_____ 10. 請問在 ChatGPT 健康小幫手的範例中，系統設定了多少個複選框來供用戶選擇身體不適的症狀？
(A)14　(B)24　(C)34　(D)44

MEMO

Step 2 如下圖左所示，在觸控螢幕上選擇目前使用者現有的食材(可複選)，完成後再按下觸控螢幕右下角的「料理建議」按鈕，此時 ESP32 便會將剛剛所選取的食材選項收集起來，並向 OpenAI 的 ChatGPT 服務發出諮詢的動作。

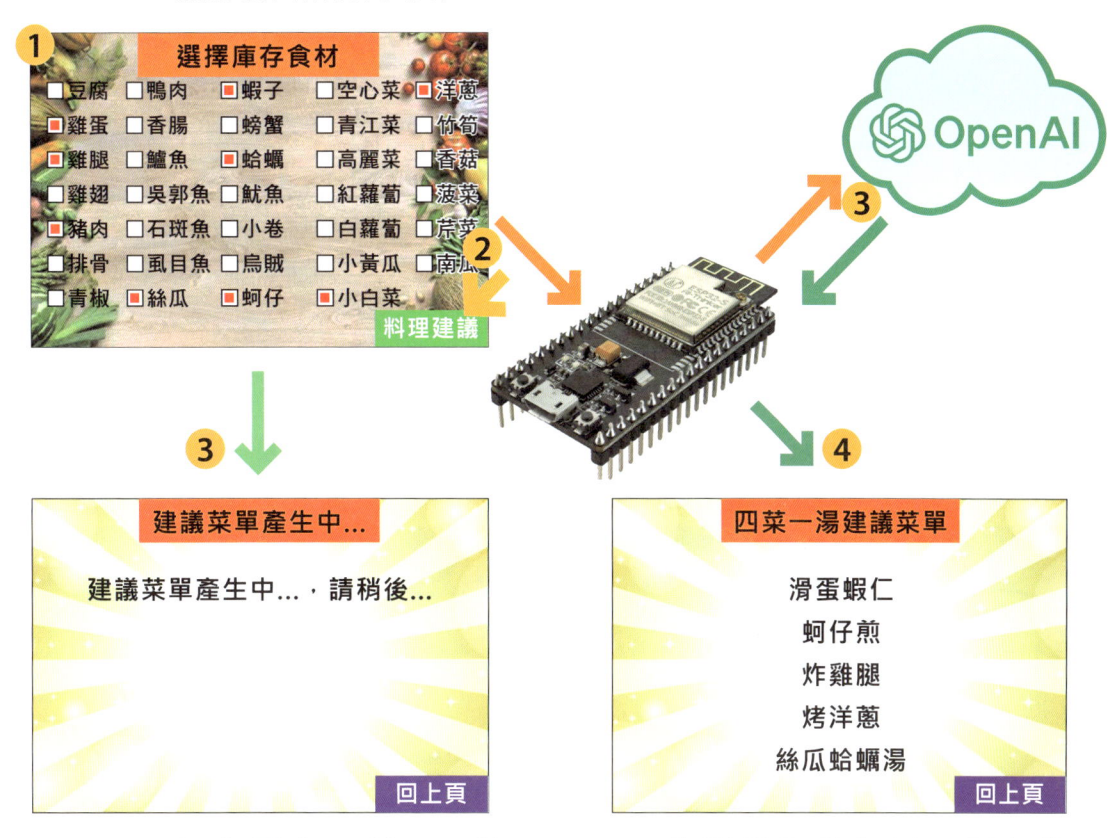

如上圖右下所示，當 ChatGPT 收到問題並加以回覆之後，ESP32 便會將來自於 ChatGPT 生成的四菜一湯文字訊息顯示在觸控螢幕上。

Step 3 在上一步驟中由 ChatGPT 所產生的四菜一湯料理建議菜單，每道菜名都會各自被顯示在一顆按鈕之上。一旦使用者想要更深入了解某道料理的烹飪流程，便可直接點選該道料理，再由 ESP32 告知 ChatGPT 來即時產生對應的料理食譜。

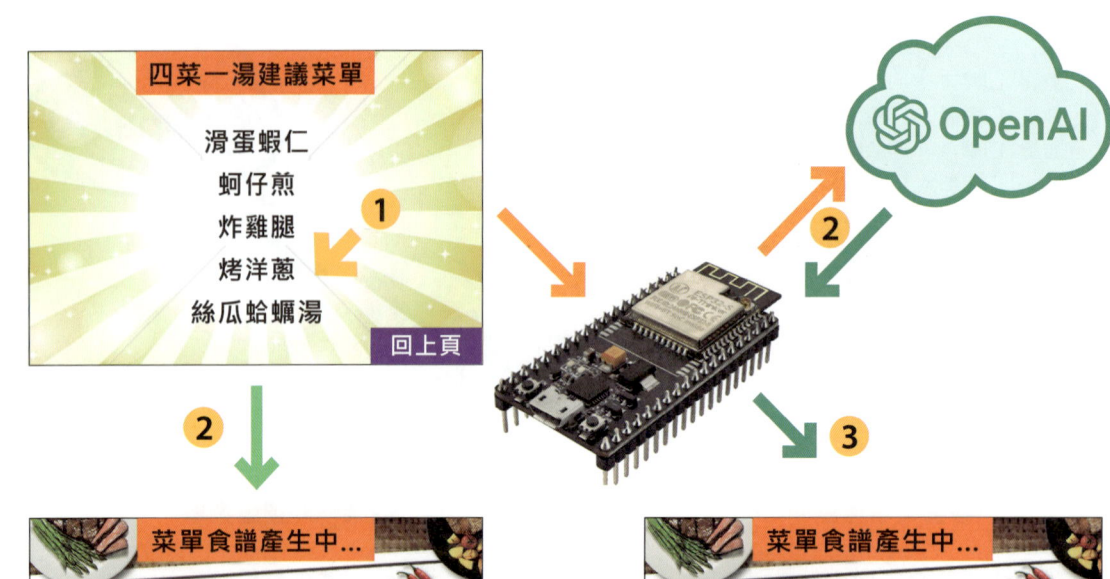

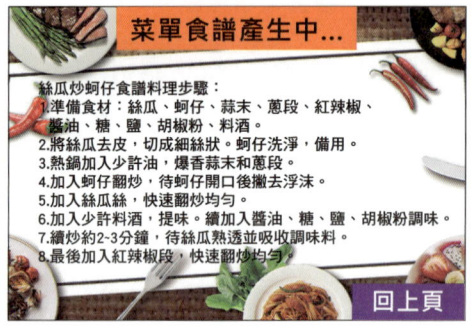

4-2 HMI 觸控螢幕程式介紹

當使用 ESP32 搭配 HMI 觸控螢幕來製作專題、且該系統又要提供比較複雜的服務時，通常在 ESP32 以及觸控螢幕端均需編寫各自的對應程式碼。而 ChatGPT 創意料理產生器也是屬於運作相對複雜的系統，因此本節會先來解析 HMI 觸控螢幕端的程式與相關的設定，讓讀者除了可以藉此更了解本系統的運作方式之外，也能熟悉觸控螢幕的設定與程式編寫的模式。

Step 1 首先開啟之前已在電腦安裝的 HMI 觸控螢幕程式編輯軟體 USART HMI，並依如下圖的操作步驟來新增建立一個新的專案。(本範例將專案名稱設定為 X5-MenuGenerator_0.HMI，其命名規則為：「X5」為觸控螢幕的型號，「MenuGenerator」則是此系統提供的服務功能，最後的「0」則為觸控螢幕顯示的角度。此專案名稱可支援中英文，讀者可依自己喜好及需求來更改命名。另外命名規則為筆者個人的習慣，讀者不一定要遵循之。)

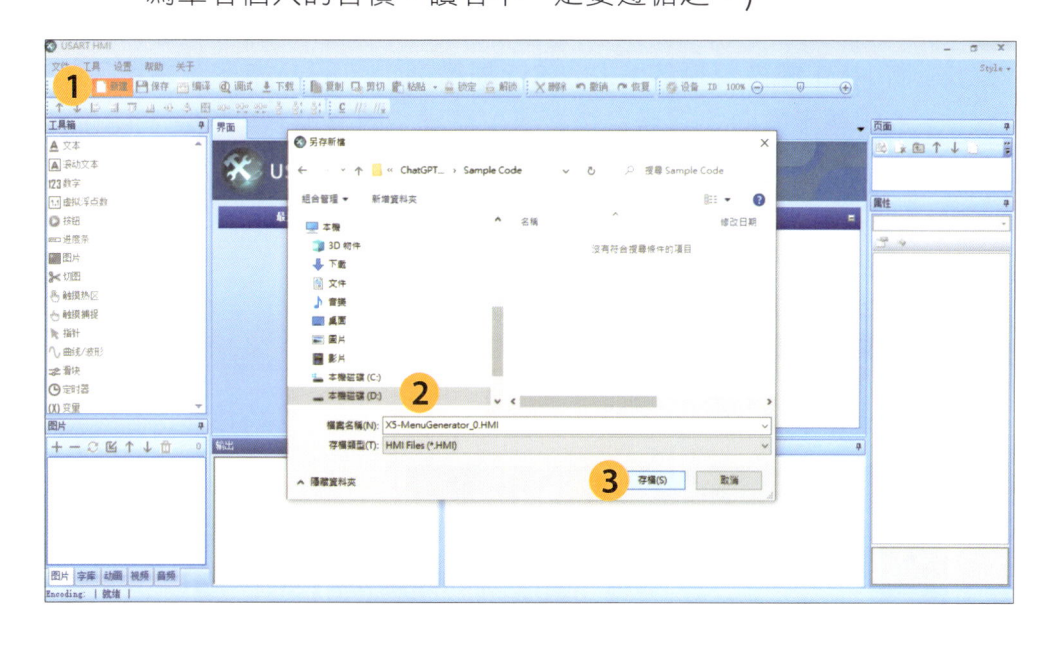

Step 2 接著需選擇 HMI 觸控螢幕的對應型號 (Model)，以利此 HMI 編輯軟體產生出對應觸控螢幕大小的畫面。由於本書使用的觸控螢幕是解析度為 800x480 的 X5 型號 5 吋螢幕，因此此處請務必選取「TJC8048X550_11」這個選項。

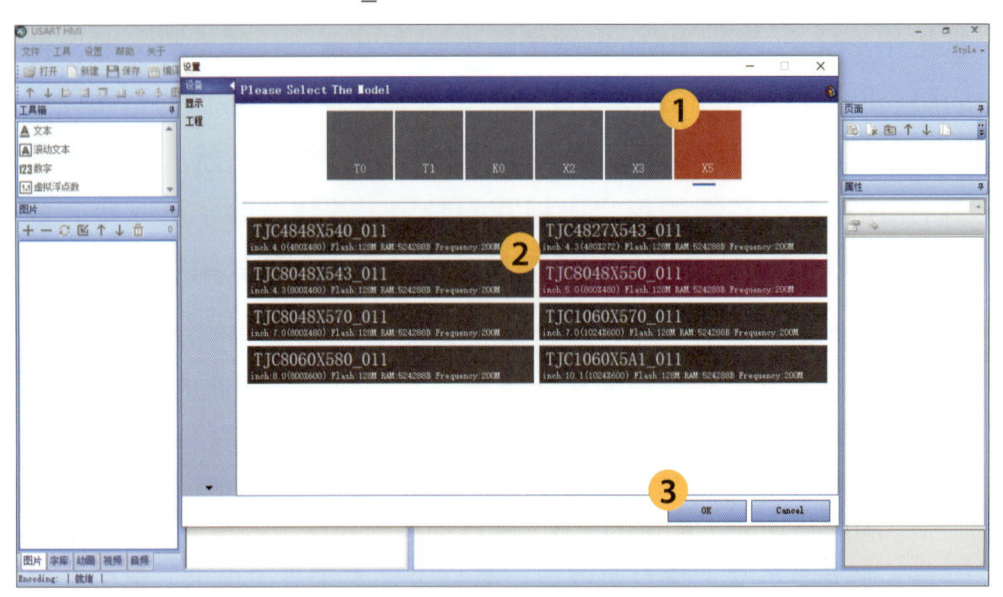

Step 3 為了方便 microSD 卡的插拔，ChatGPT 創意料理產生器組裝時是將 HMI 觸控螢幕的 microSD 插槽朝上，因此如下圖右所示設定頁的「顯示方向」請務必選擇『0 橫屏』的選項 (若選擇『180 橫屏』選項，便會以 180 度顛倒的畫面來顯示)。另外由於之後準備匯入的中文字庫是以 UTF-8 編碼的方式來生成，因此此設定頁的「字符編碼」處也請務必選擇『utf-8』的選項。

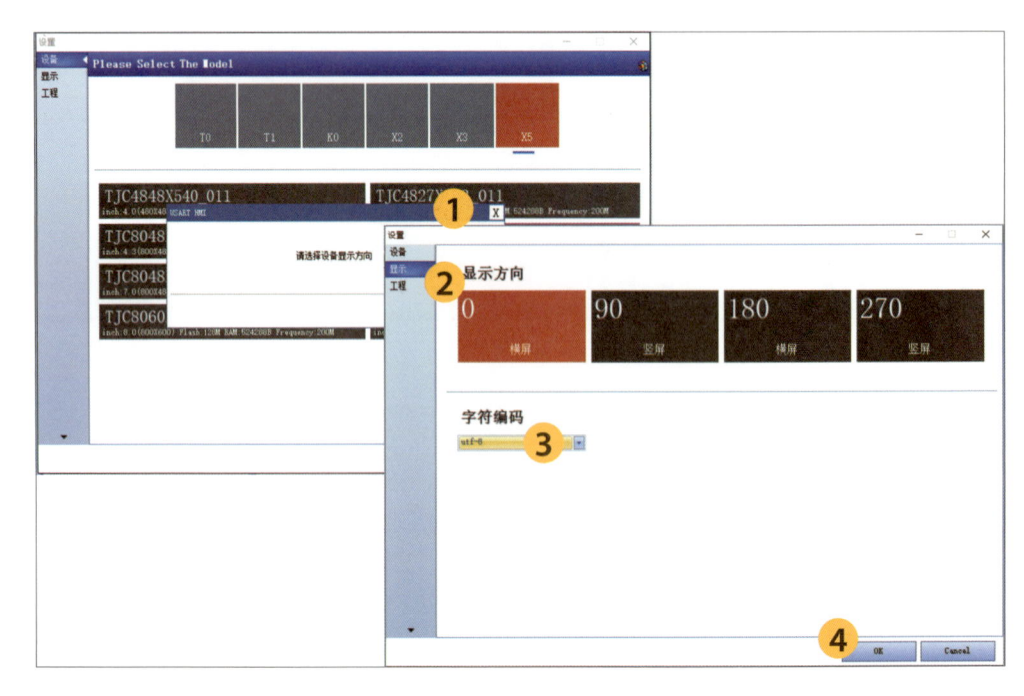

Step 4 當看到如下的畫面時，即代表新的 HMI 專案已順利建立完成。

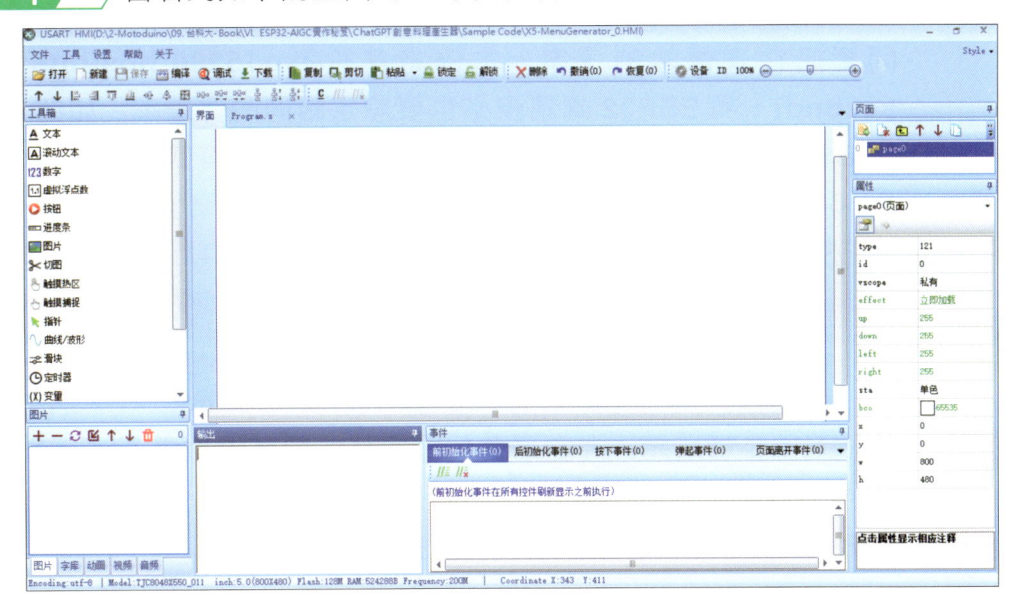

Step 5 接著在如下圖所示的「Program.s」頁面中進行觸控螢幕的初始化設定與全域變數的宣告。其中包含五個 int 整數型態的全域變數：sys0 是通用的暫存變數、nWaitStep 則是決定目前觸控螢幕顯示的等待文字為何、nCheckCnt 是使用者勾選食材的總數量，而 nBtnID 是菜單顯示時的按鈕 ID，nShift 則是複選框 (Check Box) 與對應文字 (文本) 元件之間的 ID 差值。

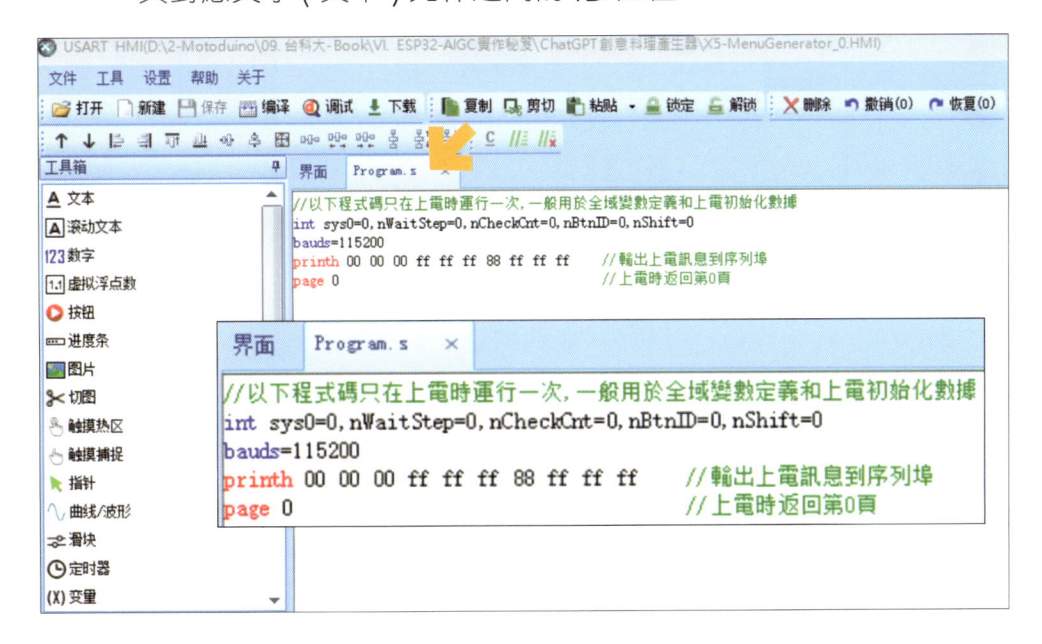

第三行的「bauds=115200」是設定 HMI 觸控螢幕與 ESP32 之間資訊往來傳輸的速率，本例將其設為 115200 bps(bits per second)，而 ESP32 端請務必也要設定相同的傳輸率，如此 HMI 與 ESP32 兩邊的資料才能正常地相互傳遞。第四行的「printh 00 00 00 ff ff ff 88 ff ff ff」則是當觸控螢幕通電後，預設會傳送給 ESP32 的訊息，本系統雖然不會用到但仍將其保留。第五行的「page 0」則是當觸控螢幕每次重新通電後，便會將觸控螢幕的顯示畫面跳回此系統的首頁。

Step 6 請依下圖步驟所示，在左下角的「圖片」選項中點選「+」按鈕來匯入 ChatGPT 創意料理產生器四張配合 HMI 螢幕大小、解析度均為 800x480 的觸控螢幕背景圖片備用。

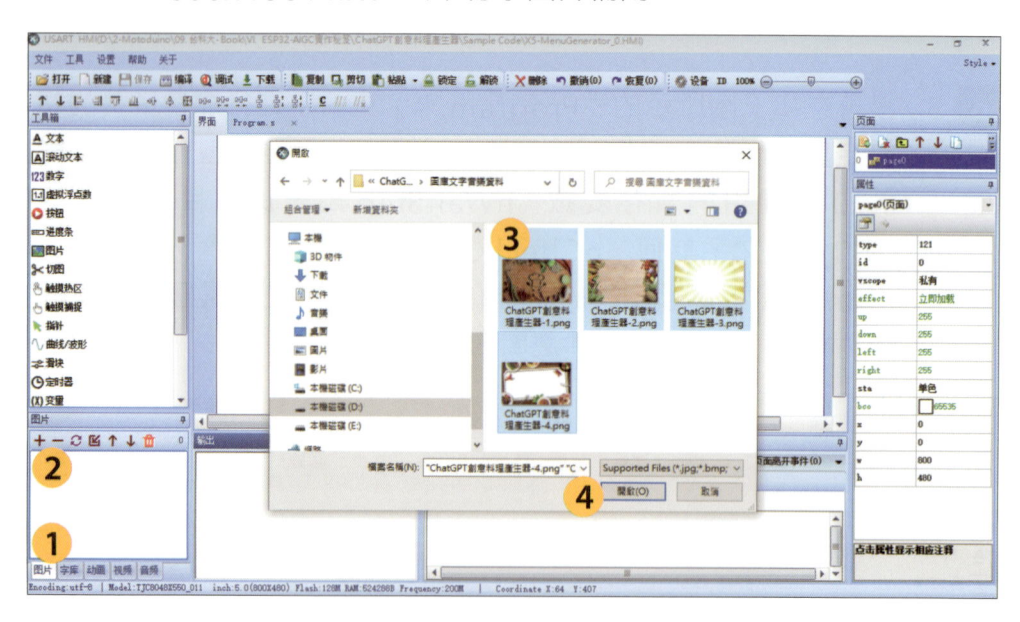

Step 7 請依下圖步驟所示，在左下角的「字庫」選項中點選「+」按鈕來匯入 ChatGPT 創意料理產生器三個字型同為微軟正黑字體、但字型大小不同 (依序分別為 32、48、56) 的字庫檔案備用。目前提供的字庫檔案內各約有 6510 個文字，若有文字無法顯示的狀況發生時，讀者可再自行將新的文字加入字庫內容中。

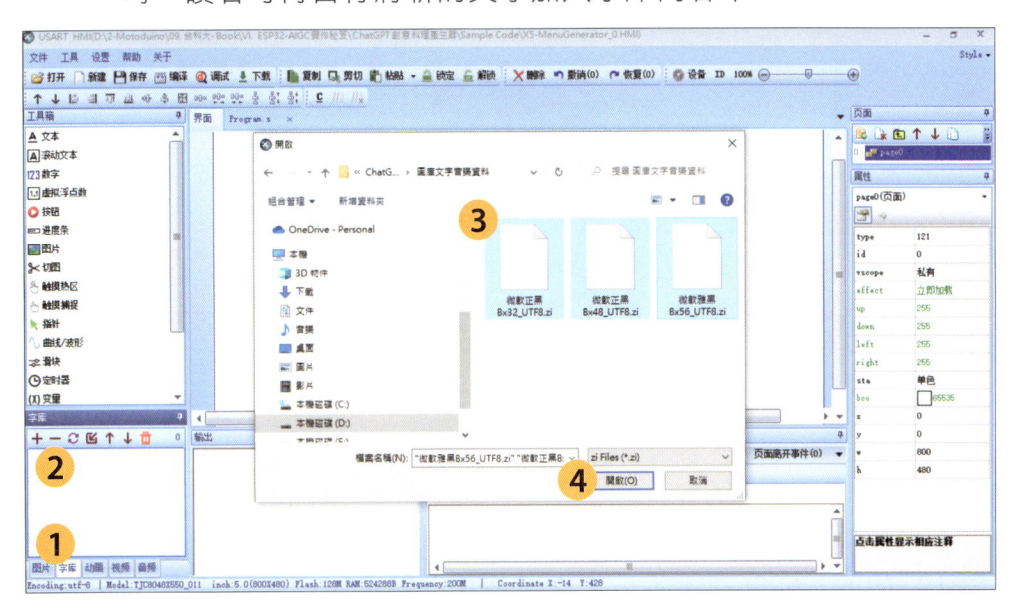

Step 8 由於 ChatGPT 創意料理產生器在產生菜單與食譜之後會播放對應的背景音樂。因此請依下圖步驟所示，在左下角的「音頻」選項中點選「+」按鈕來匯入兩個 wav 音樂檔供本系統使用。

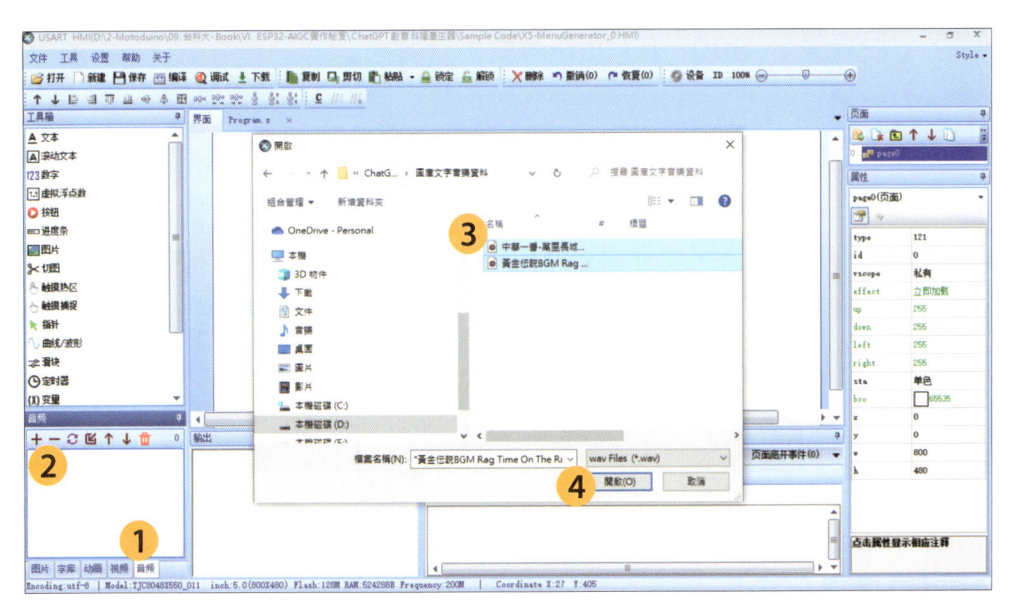

⚠ 注意：HMI 觸控螢幕需外接 HMI 專用喇叭才能支援音檔播放的功能。

Step 9 如下圖步驟所示，先點選右上角的「page0」選項，接著將本 Page 的「sta」屬性從原本的『單色』改為『圖片』後，再點選「pic」選項並選取從步驟 6 所匯入的第一張圖片 (ID: 0) 作為創意料理產生器首頁 (page0) 的背景圖片。

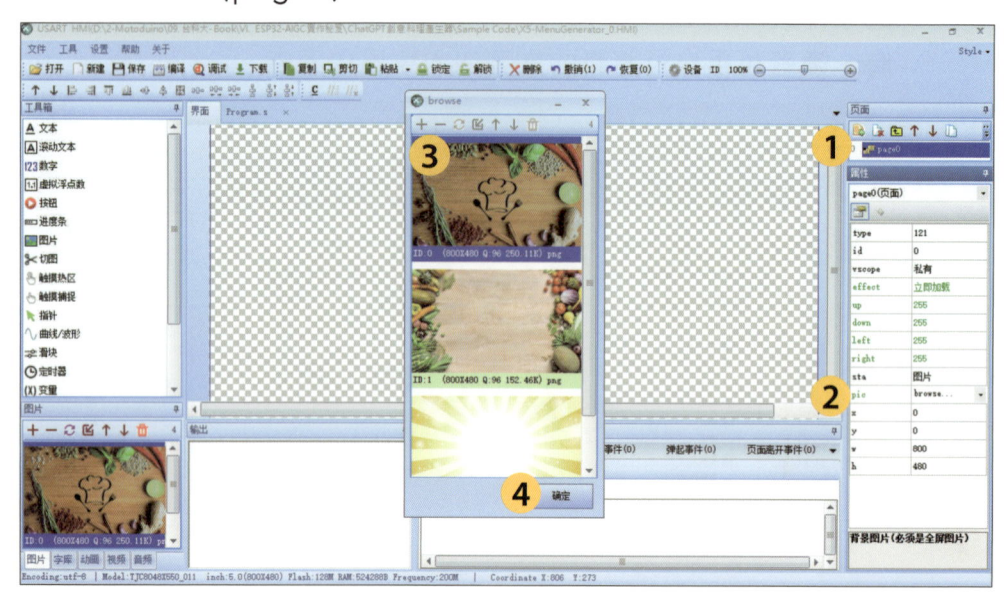

Step 10 如下圖紅框處所示，加入一個可以顯示目前系統連網狀態的文本元件。其中該文本的屬性為 ~ font（對應字庫）：2(字高 56 微軟正黑粗體)，bco（背景顏色）：65520(黃色)，pco（字體顏色）：0(黑色)，txt_maxl（最大字數）：100，txt（顯示文字）：「ChatGPT 創意料理產生器」，x (X 軸座標)：150，y (Y 軸座標)：0，w（元件寬度）：500，h（元件高度）：65。

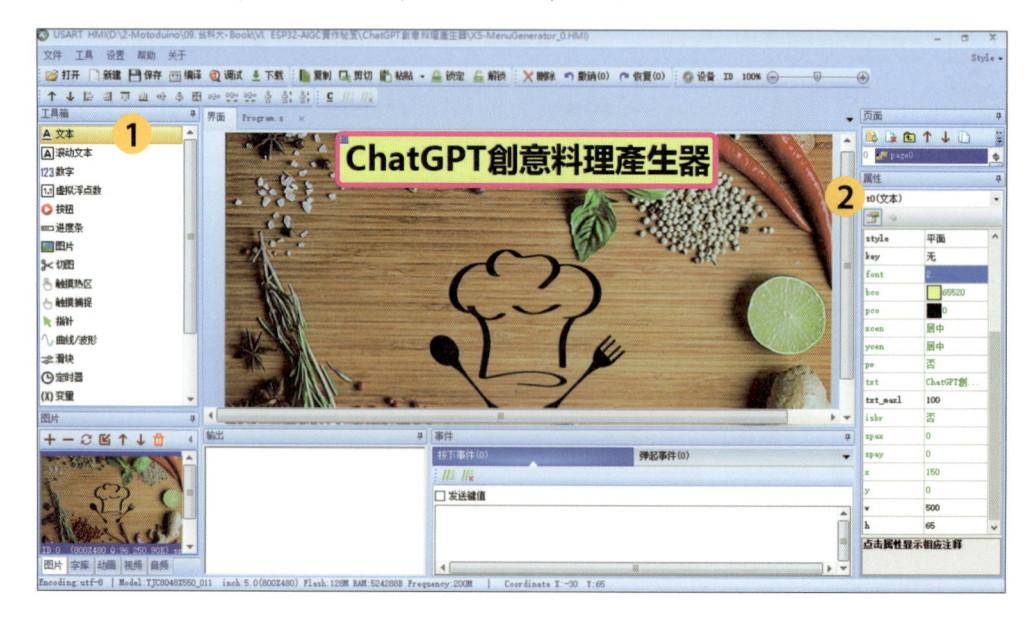

Step 11 如下圖紅框處所示，加入可以切換至下一頁畫面的「食材選擇」按鈕。其中該按鈕的屬性為~font (對應字庫)：1(字高 48 微軟正黑粗體)，bco (平時背景顏色)：2016 (亮綠色)，bco 2(按下時背景顏色)：33823(藍色)，pco & pco2 (字體顏色)：0(黑色)，txt_maxl (最大字數)：100，txt (顯示文字)：「食材選擇」，x (X 軸座標)：640，y (Y 軸座標)：430，w (元件寬度)：160，h (元件高度)：50。

在「彈起事件」中輸入「page 1」程式碼，讓此按鈕被按下鬆開時，將本系統的螢幕畫面跳至下一頁 (page1)。

Step 12 在首頁 (page0) 的「前初始化事件」中加入『tsw b0,0』程式碼，讓「食材選擇」按鈕一開始是可見但無法被按下的狀態，需等待此系統網路連線成功後，方可致能來等待被按下。

Step 13 如下圖步驟所示，點選右上角新增頁面按鈕來加入第二個頁面「page1」(食材勾選頁)，接著將本 Page 的「sta」屬性從原本的『單色』改為『圖片』後，再點選屬性「pic」並選取從步驟 6 所匯入的第二張圖片 (ID: 1) 作為 ChatGPT 創意料理產生器第二個頁面 (page1) 的背景圖片。

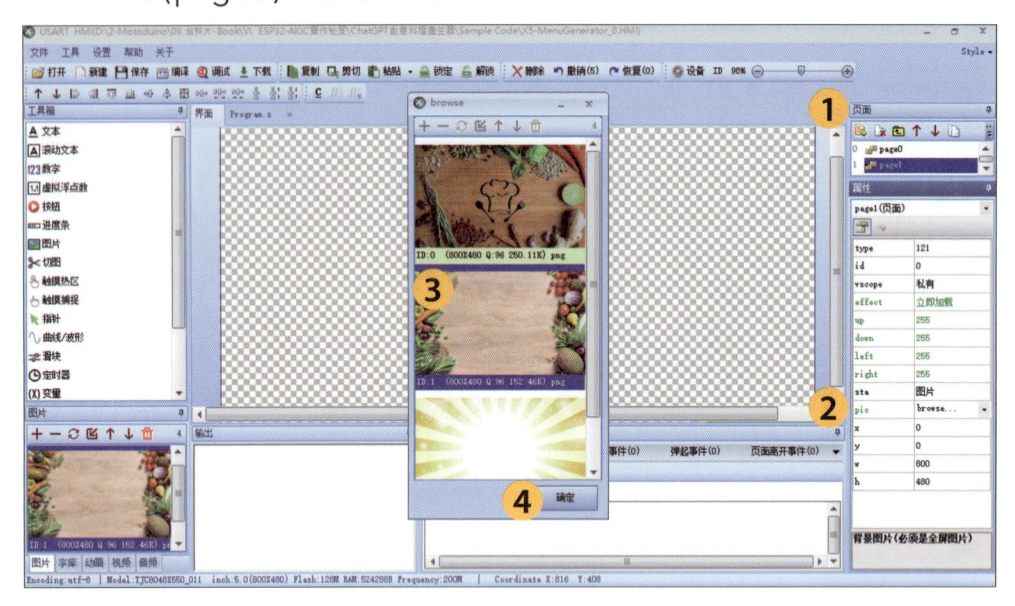

Step 14 如下圖紅框處所示，加入一個可以顯示此頁面功能的文本元件。其中該文本的屬性為 ~ font (對應字庫)：1(字高 48 微軟正黑粗體)，bco (背景顏色)：64520(橘色)，pco (字體顏色)：0(黑色)，txt_maxl (最大字數)：100，txt (顯示文字)：「選擇庫存食材」，x (X 軸座標)：240，y (Y 軸座標)：0，w (元件寬度)：300，h (元件高度)：45。

Step 15 如下圖步驟所示，加入多個可以勾選的複選框選項。其中複選框的屬性為～vscope（應用區域）：全局（螢幕切換至其他頁面時，勾選內容仍會保留），bco（未勾選時顏色）：65535(白色)，pco（被勾選時顏色）：63488(紅色)。val（預設狀態）：0(不勾選)。x：第一列為14、第二列為169、第三列為324...每列間隔155、以此類推，y：第一行為60、第二行為120、第三行為180...每行間隔60、以此類推，w：30，h：30。複選框共需34個，**請由上而下、由左而右來依序建立**。

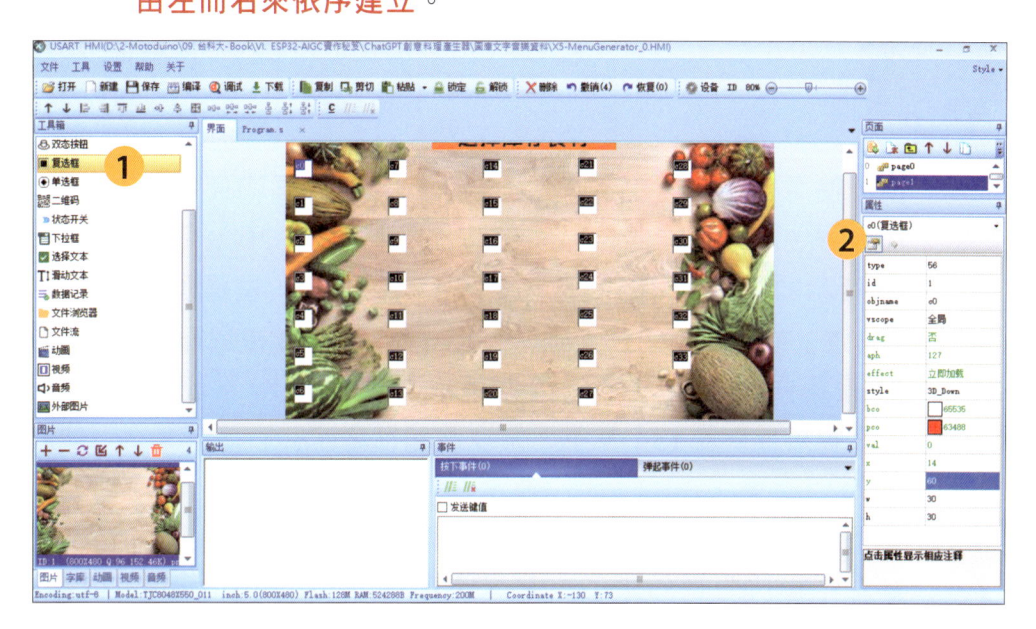

Step 16 如下圖步驟所示，加入對應複選框選項的食材文本元件。其中文本元件的屬性為～vscope（應用區域）：私有，font（對應字庫）：1(字高48微軟正黑粗體)，pco（字體顏色）：0/31(黑色與深藍色相間)，xcen：靠左，ycen：居中，txt_maxl（最大字數）：50，txt：{各式食材}。x (X軸座標)：第一列為49、第二列為204、第三列為359...每列間隔155、以此類推，y (Y軸座標)：第一行為50、第二行為110、第三行為170...每行間隔60、以此類推，w（元件寬度）：120，h（元件高度）：50。和複選框一樣，食材文本共需34個，**文本建立順序請務必與複選框的建立順序相同(由上而下、由左而右)**，如此便有利於後續的文本內容收集程序。

由於使用者在選擇食材時，不論是點選複選框或食材文本都需要加以回應。因此在每個食材文本的「按下事件」中，均需加入如上圖 ④ 所示的程式碼，讓使用者點選食材文本時，複選框也能有對應的「勾選」或「取消勾選」動作。程式碼中的 c0 複選框對應 t1 文本、c1 複選框對應 t2 文本、c2 複選框對應 t3 文本 ... 直到最後一個的 c33 複選框對應 t34 文本。請以此類推之。

Step 17 如下圖所示，加入兩個字串型態的變數：屬性中的「objname」分別是串接所有被勾選的食材文本內容的 szSymptoms，以及結合「Q:」字首與 szSymptoms 變數內容的 szQuestion。兩個變數的其他屬性均為 ~ vscope（應用區域）：私有，sta（變數型態）：字符串，txt：無，txt_maxl（最大字數）：1024。由於變數為不可視元件，因此不會出現在 HMI 觸控螢幕的預覽畫面中。

Step 18 如下圖紅框處所示，加入一個傳送勾選食材內容的「料理建議」按鈕。其中該按鈕的屬性為 ~ font (對應字庫)：1(字高 48 微軟正黑粗體)，bco (平時背景顏色)：2016 (亮綠色)，bco 2(按下時背景顏色)：33823(藍色)，pco & pco2 (字體顏色)：65535(白色)，txt_maxl (最大字數)：100，txt (顯示文字)：「料理建議」，x (X 軸座標)：640，y (Y 軸座標)：430，w (元件寬度)：160，h (元件高度)：50。

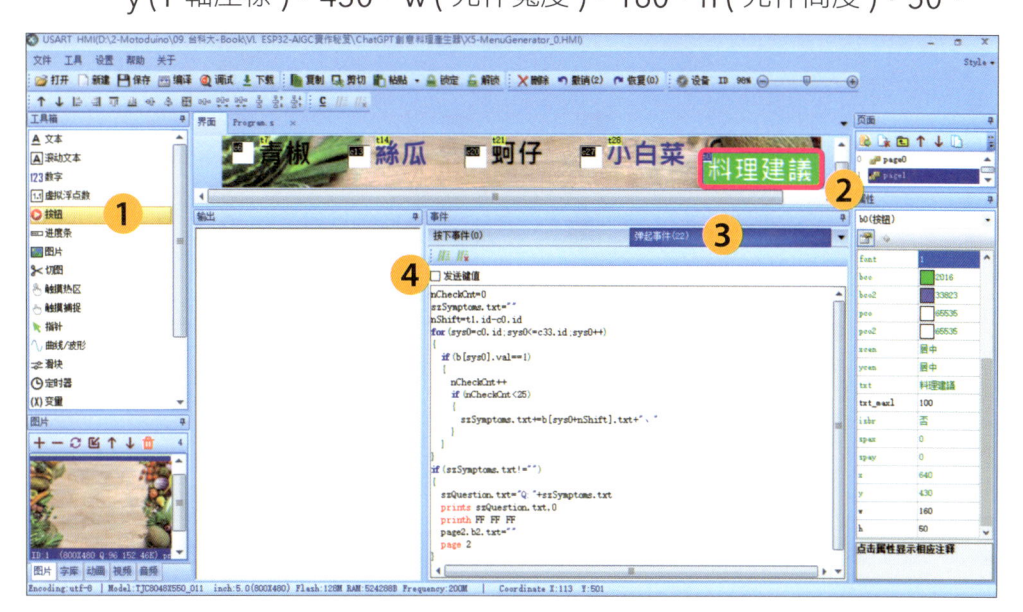

如上圖 ❹ 所示，編寫按下「料理建議」按鈕的「彈起事件」程式碼。其中：

A. b[元件 id] 即可代表某元件。

B. prints att,length 將指定變數從序列埠輸出。att 為變數，length 為變數長度。（設為 0 即代表輸入變數的長度）

C. printh hex1 hex2 hex3 … 將 16 進制的資料從序列埠(UART)輸出。

```
nCheckCnt=0
szSymptoms.txt=""         //將szSymptoms字串變量的內容(txt)清空
nShift=t1.id-c0.id        //算出第一個食材文本(t1)與第一個複選框(c0)兩者id的差值

//開始檢查所有複選框的狀態。若被勾選，便將所對應的食材文本文字內容(txt)串接到szSymptoms字串變量中
for(sys0=c0.id;sys0<=c33.id;sys0++)
{
  //如果該複選框有被勾選
  if(b[sys0].val==1)
  {
    nCheckCnt++
    if(nCheckCnt<25)
    {
      //若勾選的食材數量還不足25個時，將對應的食材文本文字內容(txt)串接到szSymptoms字串變量中
      szSymptoms.txt=szSymptoms.txt+b[sys0+nShift].txt+"、"
      //szSymptoms字串變量的內容會以如下的方式來串接累加："食材1、食材2、食材3、...、食材N、"
    }
  }
}

//如果szSymptoms字串變量內有文字內容(即當至少有一個食材複選框被勾選時)
if(szSymptoms.txt!="")
{
  //將szQuestion字串變量的內容(txt)設為"Q:食材1、食材2、食材3、...、食材N、"
  szQuestion.txt="Q:"+szSymptoms.txt

  prints szQuestion.txt,0    //將szQuestion字串變量的內容傳送給ESP32
  printh FF FF FF            //傳送三個0xFF給ESP32，代表資料傳送已結束

  page2.b2.txt=""            //將顯示四菜一湯菜單頁面中的b2按鈕的字串變量內容(txt)清空
  page 2                     //觸控螢幕切換到顯示四菜一湯菜單的頁面
}
```

Step 19 如下圖步驟所示，點選右上角新增頁面按鈕來加入第三個頁面「page2」(ChatGPT 所回覆的四菜一湯菜單顯示頁)。接著將此 Page 的「sta」屬性從原本的『單色』改為『圖片』後，再點選「pic」屬性並選取從步驟 6 所匯入的第三張圖片 (ID: 2) 作為 ChatGPT 創意料理產生器的第三個頁面 (page2) 背景圖片。

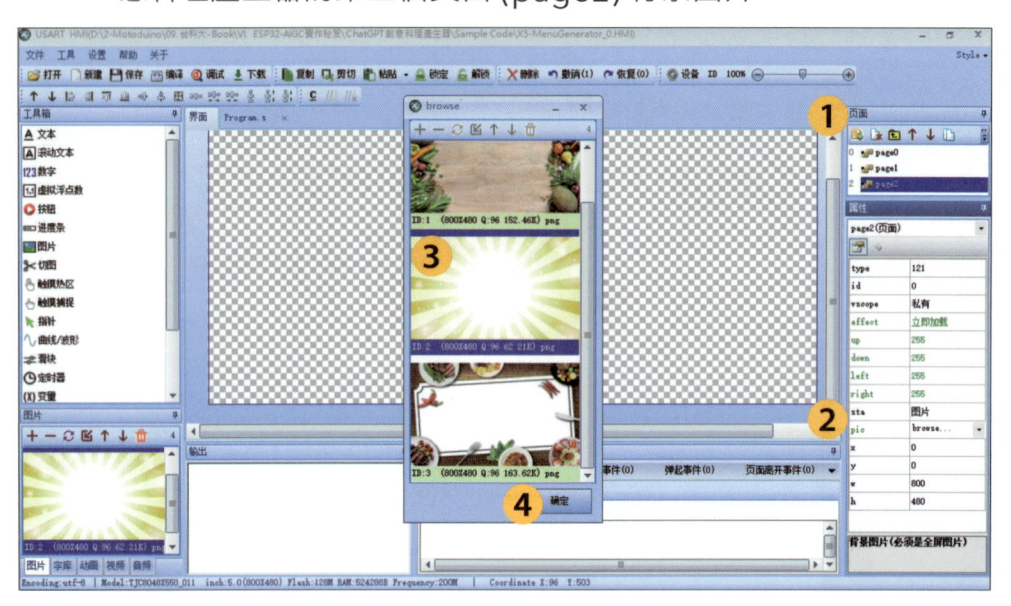

Step 20 如下圖紅框處所示，加入一個可以顯示目前等待 ChatGPT 處理狀態的文本元件。該文本的屬性為 ~ font (對應字庫)：1(字高 48 微軟正黑粗體)，bco (背景顏色)：64520(橘色)，pco (字體顏色)：0(黑色)。txt (顯示文字)：「建議菜單產生中 ... 」，txt_maxl (最大字數)：100。x (X 軸座標)：240，y (Y 軸座標)：0，w (元件寬度)：320，h (元件高度)：45。

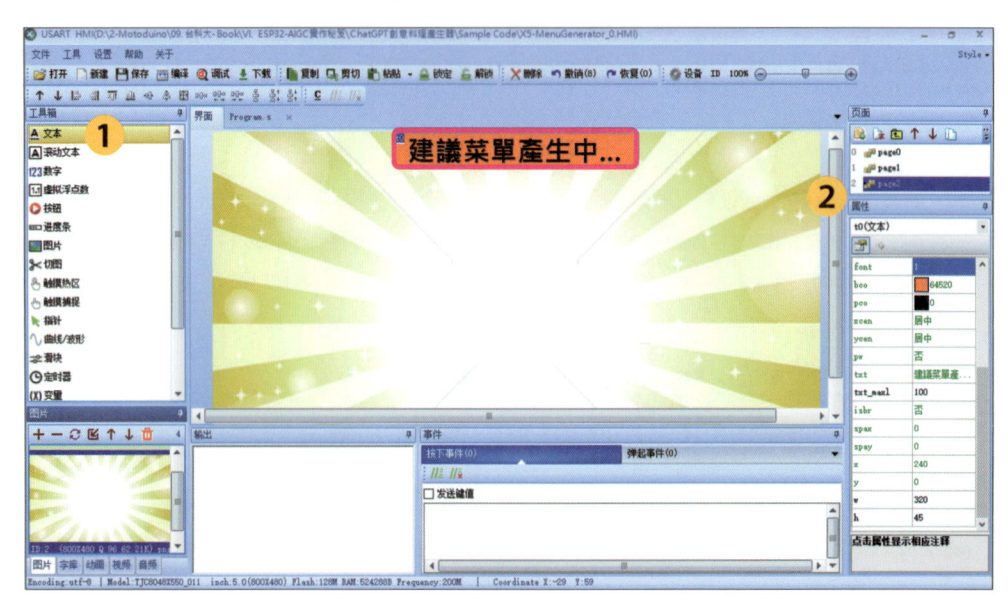

Step 21 如下圖紅框處所示，加入一個可返回食材選取頁面的「回上頁」按鈕。其中該按鈕的屬性為～font (對應字庫)：1(字高 48 微軟正黑粗體)，bco (平時背景顏色)：32799(藍色)，bco 2(按下時背景顏色)：1024(綠色),pco & pco2 (字體顏色)：65535(白色)。txt (顯示文字)：「回上頁」，txt_maxl (最大字數)：100。x (X 軸座標)：640，y (Y 軸座標)：430，w (元件寬度)：160，h (元件高度)：50。

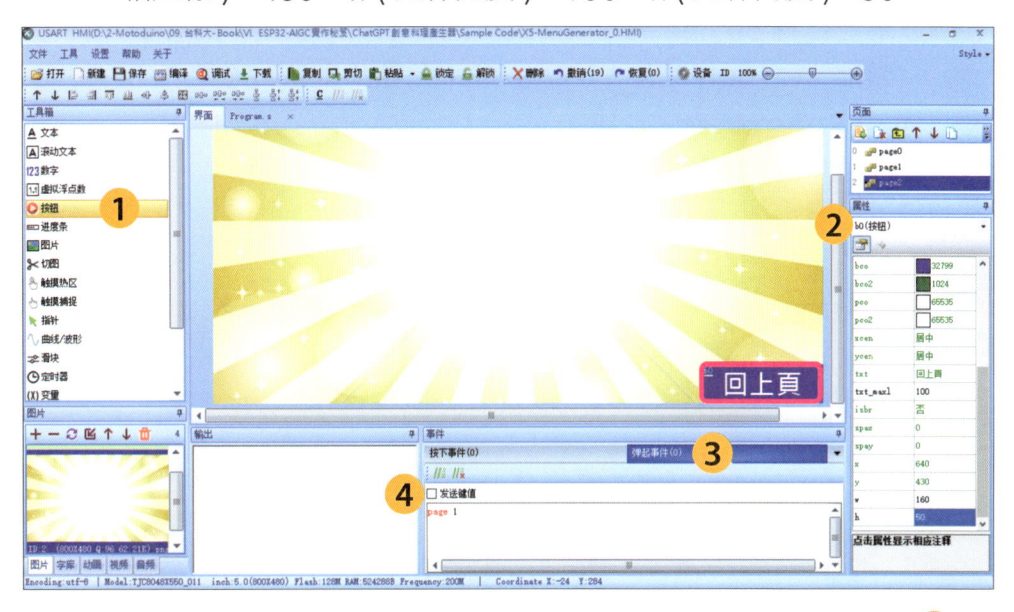

另外請在此「回上頁」按鈕的「彈起事件」中加入如上圖 4 所示的「page 1」程式碼，讓此按鈕被按下再鬆開時，將 HMI 觸控螢幕畫面跳回上一頁 (page1) 的食材選取頁面。

Step 22 如下圖所示，加入可以顯示大量文字的滑動文本元件。其中該滑動文本的屬性為～font (對應字庫)：1(字高 48 微軟正黑粗體)，pco (字體顏色)：0(黑色)，txt (顯示文字)：無，txt_maxl (最大字數)：3072。isbr (是否自動換行)：是 (當文字超過邊界會自動換行)，x (X 軸座標)：20，y (Y 軸座標)：50，w (元件寬度)：760，h (元件高度)：395。

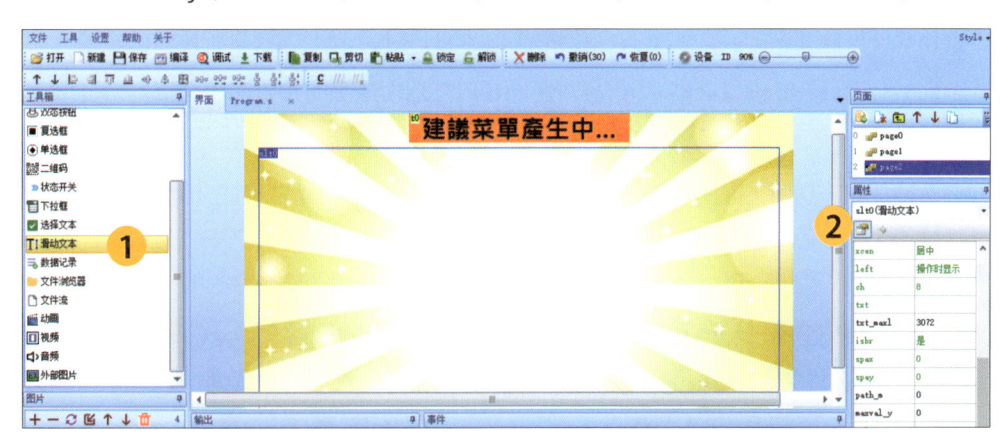

Step 23 如下圖所示，加入七個可以顯示 ChatGPT 所產生的菜單列表按鈕元件。按鈕的屬性為 ~ sta（背景）：透明，font（對應字庫）：1(字高 48 微軟正黑粗體)，pco（平時狀態字體顏色）：0(黑色)，pco2（按下狀態字體顏色）：65535(白色)，txt（顯示文字）：無，txt_maxl（最大字數）：512。x (X 軸座標)：20，y (Y 軸座標)：第一行為 50、第二行為 105、第三行為 160...每行間隔 55、以此類推，w（元件寬度）：760，h（元件高度）：50。

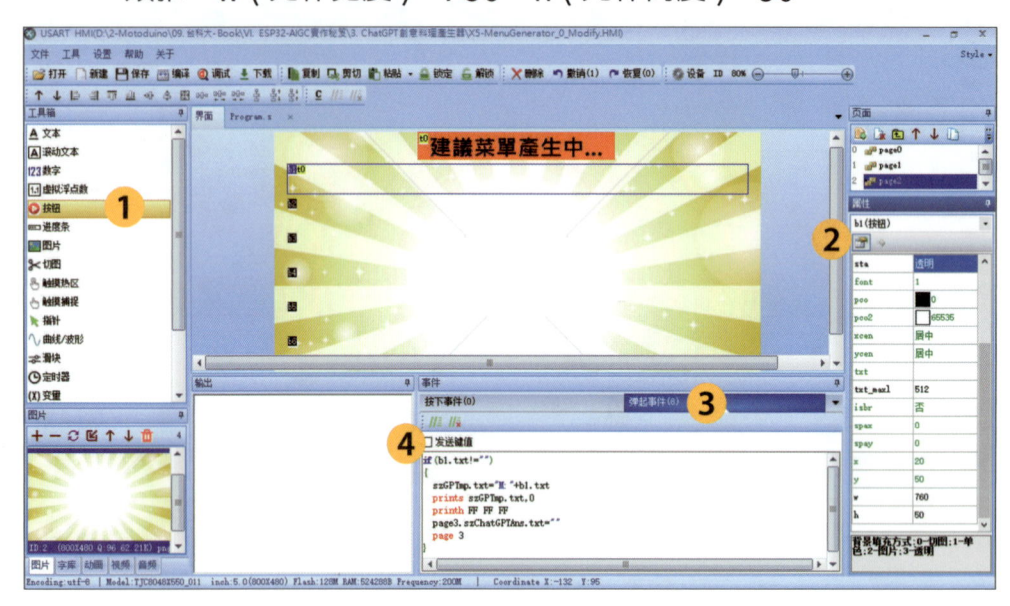

當使用者按下此步驟所建立的按鈕後，會根據該按鈕上當下顯示的菜名來產生對應的食譜。因此如上圖 ❹ 所示，需編寫按下「食譜產生」按鈕的「彈起事件」對應程式碼。以下是該程式碼的內容與解析。

```
//如果b1按鈕的txt參數不是空白(即b1按鈕上有顯示菜名文字時)
if(b1.txt!="")
{
  //將szGPTmp字串變量的內容(txt)設為"M:菜名I"
  szGPTmp.txt="M:"+b1.txt

  prints szGPTmp.txt,0         //將szGPTmp字串變量的內容傳送給ESP32
  printh FF FF FF              //傳送三個0xFF給ESP32，代表資料傳送已結束

  page3.szChatGPTAns.txt=""    //將ChatGPT之前所產生的食譜內容清空
  page 3                       //觸控螢幕切換到顯示料理製作過程(食譜)的頁面
}
//若為b2按鈕，請將上面所有的"b1"字樣置換成"b2"，b3按鈕請置換成"b3"...以此類推
```

Step 24 如下圖所示，加入兩個字串型態的變數。第一個是用來暫存由 ESP32 傳送過來的 ChatGPT 菜單分段內容的 szGPTmp。該變數的屬性為 ~ vscope（應用區域）：私有。sta（變數型態）：字符串，txt（預設內容）：無，txt_maxl（最大字數）：128。

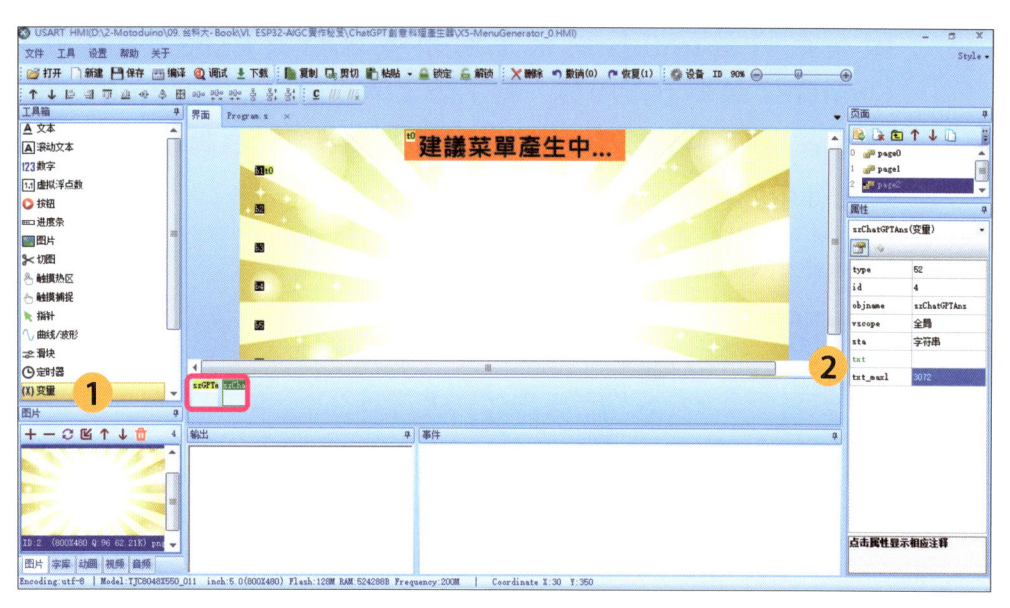

另一個字串變數則是用來存放串接 szGPTmp 菜單分段內容的 szChatGPTAns。其中變數的屬性為～vscope (應用區域)：全局 (螢幕切換至其他頁面時,內容仍會保留)。sta (變數型態)：字符串, txt (預設內容)：無, txt_maxl (允許最大字數)：3072。

Step 25 如下圖所示,加入定時器的變數：定時器 tm0 是用來定時接收來自於 ESP32 傳送過來的 ChatGPT 菜單分段內容,並將各道菜名分段內容串接完成之後顯示在螢幕的按鈕上。其定時器的屬性為～vscope (應用區域)：私有 (僅限於此頁面)。tim (定時執行時間,單位為 ms 毫秒)：50, en (預設狀態)：0(關閉)。

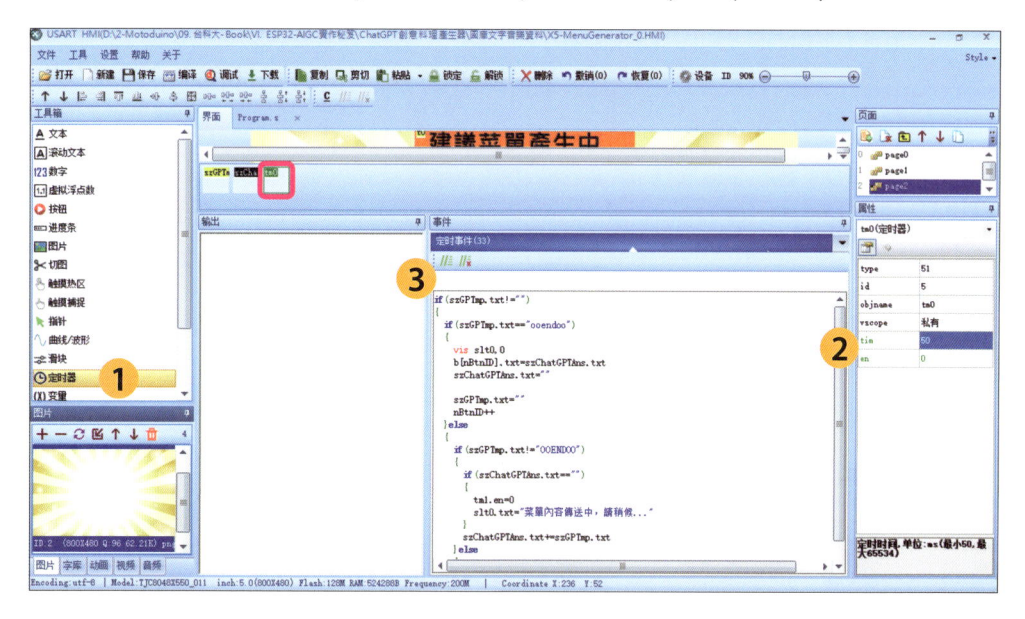

因為定時器 tm0 是用來定時接收來自於 ESP32 傳送過來的 ChatGPT 菜單分段內容，為了防止漏接訊息，因此 tm0 定時器需以每隔 50 毫秒的頻率來進行上圖 ③ 處所編寫的動作。以下是該定時事件中的程式碼內容與解析。

```
//當szGPTmp字串暫存變量內容不為空白時，即代表HMI已經開始收到來自於ESP32的ChatGPT片段回覆
if(szGPTmp.txt!="")
{
    //當HMI收到"ooendoo"訊息時，即代表ESP32已將某一筆菜名傳送完畢
    if(szGPTmp.txt=="ooendoo")
    {
        vis slt0,0                          //隱藏顯示等待文字的slt0元件
        b[nBtnID].txt=szChatGPTAns.txt      //將存放菜名的szChatGPTAns變量文字內容顯示到b[nBtnID]按鈕上
        szChatGPTAns.txt=""                 //清空存放菜名的szChatGPTAns變量文字內容
        szGPTmp.txt=""                      //清空szGPTmp字串暫存變量來準備接收新的ChatGPT回覆片段
        nBtnID++                            //將按鈕編號(id)加1，準備將下一道菜名顯示到下一個按鈕上
    }else
    {
        if(szGPTmp.txt!="OOENDOO")          //當HMI尚未收到"OOENDOO"訊息前，即代表ESP32還在傳送ChatGPT所產生的各式菜名
        {
            //當szChatGPT變量內容仍為空白時，即代表是從ESP32傳送過來的第一筆ChatGPT回覆片段
            if(szChatGPTAns.txt=="")
            {
                tm1.en=0                            //將原本顯示等待文字的定時器關閉(即不再顯示新的等待文字)
                slt0.txt="菜單內容傳送中，請稍候..." //在slt0元件顯示上述文字，告知使用者HMI已開始接收ESP32傳來的資料
            }
            szChatGPTAns.txt+=szGPTmp.txt           //將szGPTmp字串暫存變量的內容不斷地串接到szChatGPTAns變量中
        }else                                       //當HMI收到"OOENDOO"訊息時，即代表ESP32已將ChatGPT產生的菜名全部傳送完畢
        {
            tm0.en=0                                //將原本等待接收ChatGPT回覆的定時器關閉，不再接收ESP32其他的資料
            b[nBtnID].txt=szChatGPTAns.txt          //將存放菜名的szChatGPTAns變量文字內容顯示到b[nBtnID]按鈕上
            //當HMI不是收到OpenAI API Key無效(Incorrect API key.)或超過等待時間(Request timeout!)的文字內容時(即代表收到的是菜名)
            if(szChatGPTAns.txt!="Incorrect API key."&&szChatGPTAns.txt!="Request timeout!")
            {
                wav0.en=1                           //啟動wav0元件，開始播放背景音樂
                t0.txt="四菜一湯建議菜單"           //更改ChatGPT訊息回覆顯示頁面最上方的提示文本內容
            }
        }
    }
    szGPTmp.txt=""                                  //清空szGPTmp字串暫存變量的文字內容
}
```

Step 26 第二個定時器 tm1 是用來在 HMI 觸控螢幕上定時顯示等待 ChatGPT 回覆菜單的「煎、煮、炒、炸、滷、蒸 ...」等文字。該定時器的屬性為 ~ vscope (應用區域)：私有 (僅限於此頁面)。tim (定時執行時間，單位為 ms 毫秒)：3000(3000 毫秒即為 3 秒)，en (預設狀態)：0(關閉)。

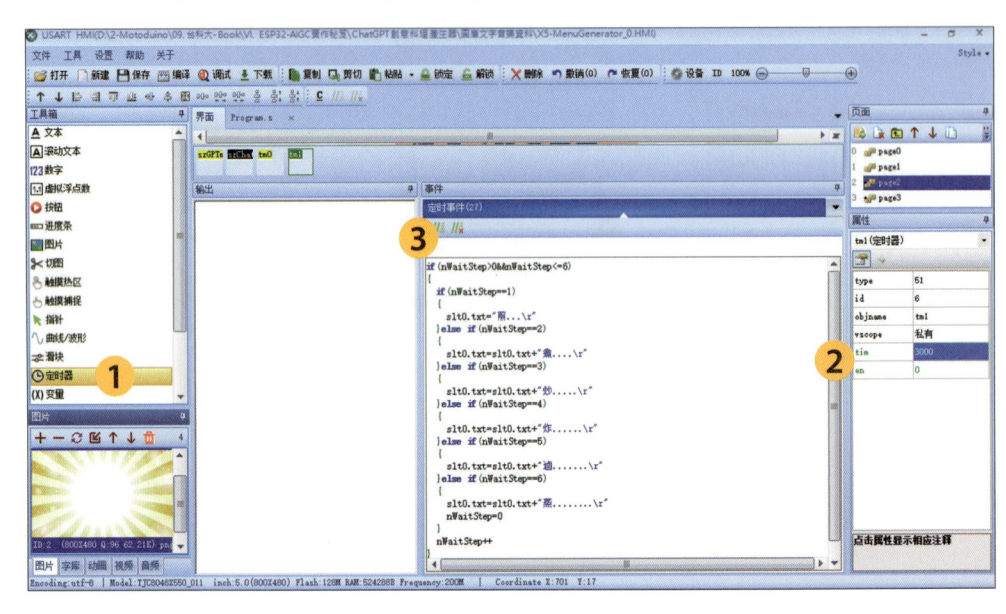

由於定時器 tm1 是讓 HMI 等待 ChatGPT 回覆答案的過程中定時來顯示等待文字以告知使用者之用，因此跳出等待文字的間隔時間不需太快。本例讓 tm1 定時器以每隔 3000 毫秒 (即 3 秒) 的頻率來進行上圖 ❸ 處所編寫的動作，詳細的定時事件程式碼與解析請參考下圖。

```
//nWaitStep變數被宣告於「Program.s」頁面的初始設定中
//依nWaitStep變數目前的數值，在不同的等待階段讓slt0滑動文本元件顯示不同的等待訊息
if(nWaitStep>0&&nWaitStep<=6)
{
  if(nWaitStep==1)
  {
    slt0.txt="煎...\r"                //當nWaitStep=1時，在slt0滑動文本元件中顯示"煎..."
  }else if(nWaitStep==2)
  {
    slt0.txt=slt0.txt+"煮....\r"      //當nWaitStep=2時，在slt0滑動文本元件中顯示"煎、煮...."
  }else if(nWaitStep==3)
  {
    slt0.txt=slt0.txt+"炒.....\r"     //當nWaitStep=3時，在slt0滑動文本元件中顯示"煎、煮、炒....."
  }else if(nWaitStep==4)
  {
    slt0.txt=slt0.txt+"炸......\r"    //當nWaitStep=4時，在slt0滑動文本元件中顯示"煎、煮、炒、炸......"
  }else if(nWaitStep==5)
  {
    slt0.txt=slt0.txt+"滷.......\r"   //當nWaitStep=5時，在slt0滑動文本元件中顯示"煎、煮、炒、炸、滷......."
  }else if(nWaitStep==6)
  {
    slt0.txt=slt0.txt+"蒸........\r"  //當nWaitStep=6時，在slt0滑動文本元件中顯示"煎、煮、炒、炸、滷、蒸........"
    nWaitStep=0
  }
  nWaitStep++                          //將nWaitStep變數+1，來顯示下一個等待文字
}
```

Step 27 如下圖所示，加入一個音頻元件 wav0，用來播放已存入 HMI 或 microSD 卡中的 wav 音檔，因此需先將其欲播放的音檔透過屬性的設定來進行連結。該音頻元件的屬性為 ~ vscope (應用區域)：私有 (僅限於此頁面)。from (音檔來源)：內部資源文件 (指欲連結的音檔已存放在 HMI 觸控螢幕之中)，vid (音檔的 ID 編號)：0(如下圖所示，連結存放在 HMI 的第一個音頻檔案)。en (預設狀態)：0(關閉)，loop (是否循環播放)：否，tim (音檔播放起始時間點)：0(從頭播起)。

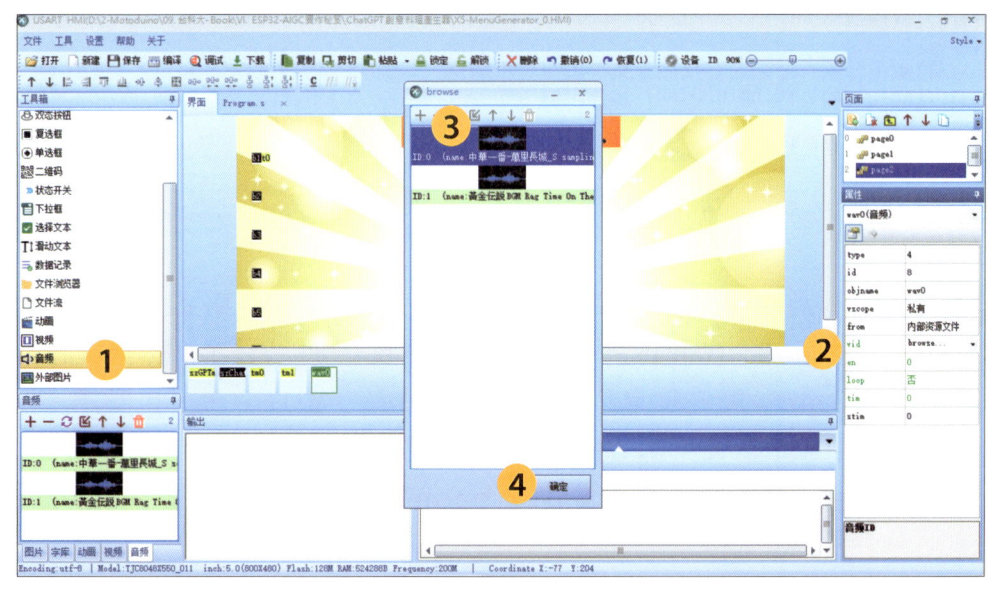

⚠️注意：HMI 觸控螢幕需外接 HMI 專用喇叭才能支援音檔播放的功能。

Step 28 最後當 HMI 觸控螢幕的畫面剛切換至 ChatGPT 回覆的四菜一湯菜單顯示頁面時，需要預先進行一些變數或元件的設定動作，其詳細的設定程式如下圖所示。

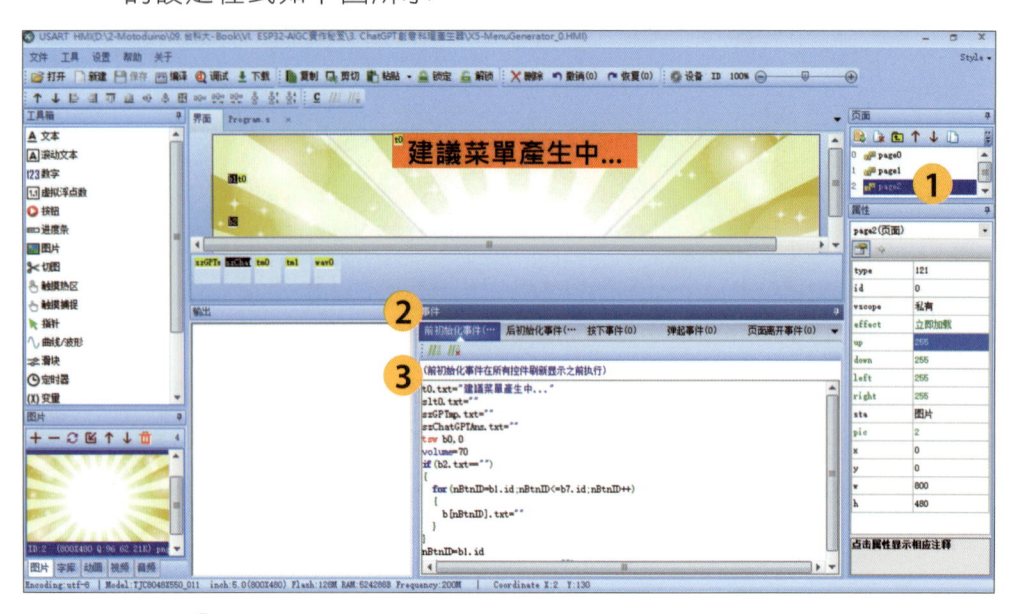

上圖 ③ 處需編寫觸控螢幕切換至 ChatGPT 回覆的四菜一湯菜單顯示頁面時需進行的動作，以下是「前初始化事件」中的程式碼內容與解析。

```
t0.txt="建議菜單產生中..."        //設定此頁面最上方的提示文本內容
slt0.txt=""                      //清空顯示等待文字的slt0滑動文本元件文字內容
szGPTmp.txt=""                   //清空szGPTmp字串暫存變量的文字內容
szChatGPTAns.txt=""              //清空szChatGPTAns字串變量的文字內容
tsw b0,0                         //將此頁面中的「回上頁」按鈕設定為無法點選狀態
volume=70                        //將HMI觸控螢幕的音量設定為70(可設定範圍為：0~100)

//當顯示四菜一湯菜名的b2按鈕上有顯示文字內容時，即代表其他的按鈕可能也有顯示文字
if(b2.txt=="")
{
   //將顯示四菜一湯菜名的按鈕上文字內容全部清空
   for(nBtnID=b1.id;nBtnID<=b7.id;nBtnID++)
   {
      b[nBtnID].txt=""
   }
}
nBtnID=b1.id
```

Step 29 如下圖步驟所示，點選右上角新增頁面按鈕來加入第四個頁面「page3」(ChatGPT 回覆的料理食譜顯示頁)。接著將此 Page 的「sta」屬性從原本的『單色』改為『圖片』後，再點選「pic」屬性並選取從步驟 6 所匯入的第四張圖片 (ID: 3) 作為 ChatGPT 創意料理產生器的第四個頁面 (page3) 背景圖片。

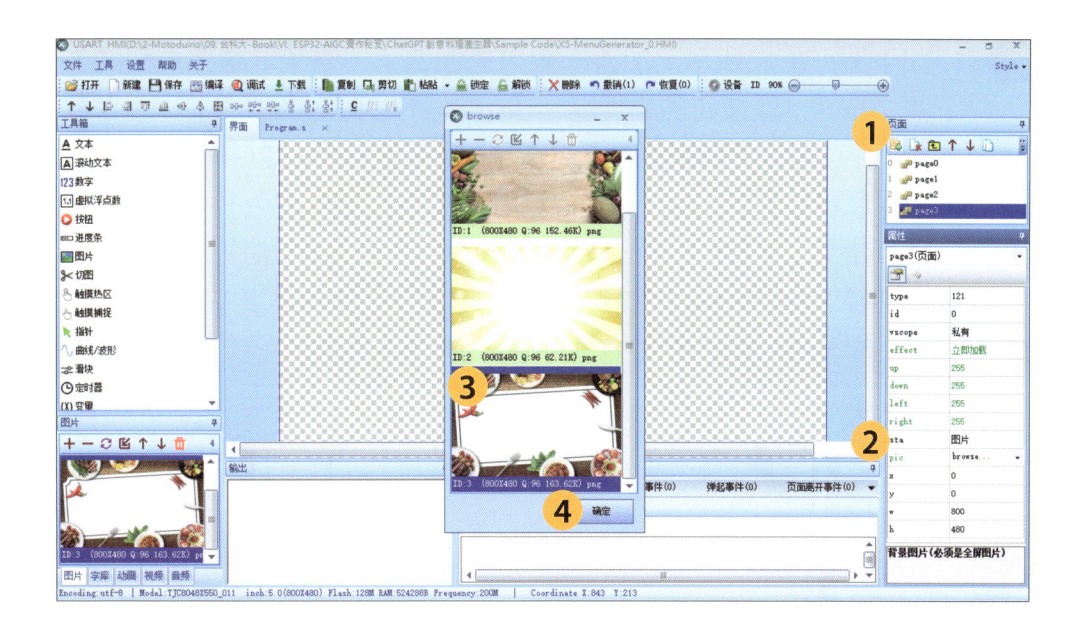

Step 30 如下圖紅框處所示，加入一個可以顯示目前等待 ChatGPT 食譜產生狀態的文本元件。該文本的屬性為 ~ font (對應字庫)：1(字高 48 微軟正黑粗體)，bco (背景顏色)：64512(橘色)，pco (字體顏色)：0(黑色)。txt (顯示文字)：「菜單食譜產生中...」，txt_maxl (最大字數)：100。x (X 軸座標)：240，y (Y 軸座標)：0，w (元件寬度)：320，h (元件高度)：45。

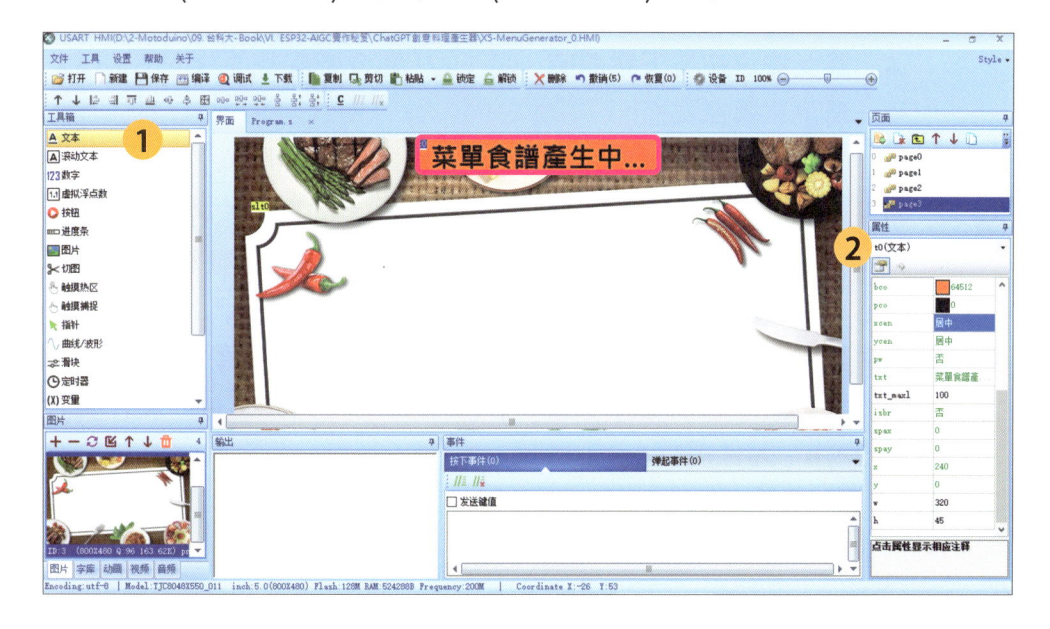

Step 31 如下圖紅框處所示，加入一個可返回四菜一湯菜單選擇頁面的「回上頁」按鈕。該按鈕的屬性為 ～ font (對應字庫)：1(字高 48 微軟正黑粗體)，bco (平時背景顏色)：32799(藍色)，bco 2(按下時背景顏色)：1024(綠色)，pco & pco2 (字體顏色)：65535(白色)。txt (顯示文字)：「回上頁」，txt_maxl (最大字數)：100。x (X 軸座標)：640，y (Y 軸座標)：430，w (元件寬度)：160，h (元件高度)：50。

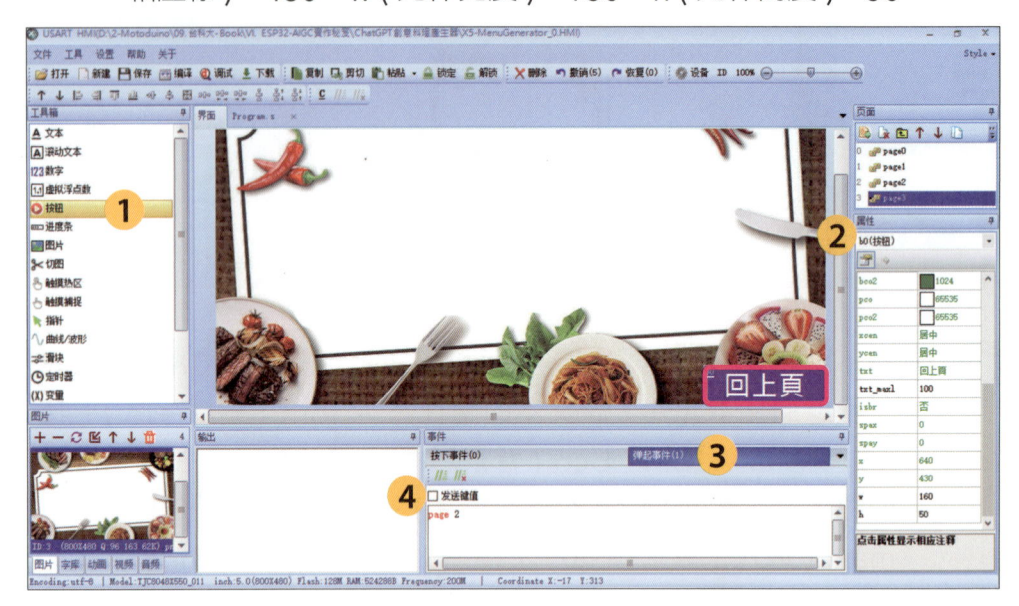

另外在按鈕的「彈起事件」中加入如上圖 ④ 所示的『page 2』程式碼，讓此按鈕被按下鬆開時，將 HMI 觸控螢幕畫面跳回 page2 的四菜一湯菜單選擇頁面。

Step 32 如下圖所示，加入可以顯示大量食譜文字的滑動文本元件。該滑動文本的屬性為 ～ font (對應字庫)：1(字高 48 微軟正黑粗體)，pco (字體顏色)：0(黑色)，txt (顯示文字)：無，txt_maxl (最大字數)：3072。isbr (是否自動換行)：是 (文字超過邊界會自動換行)，x (X 軸座標)：20，y (Y 軸座標)：80，w (元件寬度)：760，h (元件高度)：345。

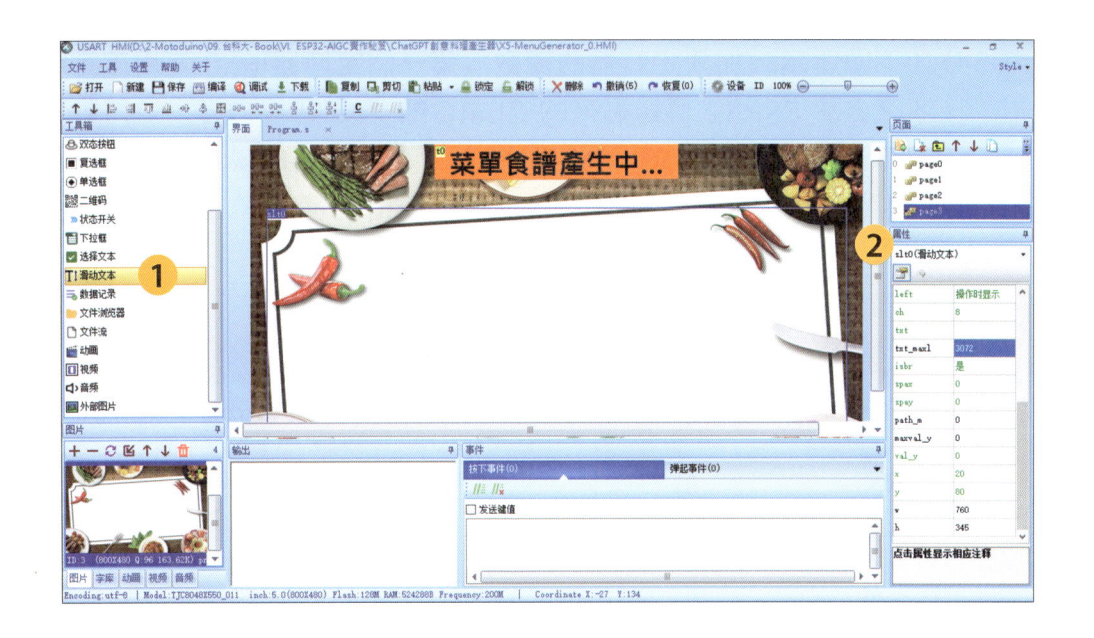

Step 33 如下圖所示，加入兩個字串型態的變數。第一個是用來暫存由 ESP32 傳送過來的 ChatGPT 食譜分段內容的 szGPTmp。其中變數的屬性為～vscope (應用區域)：私有。sta (變數型態)：字符串，txt：無，txt_maxl (最大字數)：128。

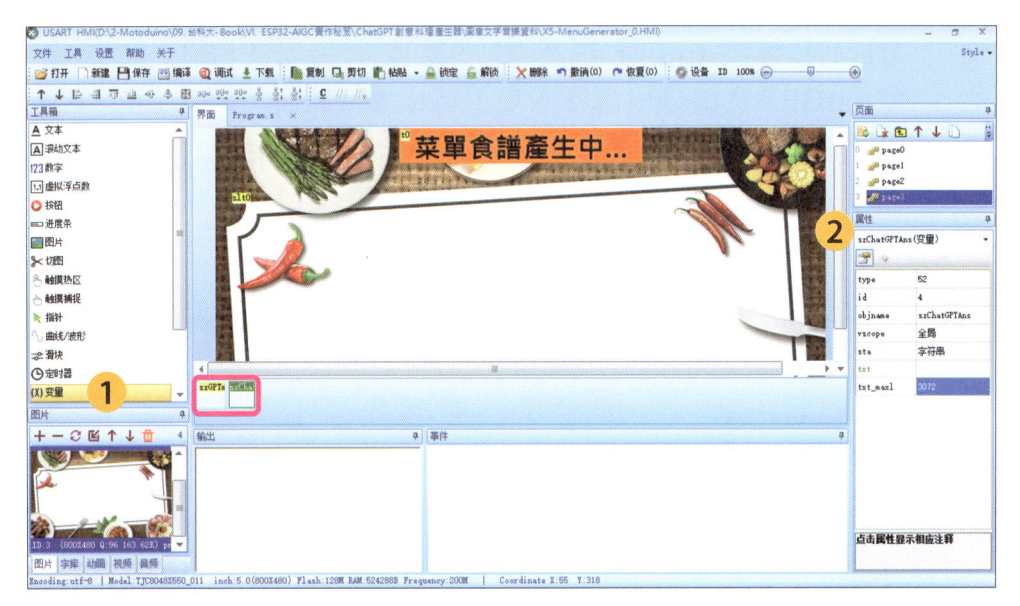

另一個字串變數則是用來存放串接 szGPTmp 食譜分段內容的 szChatGPTAns。其中變數的屬性為～vscope (應用區域)：全局 (螢幕切換至其他頁面時，內容仍會保留)。sta (變數型態)：字符串，txt (預設內容)：無，txt_maxl (最大字數)：3072。

Step 34 如下圖所示，加入定時器的變數：第一個定時器 tm0 是用來定時接收來自於 ESP32 傳送過來的 ChatGPT 食譜分段內容，並將分段內容不斷串接之後顯示在觸控螢幕上。其定時器的屬性為 ~ vscope (應用區域)：私有 (僅限於此頁面)。tim (定時執行時間，單位為 ms 毫秒)：50，en (預設狀態)：1(啟動)。

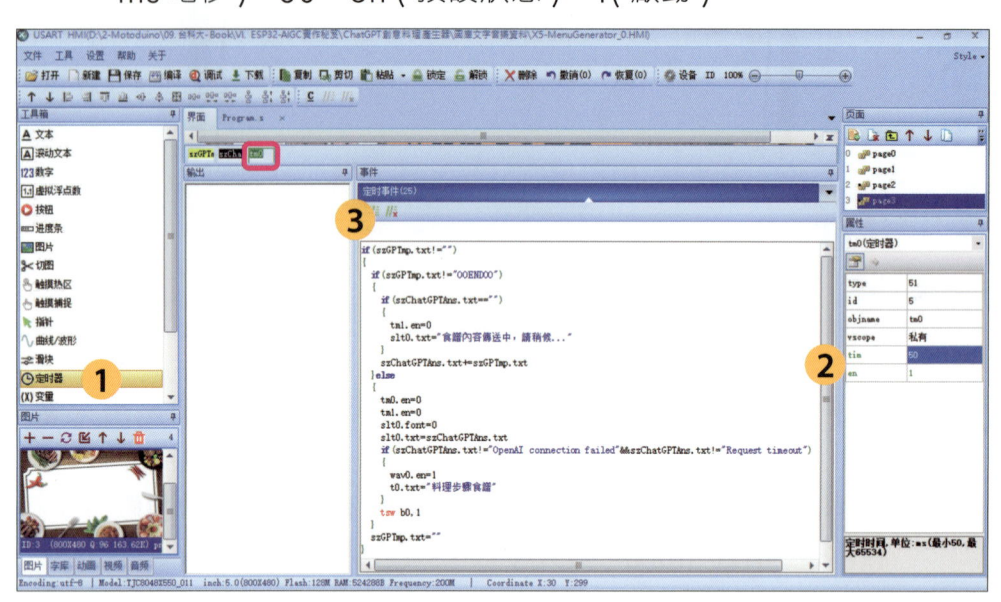

因為定時器 tm0 是用來定時接收來自於 ESP32 傳送過來的 ChatGPT 食譜分段內容，為了防止漏接訊息，因此 tm0 定時器需以每隔 50 毫秒的頻率來進行上圖 ❸ 處所編寫的動作。以下是該定時事件中的程式碼內容與解析。

```
//當字符串szGPTmp變量內容不為空時，即代表開始收到來自於ESP32的ChatGPT片段回覆
if(szGPTmp.txt!="")
{
  if(szGPTmp.txt!="OOENDOO")    //當HMI尚未收到"OOENDOO"訊息前，即代表ESP32還在傳送ChatGPT所產生的食譜內容
  {
    //當szChatGPT變量內容仍為空白，即代表這是從ESP32傳送過來的第一筆ChatGPT回覆片段
    if(szChatGPTAns.txt=="")
    {
      tm1.en=0                        //將原本顯示等待文字的定時器關閉(即不再顯示新的等待文字)
      slt0.txt="食譜內容傳送中，請稍候..."   //在slt0元件顯示上述文字，告知使用者HMI已開始接收ESP32傳來的資料
    }
    szChatGPTAns.txt+=szGPTmp.txt     //將szGPTmp字串暫存變量的內容不斷地串接到szChatGPTAns變量中
  }else                               //當HMI收到"OOENDOO"訊息時，即代表ESP32已將ChatGPT所產生的食譜內容全部傳送完畢
  {
    tm0.en=0                          //將原本等待接收ChatGPT回覆的定時器關閉，不再接收ESP32其他的資料
    tm1.en=0                          //將原本顯示等待文字的定時器關閉(即不再顯示新的等待文字)
    slt0.font=0                       //將預備顯示食譜內容的slt0滑動文本元件其字型設定為字高32的微軟正黑粗體
    slt0.txt=szChatGPTAns.txt         //將串接完畢的szChatGPTAns食譜內容顯示在slt0滑動文本元件中
    //當HMI不是收到OpenAI API Key無效(Incorrect API key.)或超過等待時間(Request timeout!)的文字內容時(即代表收到的是食譜內容)
    if(szChatGPTAns.txt!="Incorrect API key."&&szChatGPTAns.txt!="Request timeout!")
    {
      wav0.en=1                       //啟動wav0音頻元件，開始播放背景音樂
      t0.txt="料理步驟食譜"            //更改ChatGPT料理步驟(食譜)顯示頁面最上方的提示文本內容
    }
    tsw b0,1                          //將此頁面中的「回上頁」按鈕設定為可以點選的狀態
  }
  szGPTmp.txt=""                      //清空szGPTmp字串暫存變量的文字內容
}
```

Step 35 第二個定時器 tm1 是用來在 HMI 觸控螢幕上定時顯示等待 ChatGPT 回覆食譜的「煎、煮、炒、炸、滷、蒸 …」等文字。其定時器的屬性為 ~ vscope (應用區域)：私有 (僅限於此頁面)。tim (定時執行時間，單位為 ms 毫秒)：5000(5000 毫秒即為 5 秒)，en (預設狀態)：1(啟動)。

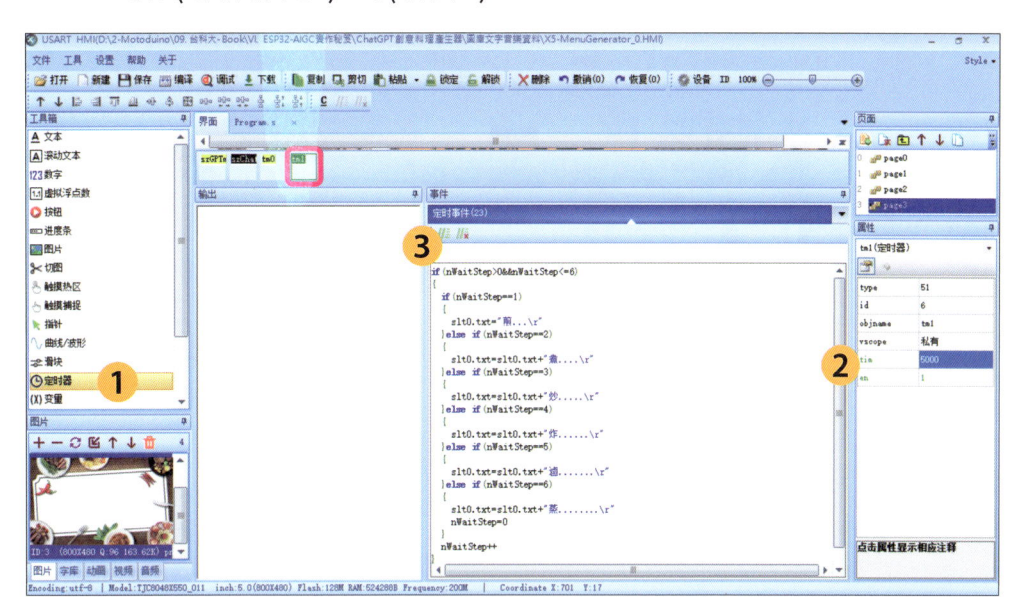

由於定時器 tm1 是讓 HMI 等待 ChatGPT 回覆答案的過程中來定時顯示等待文字以告知使用者之用，因此跳出等待文字的間隔時間不需太快。本例讓 tm1 定時器以每隔 5000 毫秒 (即 5 秒) 的頻率來進行上圖 ❸ 處所編寫的動作，詳細的定時事件程式碼與解析請參考下圖。

```
//nWaitStep變數被宣告於「Program.s」頁面的初始設定中
//依nWaitStep變數目前的數值,在不同的等待階段讓slt0滑動文本元件顯示不同的等待訊息
if(nWaitStep>0&&nWaitStep<=6)
{
  if(nWaitStep==1)
  {
    slt0.txt="煎...\r"                   //當nWaitStep=1時,在slt0滑動文本元件中顯示"煎..."
  }else if(nWaitStep==2)
  {
    slt0.txt=slt0.txt+"煮....\r"         //當nWaitStep=2時,在slt0滑動文本元件中顯示"煎、煮...."
  }else if(nWaitStep==3)
  {
    slt0.txt=slt0.txt+"炒.....\r"        //當nWaitStep=3時,在slt0滑動文本元件中顯示"煎、煮、炒....."
  }else if(nWaitStep==4)
  {
    slt0.txt=slt0.txt+"炸......\r"       //當nWaitStep=4時,在slt0滑動文本元件中顯示"煎、煮、炒、炸......"
  }else if(nWaitStep==5)
  {
    slt0.txt=slt0.txt+"滷.......\r"      //當nWaitStep=5時,在slt0滑動文本元件中顯示"煎、煮、炒、炸、滷......."
  }else if(nWaitStep==6)
  {
    slt0.txt=slt0.txt+"蒸........\r"     //當nWaitStep=6時,在slt0滑動文本元件中顯示"煎、煮、炒、炸、滷、蒸........"
    nWaitStep=0
  }
  nWaitStep++                            //將nWaitStep變數+1,來顯示下一個等待文字
}
```

Step 36 如下圖所示，加入一個音頻元件 wav0(與 page2 的 wav0 是不同的元件)。該音頻元件的屬性為 ~ vscope (應用區域)：私有 (僅限於此頁面)。from (音檔來源)：內部資源文件 (指欲連結的音檔已存放在 HMI 觸控螢幕之中)，vid (音檔的 ID 編號)：1(如下圖所示，連結存放在 HMI 的第二個音頻檔案)。en (預設狀態)：0(關閉)，loop (是否循環播放)：是，tim (音檔播放起始時間點)：0(從頭播起)。

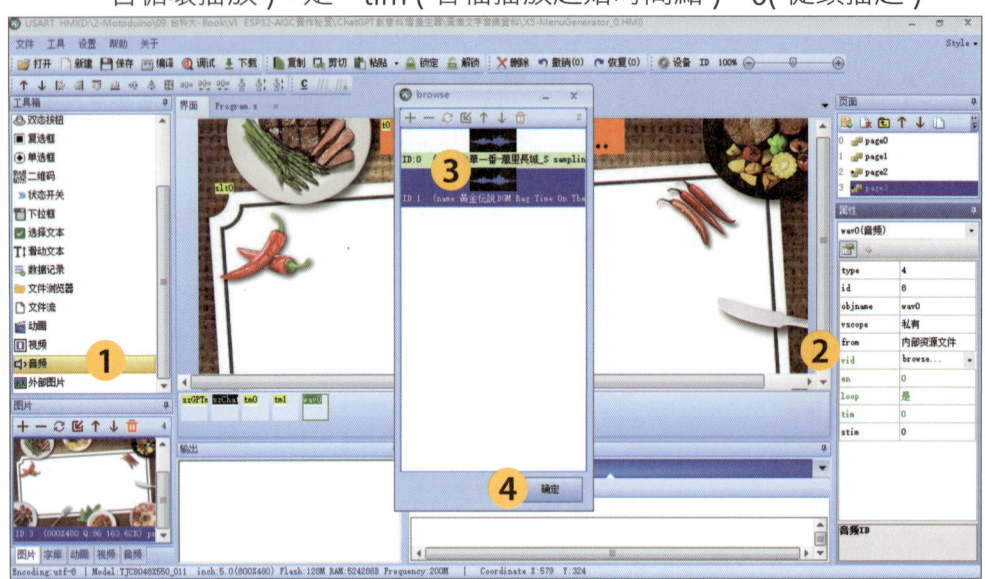

Step 37 當 HMI 觸控螢幕的畫面剛切換至 ChatGPT 回覆的料理食譜顯示頁面時，需要進行一些變數或元件的設定，其內容如下圖所示。

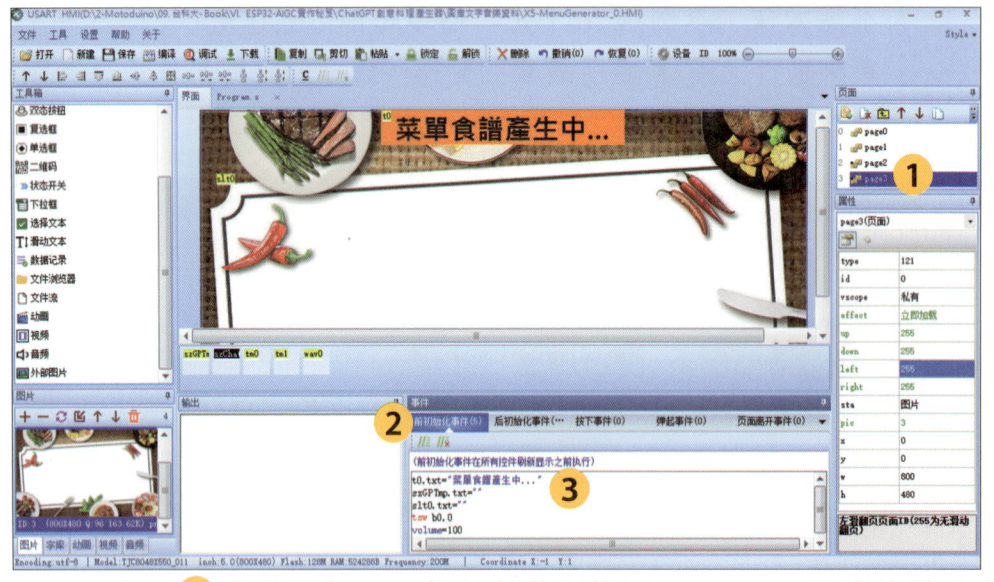

上圖 ❸ 處需編寫 HMI 觸控螢幕切換至 ChatGPT 回覆的料理食譜顯示頁面時需進行的動作，以下是前初始化事件中的程式碼與解析。

```
t0.txt="菜單食譜產生中..."      //設定此頁面最上方的提示文本內容，藉此告知使用者目前ChatGPT食譜的產生狀態
szGPTmp.txt=""                  //清空szGPTmp字串暫存變量的文字內容
slt0.txt=""                     //清空顯示食譜內容的slt0滑動文本元件文字內容
tsw b0,0                        //將此頁面中的「回上頁」按鈕設定為無法點選的狀態
volume=100                      //將HMI觸控螢幕的音量設定為100(可設定範圍為：0~100)
```

4-3　motoBlockly 程式編輯流程

和前一章節的 ChatGPT 健康小幫手相同，本系統的運作模式都是讓使用者從 HMI 觸控螢幕點選對應的元件在產生問題後，再經由 ESP32 詢問 ChatGPT，最後將 ChatGPT 所回覆的內容顯示在觸控螢幕上。因此在完成觸控螢幕端操作介面的配置與設定後，ESP32 端也要編寫如何與觸控螢幕及 ChatGPT 相互溝通的對應程式。該程式詳細的編寫流程如下：

Step 1　首先需將 motoBlockly 的開發板型號選擇為「ESP32」才能產生正確的 ESP32 程式碼。接著先宣告三個全域字串變數，包括要傳送給 ChatGPT 的四菜一湯菜單生成提示詞 szSystemRole、料理食譜生成提示詞 szSystemRole2，以及 OpenAI 的授權碼變數 szAPIKey(此處請輸入自己申請到的 OpenAI 授權碼 (API Key))。最後建立一個全域的字元 (char) 陣列變數 szUARTData，用來存放透過 Tx/Rx 介面傳送、來自於 HMI 觸控螢幕的 UART 訊息。

szSystemRole 變數在本例設定為：「你是一個三星廚師，精通中華料理及各國名菜。請依下列所提供的食材條列出五道菜品名稱，其中包括四道菜和一道湯，每道料理不要使用重複的食材。目前提供的食材有：」；szSystemRole2 則設定為：「你是一個三星廚師，精通中華料理及各國名菜。請依下列所提供的菜品名稱，以條列的方式寫出該菜品的食譜料理步驟。本道菜品名稱為：」。以上兩個提示詞變數讀者均可依自己的需求來進行調整。

Step 2 由於 ESP32 有時需要透過 UART 介面來切換 HMI 觸控螢幕上的顯示頁面，因此預先建立一個副程式 fnSetHmiPage()。因為螢幕切換顯示頁面的命令格式為：「page { 頁面 ID}」，因此呼叫副程式時需再加入一個 int 整數型態的變數參數 nPageNum，讓 ESP32 可以直接輸入要切換顯示的頁面 ID。最後再將切換頁面的命令從 ESP32 與觸控螢幕對接的 Serial2(UART2) 串接埠輸出給觸控螢幕。

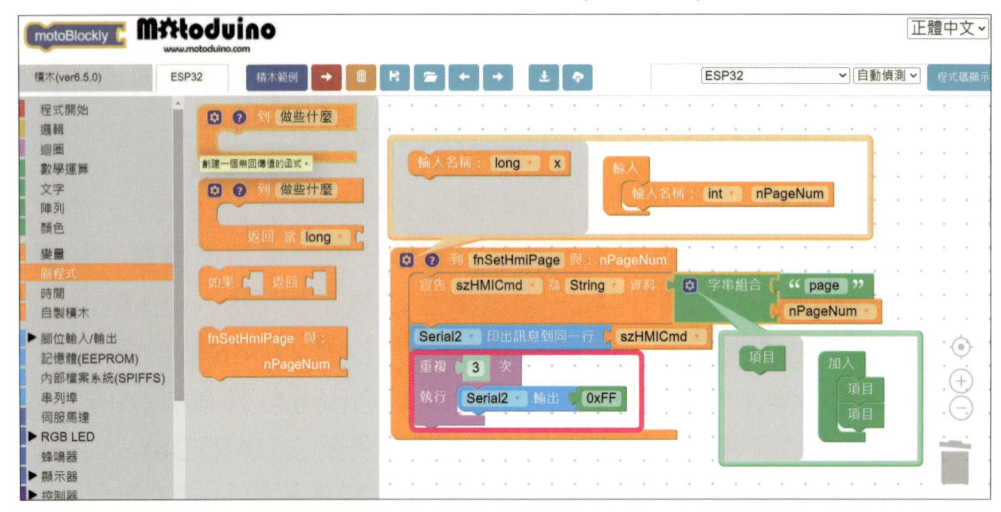

如上圖紅框處所示，記得另外得再從 Serial2 串列埠口連續傳送三個 0xFF(255) 的數據才能算是一個完整傳送給 HMI 觸控螢幕的訊息封包。

Step 3 由於 ESP32 常常需要透過 UART 介面來修改觸控螢幕的顯示文字，也需要由 ESP32 來設定螢幕頁面按鈕是否可以點選，還有需要 ESP32 來控制螢幕頁面的定時器是否啟動，因此依照上一個步驟建立 fnSetHmiPage() 副程式的邏輯概念，再將上述三個 ESP32 透傳設定動作也分別打包成副程式 fnSetHmiTxt()、fnSetHmiTSW() 與 fnSetHmiTimer()。

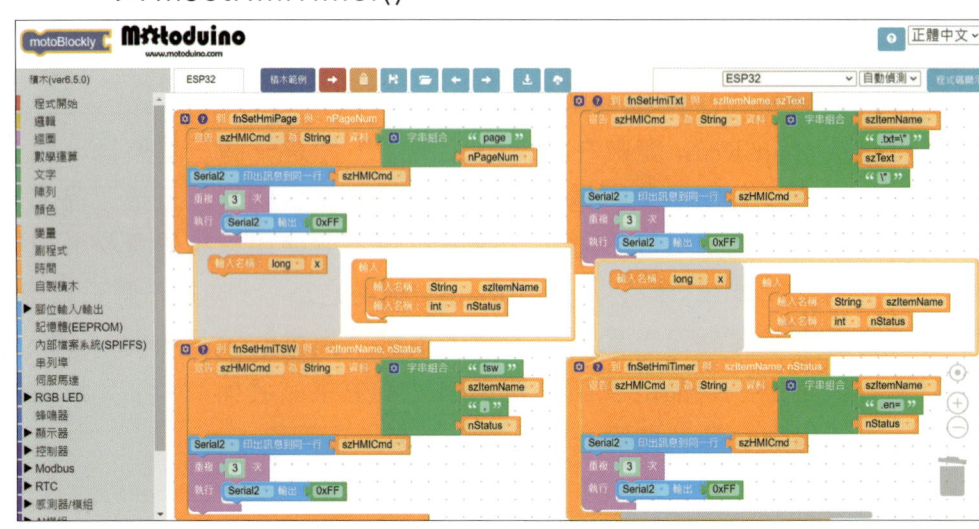

其中觸控螢幕更改元件文字內容的命令格式為：「元件名稱.txt={新的文字內容}」；設定觸控螢幕頁面上的按鈕是否可點選的命令格式為：「tsw 元件名稱,{0/1}」(0 為不可按、1 為可按)；設定觸控螢幕頁面上的定時器是否啟動的命令格式則為：「定時器元件名稱.en={0/1}」(0 為關閉、1 為啟動)。

Step 4 如下圖所示，建立一個可以從 ESP32 接收來自於 HMI 觸控螢幕輸出資訊的副程式 fnHandleHMISerial()，此副程式會從 Serial2 將 HMI 輸入的資訊一個一個讀出並依序放入全域陣列變數 szUARTData 之中，直到收到結尾數據 (連續三個 0xFF) 出現為止，並在最後回傳所接收到的總資料量長度 nHMIDataLen。

Step 5 建立一個由 ESP32 串接 ChatGPT 服務、並將 ChatGPT 所生成的四菜一湯菜單再傳送至 HMI 觸控螢幕顯示的副程式 fnMenuGenerator()。首先宣告兩個字串 (String) 型態的變數，分別是：準備接收 ChatGPT 回覆內容的 szResult，以及預備向 ChatGPT 詢問的提示詞 (Prompt) 內容 szBuffer，並將從 HMI 傳送過來的食材字串內容 szUARTData 設為 szBuffer 的預設值。最後再啟動 HMI 螢幕菜單顯示頁面中，負責持續接收來自於 ESP32 傳送 ChatGPT 回覆的定時器 tm0；以及負責在觸控螢幕不斷顯示等待文字的定時器 tm1。

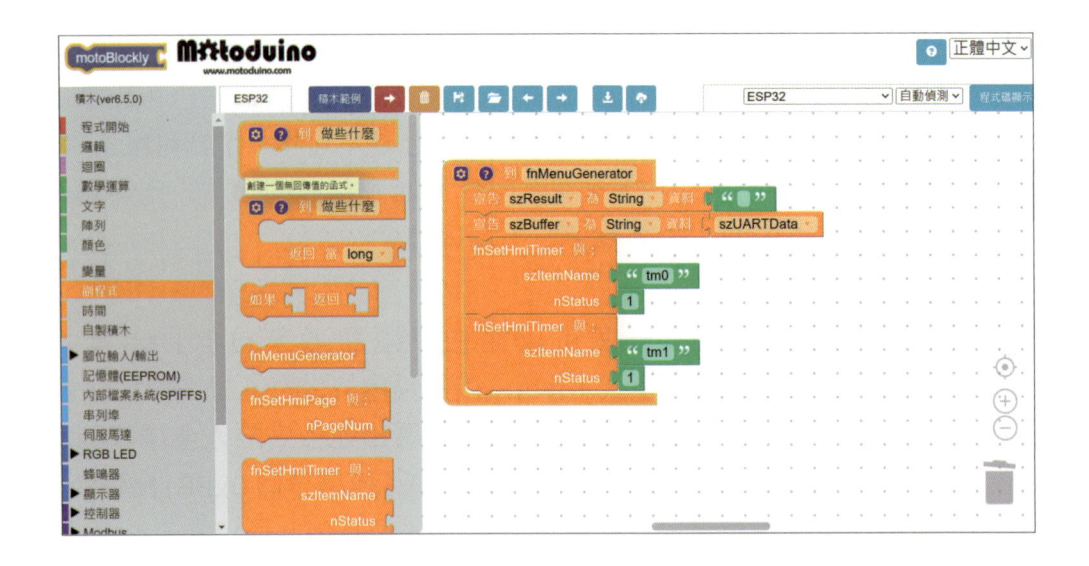

Step 6 如下圖紅框處所示,將從 HMI 觸控螢幕勾選各項食材後再傳送至 ESP32 的文字內容「Q: 食材 1、食材 2、食材 3、...、食材 N、」紅字部分截頭去尾,擷取出單純的串接食材內容「食材 1、食材 2、食材 3、...、食材 N」。最後再將擷取出的食材字串與 szSystemRole 變數串接,即可拼湊出請求 ChatGPT 生成四菜一湯菜單的完整提示詞 (Prompt):「你是一個三星廚師,精通中華料理及各國名菜。請依下列所提供的食材條列出五道菜品名稱,其中包括四道菜和一道湯,每道料理不要使用重複的食材。目前提供的食材有:『食材 1、食材 2、食材 3、...、食材 N』」。

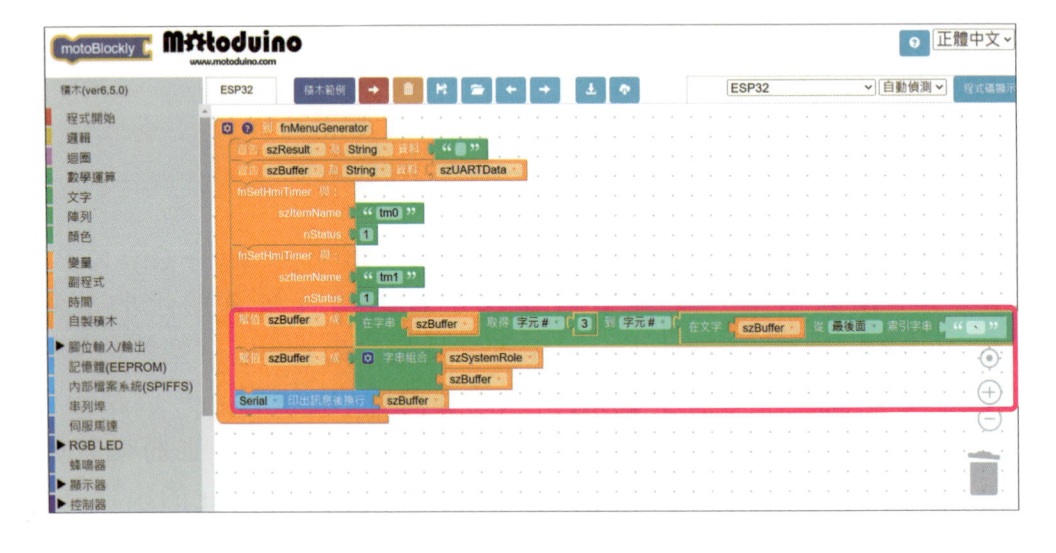

Step 7 使用 motoBlockly 所提供的程式積木來請求 ChatGPT 生成四菜一湯的菜單。當 szResult 變數取得 ChatGPT 的回覆後，由於 HMI 觸控螢幕會將換行符號「\n」顯示出來而不會執行真正換行的動作，因此此處再使用「自訂積木」輸入程式碼的方式來將 ChatGPT 回覆內容中的「\n」字元以「\r」字元取代。

⚠ 注意：ChatGPT 積木參數請選擇文字生成速度較快的「gpt-3.5-instruct」AI 模型。

Step 8 由於在步驟 6 對 ChatGPT 下的提示詞是請其「條列」出四菜一湯的菜單，因此 ChatGPT 的回覆「絕大部分」(極接近但非 100%) 會將回覆的菜單以條列式的方式列出。所以如下列紅框處所示，程式積木會反覆地將 ChatGPT 的回覆以換行符號『\r』作為分割基準，以此來截取出四菜一湯的每道菜名。

Step 9 每截取出一道菜名之後，為避免菜名過長而導致傳送失敗，ESP32 會分段分批地將該道菜名傳送至 HMI 觸控螢幕中 (一次最多傳送 128 bytes，每 150 毫秒傳送一次)，直到該道菜名傳送完畢為止。而觸控螢幕端也會有對應的程式碼來進行菜名接收及串接的工作 (HMI 觸控螢幕端的對應程式碼請參考本章 HMI 程式編輯流程的第 25 個步驟)。

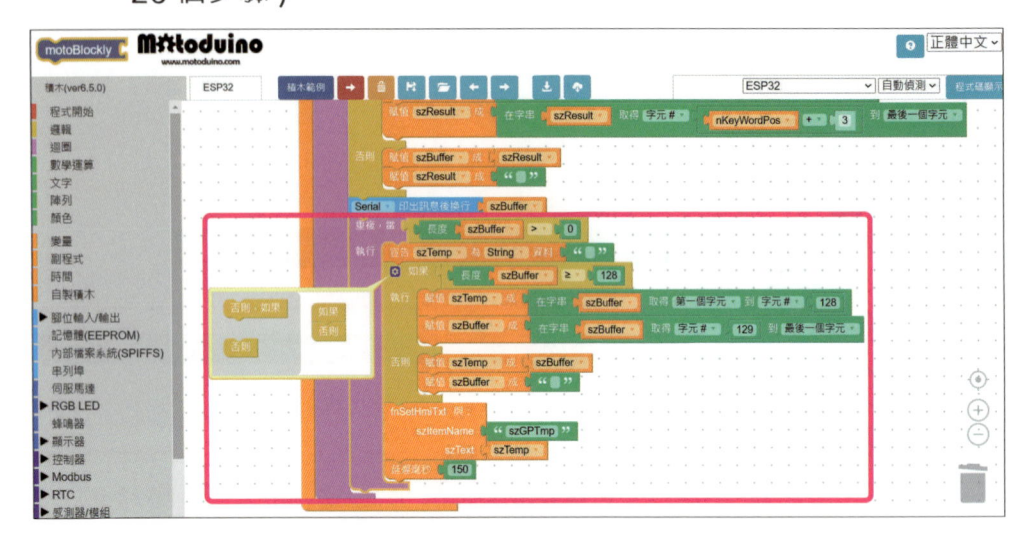

Step 10 如下圖紅框處所示，每當 ESP32 傳送完一道菜名時，ESP32 會發送「ooendoo」的字串給 HMI 觸控螢幕。而當 HMI 收到此字串時，便會將串接完成的菜名顯示在 HMI 螢幕菜單選擇頁面的菜單按鈕上。

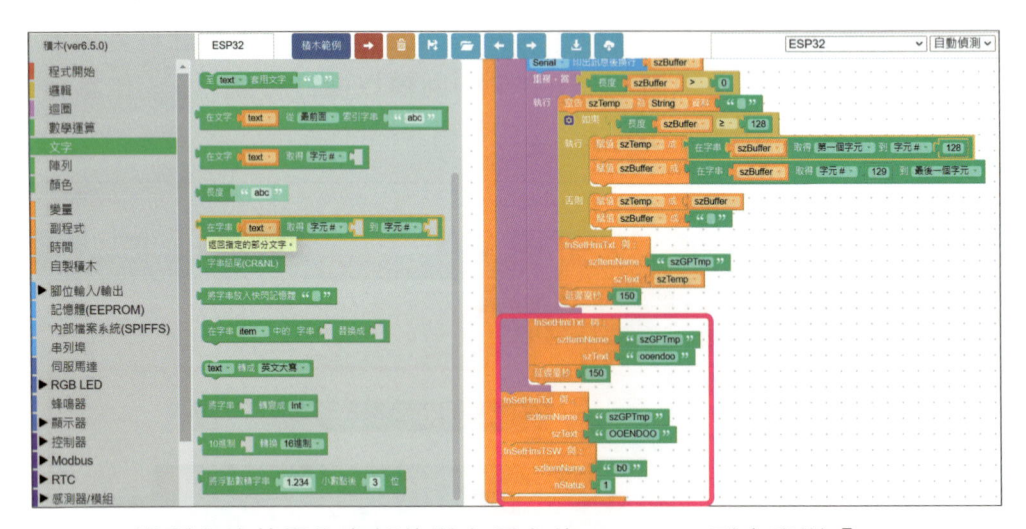

當所有的菜單內容都傳送完畢之後，ESP32 則會發送「OOENDOO」的字串給觸控螢幕，讓觸控螢幕關閉定時器 tm0 以停止接收來自 ESP32 文字訊息的動作。最後再把觸控螢幕菜單選擇頁面的「回上頁」b0 按鈕設定為可以點選的狀態即完成此 fnMenuGenerator() 副程式。

Step 11 建立一個 ESP32 串接 ChatGPT 服務，讓 ChatGPT 生成料理步驟食譜並傳送至 HMI 觸控螢幕顯示的副程式 fnRecipeGenerator()。首先宣告兩個字串 (String) 型態的變數，分別是：準備接收 ChatGPT 回覆內容的 szResult，以及預備向 ChatGPT 詢問的提示詞 (Prompt) 內容 szBuffer，並將從 HMI 傳送過來的食材字串內容 szUARTData 設為 szBuffer 的預設值。

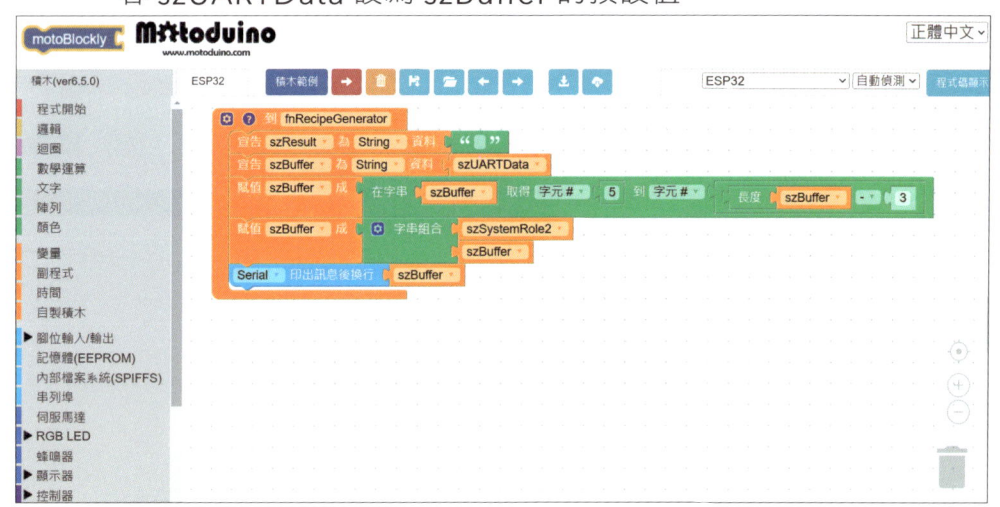

接著從 HMI 螢幕菜單選擇頁面點選某道菜名後傳送給 ESP32 的文字內容「M: 指定菜名」去除紅字的部分，最後將擷取出的完整的菜名後再與 szSystemRole2 變數串接，即可拼湊出請求 ChatGPT 生成該道料理食譜的完整提示詞 (Prompt)：「你是一個三星廚師，精通中華料理及各國名菜。請依下列所提供的菜品名稱，以條列的方式寫出該菜品的食譜料理步驟。本道菜品名稱為：『指定菜名』」。

Step 12 使用 motoBlockly 所提供的程式積木來請求 ChatGPT 生成指定料理的食譜料理步驟。當 szResult 變數取得 ChatGPT 的回覆後，由於 HMI 觸控螢幕會將換行符號「\n」顯示出來而不會執行真正換行的動作，因此此處會使用「自訂積木」輸入程式碼的方式來將 ChatGPT 回覆內容中的「\n」以「\r」字元取代。

⚠ 注意：ChatGPT 積木參數請選擇文字生成速度較快的「gpt-3.5-instruct」AI 模型。

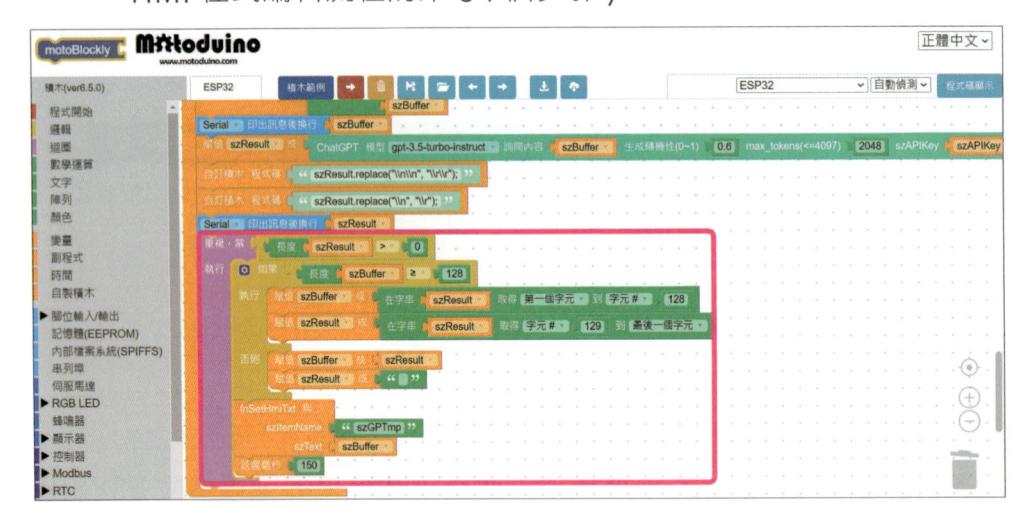

Step 13 當取得 ChatGPT 所生成的指定料理食譜料理步驟之後，由於 ESP32 無法將大量的食譜內容一次地傳送到 HMI 觸控螢幕中，因此 ESP32 會採用分段分批的傳送方式 (一次最多傳送 128 bytes、每 150 毫秒傳送一次)，直到該道料理的食譜料理步驟全部傳送完畢為止。而觸控螢幕端自然也會有對應的程式碼來進行食譜料理步驟接收及串接的工作 (HMI 觸控螢幕端的對應程式碼請參考本章 HMI 程式編輯流程的第 34 個步驟)。

Step 14 當指定料理的食譜料理步驟都傳送完畢之後，ESP32 則會發送「OOENDOO」的字串給觸控螢幕，讓觸控螢幕關閉定時器 tm0 以停止接收來自 ESP32 文字訊息的動作。最後再把 HMI 螢幕食譜顯示頁面的「回上頁」(b0) 按鈕設定為可以點選的狀態即完成此 fnRecipeGenerator() 副程式。

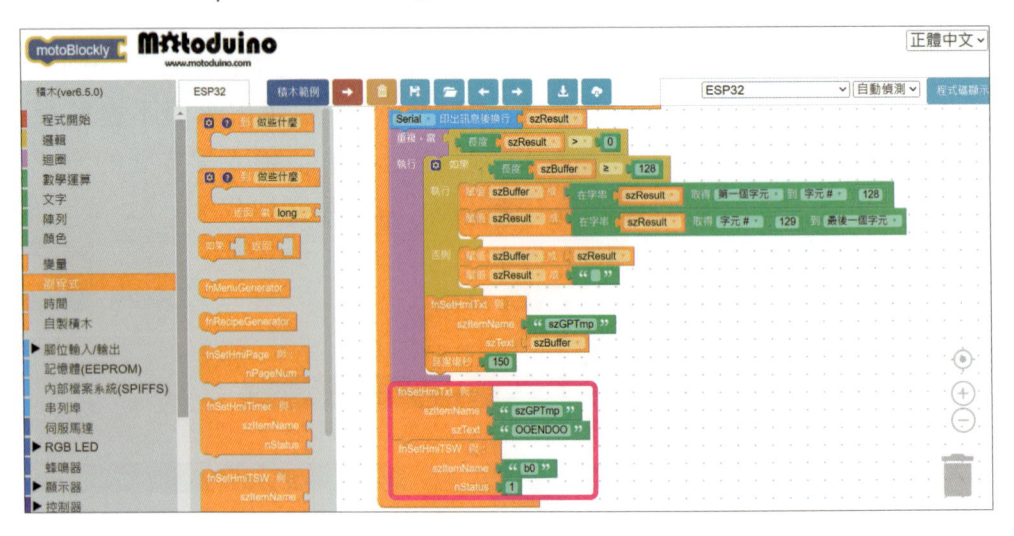

Step 15 完成所有的副程式之後，就可以回到主程式的設定(setup)部分。首先將 ESP32 與電腦端的串列埠 Serial 傳輸率設為 115200 bps(bits per second)，讓 ESP32 與電腦兩端的資訊能夠相互流通。ESP32 與觸控螢幕端的串列埠 Serial2 傳輸率也設為 115200 bps，讓 ESP32 與觸控螢幕兩端的訊息也能互相傳遞。接著在等待觸控螢幕開機的 1000 毫秒(1 秒)後，將觸控螢幕的頁面切回首頁，並將首頁的網路連線狀態文本元件 t0 顯示的內容修改為「網路連線中…」。

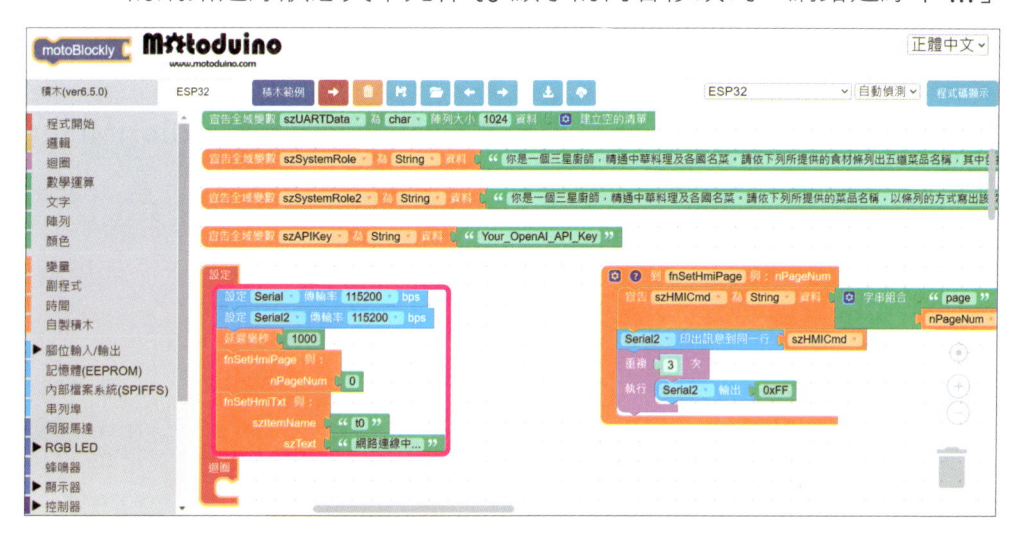

Step 16 如下圖紅框處所示，接下來開始進行 ESP32 網路連線的設定。「Wi-Fi 設定」積木中的「SSID(分享器名稱)」與「Password(密碼)」參數分別為 ESP32 準備連線的路由器或無線網路分享器的名稱與密碼，此處需請讀者依自己實際的環境狀況來進行設定。

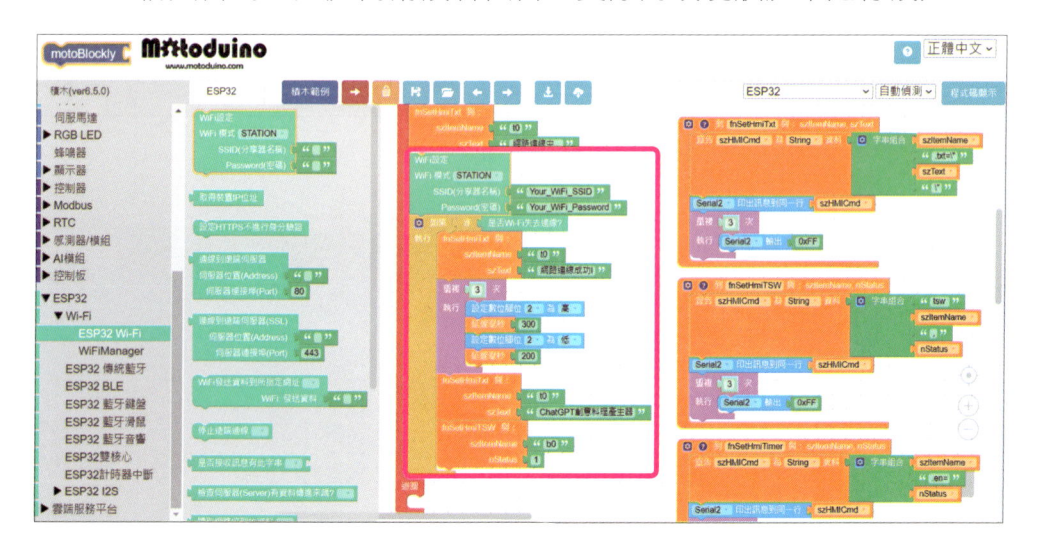

當網路連線成功之後 (程式積木以「非」+「是否 Wi-Fi 失去連線？」兩個雙重否定來表示肯定 (代表網路連線成功))，先將首頁的網路連線狀態 t0 文本元件顯示的內容修改為「網路連線成功！」，並在 ESP32 內建的 G2 腳位 LED 閃爍三次後，再將首頁的網路連線狀態 t0 文本元件顯示的內容修改為「ChatGPT 創意料理產生器」，並呼叫 fnSetHmiTSW() 副程式將首頁的「食材選擇」b0 按鈕恢復成可以點選的狀態。

Step 17 接著開始到迴圈 (loop) 程式積木中不斷呼叫 fnHandleHMISerial() 副程式來偵測是否收到來自於 HMI 觸控螢幕端的訊息。此處是以 fnHandleHMISerial() 副程式所回傳的訊息長度是否大於 0 來判斷。若訊息長度大於 0 即代表觸控螢幕端有訊息傳入，而所傳入的訊息則會被存放在 szUARTData 陣列變數中。

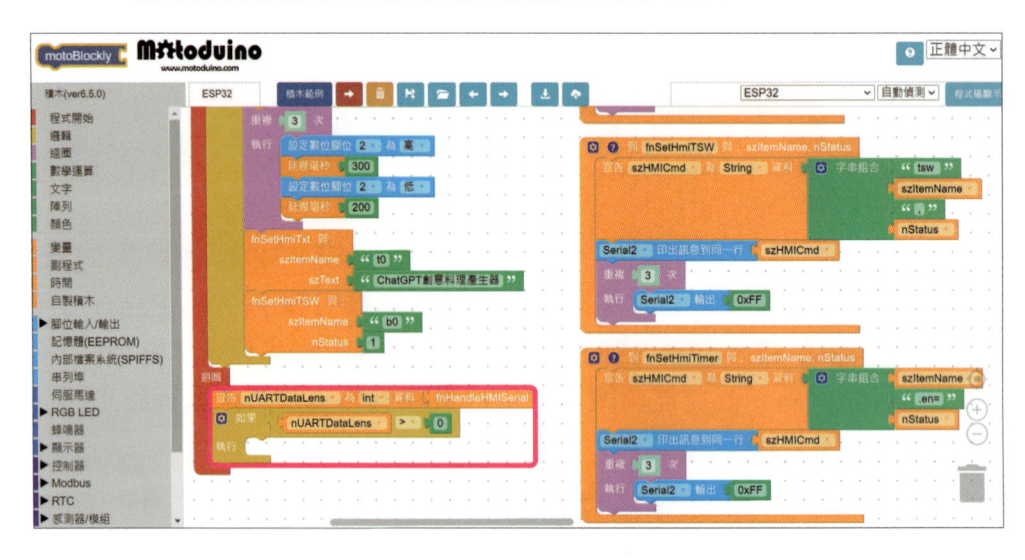

Step 18 從 fnHandleHMISerial() 副程式所取得的 szUARTData 陣列變數中比對前兩個 byte 的內容，若第一個 byte 內容等於 0x51(『Q』的 ASCII 碼)、第二個 byte 內容等於 0x3A(『:』的 ASCII 碼)，即代表目前取得的資訊是由 HMI 觸控面板端所傳送過來的「Q: 食材1、食材2、食材3、…、食材N、」字串，此時需呼叫 fnMenuGenerator() 副程式來請求 ChatGPT 生成四菜一湯的建議菜單。

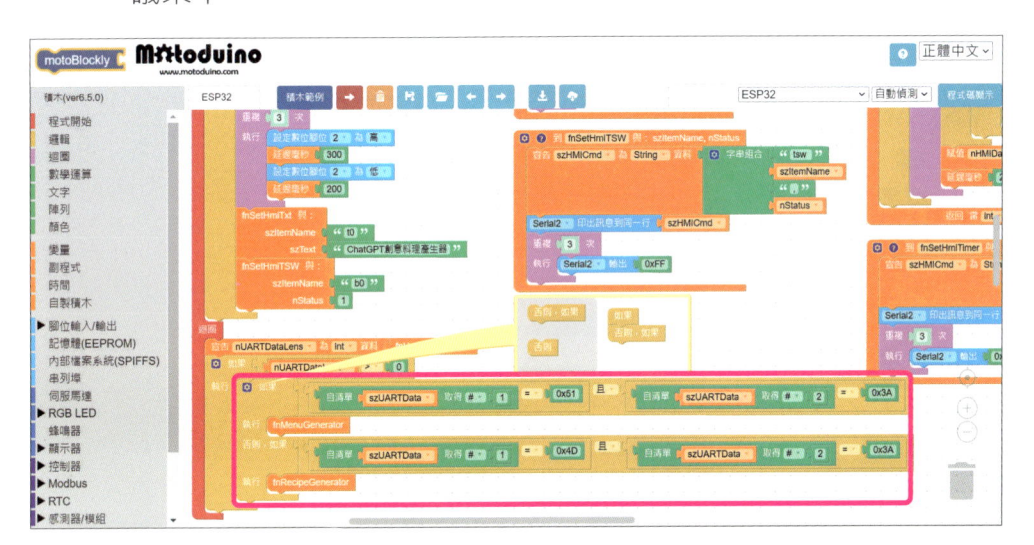

若第一個 byte 內容等於 0x4D(『M』的 ASCII 碼)、第二個 byte 內容等於 0x3A(『:』的 ASCII 碼)，即代表目前取得的資訊是由觸控面板端所傳送過來的「M: 指定菜名」字串，此時需呼叫 fnRecipeGenerator() 副程式來請求 ChatGPT 生成該道料理的食譜料理步驟。

Step 19 完整的「ChatGPT 創意料理產生器」ESP32 端 motoBlockly 程式如下所示。請在紅框處填入自己對應的 Wi-Fi 與 OpenAI 授權碼資訊，如此程式才能正常的運作。

程式名稱：4.motoBlocky-MenuGenerator_Sample-v6.5.0.xml

成果展示 https://youtu.be/glz3tMvL2oA

Chapter 4　課後習題

▍選擇題

_____ 1. 請問下列何者「不是」ChatGPT 創意料理產生器可以提供的功能？
　　　(A) 選擇料理食材　　　(B) 提供料理建議菜單
　　　(C) 提供詳細料理食譜　(D) 以上皆可

_____ 2. 請問在 ChatGPT 創意料理產生器的範例中，其 HMI 觸控螢幕所設定的顯示角度為幾度？
　　　(A)0 度　(B)90 度　(C)180 度　(D)270 度

_____ 3. 請問下列哪一個指令可以修改 HMI 觸控螢幕的音量？
　　　(A)dims　(B)wup　(C)volume　(D)bauds

_____ 4. 請問 HMI 要套用不同聲音檔案時，需先將相關音檔匯入到編輯軟體 USART HMI 的什麼地方？
　　　(A) 圖片　(B) 字庫　(C) 視頻　(D) 音頻

_____ 5. 請問目前 HMI 只支援何種格式的聲音檔案播放？
　　　(A)mp3　(B)mp4　(C)wav　(D)rm

_____ 6. 請問在 ChatGPT 創意料理產生器的範例中，其背景音樂是透過何處播放出來的？
　　　(A)HMI 專用喇叭　　　(B)ESP32 的蜂鳴器
　　　(C)MAX98357A 的喇叭　(D) 以上皆非

_____ 7. 請問「文本元件」中的『txt_maxl』屬性的作用是？
　　　(A) 設定文字的顏色　　(B) 設定顯示文字的字數
　　　(C) 設定文字的尺寸　　(D) 設定文字的字型

_____ 8. 請問「滑動文本元件」的『isbr』屬性如果設定為 " 是 "，意味著？
　　　(A) 文字將被加粗顯示　(B) 文字將自動換行
　　　(C) 將會顯示滾動條　　(D) 允許用戶編輯文本

_____ 9. 請問在 ChatGPT 創意料理產生器的範例中,系統設定了多少個複選框來供用戶選擇食材?
(A)14　(B)24　(C)34　(D)44

_____ 10. 請問若將 HMI 元件的『vscope』屬性設為 " 全局 ",對該元件所代表的意義是什麼?
(A) 僅可在此頁面 (Page) 中操作
(B) 可以跨頁面 (Page) 中操作
(C) 可以跨檔案中操作
(D) 以上皆非

MEMO

Chapter 5

ChatGPT 童話故事產生器

5-1 使用及運作流程

5-2 HMI 觸控螢幕程式介紹

5-3 motoBlockly 程式編輯流程

很多家長在小孩開始識字之後,便會購買許多童話故事書籍來提升小孩的閱讀能力。只是為了不造成小孩子閱讀上的壓力,市面上的故事書通常都只有寥寥的幾頁。若是小孩的閱讀速度比較快,內容較少的童話故事一下就看完了,若要因此不停地花錢購買新書或頻繁地到圖書館借閱,相信對家長而言也是一筆不小的開銷及負擔...

而 ChatGPT 3.x 版本的 AI 模型雖說在回答有標準答案的問題時準確度不高,但其天馬行空想像力以及不被框架束縛的創造力卻非常適合來創作新的童話故事。因此我們可讓使用者透過 HMI 觸控螢幕來指定新故事中所必須包含的元素,再放手讓 ChatGPT 產生對應的原創故事,如此就可以在簡單的操作步驟下來生成無限量的新童話故事了。

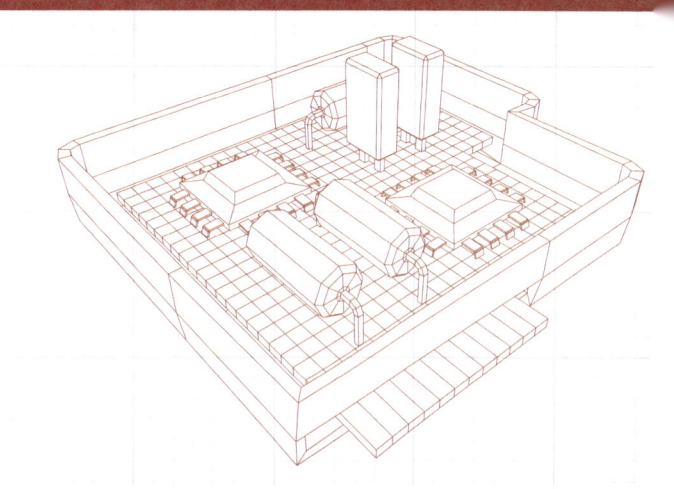

5-1 使用及運作流程

Step 1 當系統上電時，HMI觸控螢幕會出現如下圖右上角「網路連線中…」的畫面，此時觸控螢幕上的「開始編輯」按鈕會暫時失效(可見但無法按下)。一直到ESP32與指定的Wi-Fi無線分享器連線成功、且觸控螢幕上的提示文字從「網路連線成功！」變成「ChatGPT童話故事產生器」之後，便可按下觸控螢幕上的「開始編輯」按鈕來繼續進行下一步。

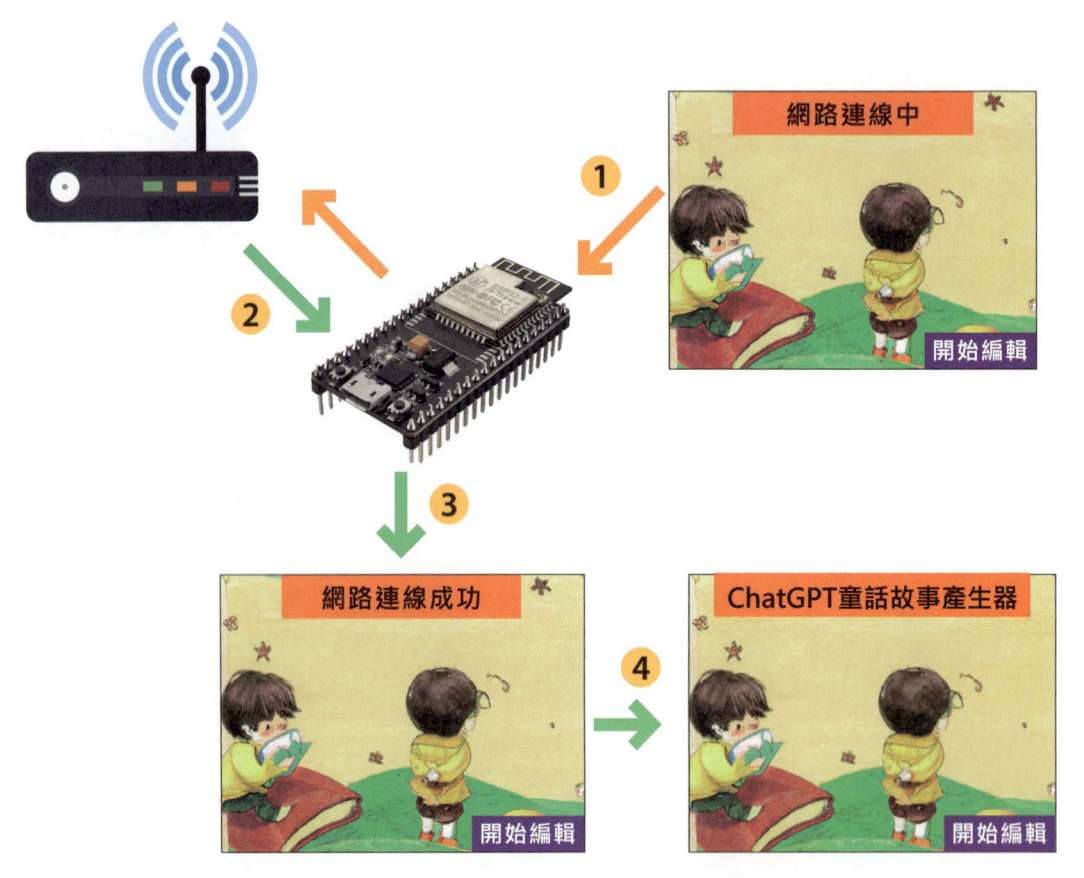

Step 2 如下圖左所示，在觸控螢幕上選擇故事必須的元素(可複選)，完成後再按下觸控螢幕右下角的「故事產生」按鈕，此時ESP32便會將剛剛所選取的故事元素收集起來，並向OpenAI的ChatGPT服務發出請求產生故事的動作。

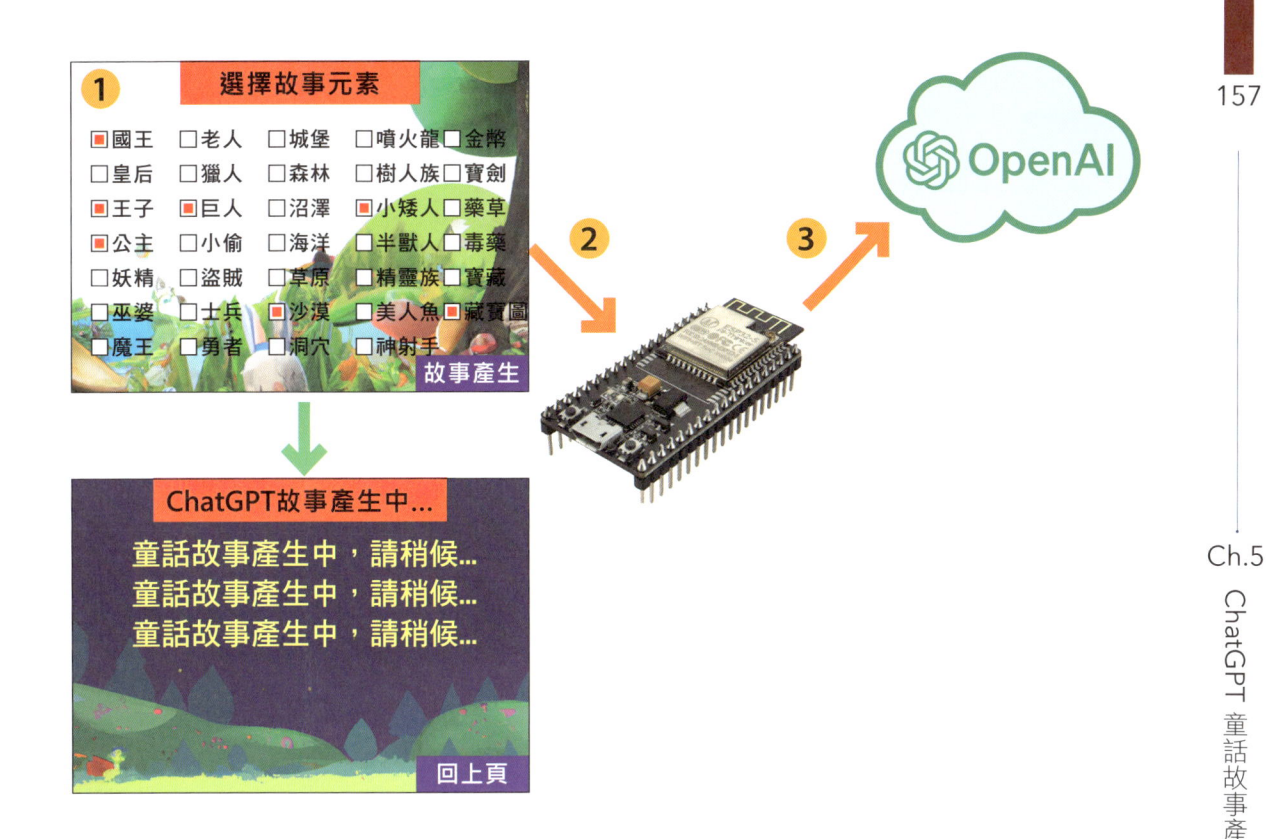

Step 3 最後，當 ChatGPT 產生故事並回覆之後，ESP32 便會將來自於 ChatGPT 回覆的文字訊息顯示在 HMI 觸控螢幕上。若 ChatGPT 回覆訊息的內容較多時，使用者也可以拖曳螢幕畫面來觀看排列在下方的其他文字訊息。最後使用者還可以利用螢幕上「語音播放」的按鈕將產生的故事內容以語音的方式播放出來。

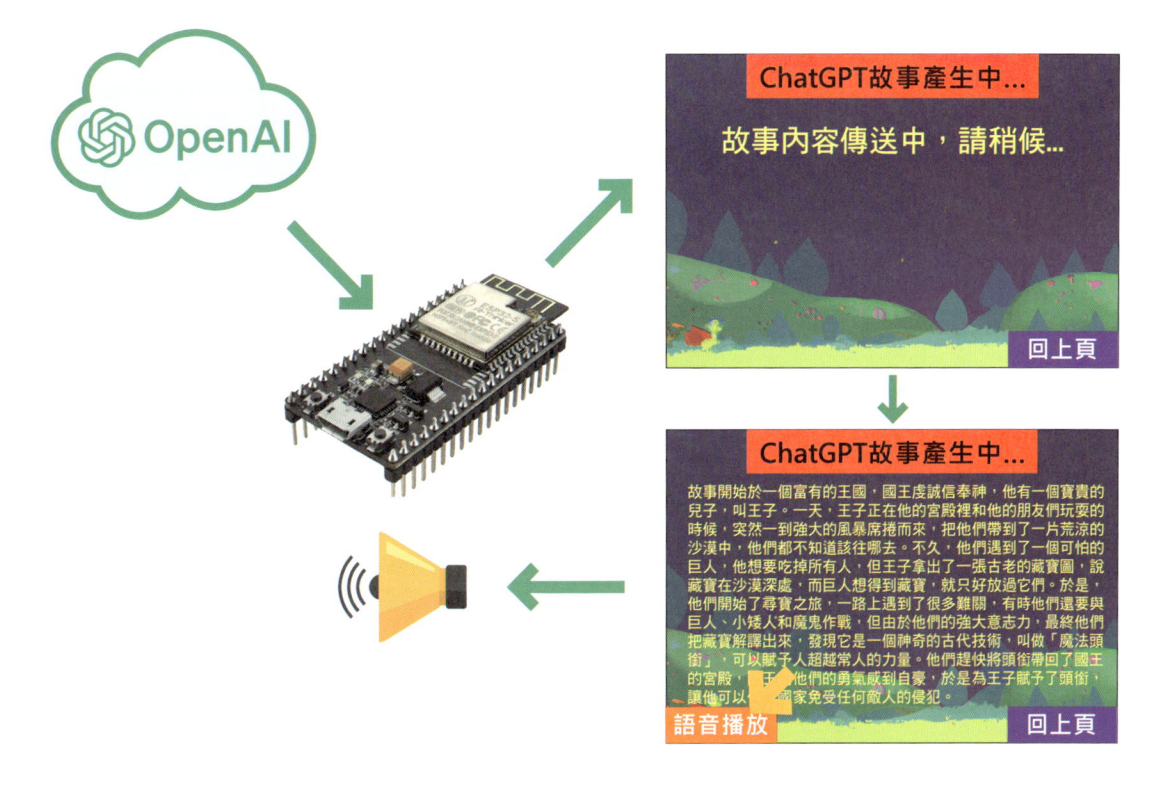

5-2 HMI 觸控螢幕程式介紹

當使用 ESP32 搭配 HMI 觸控螢幕來製作專題、且該系統又要提供比較複雜的服務時，通常在 ESP32 以及觸控螢幕端均需編寫各自的對應程式碼。而 ChatGPT 童話故事產生器也是屬於運作相對複雜的系統，因此本節會先來解析 HMI 觸控螢幕端的程式與相關的設定，讓讀者除了可以藉此更了解本系統的運作方式之外，也能熟悉 HMI 觸控螢幕的設定與程式編寫的模式。

Step 1 首先開啟之前已在電腦安裝的觸控螢幕程式編輯軟體 USART HMI，並依如下圖的操作步驟來新增建立一個新的專案。

(本範例將專案名稱設定為 X5-StoryGenerator_0.HMI，其命名規則為：「X5」為觸控螢幕的型號，接下來的「StoryGenerator」則是此系統提供的服務功能，而最後的「0」則為觸控螢幕顯示的角度。此專案名稱可支援中英文，讀者可依自己喜好及需求來進行命名。另外命名規則為筆者個人的習慣，讀者不一定要遵循之。)

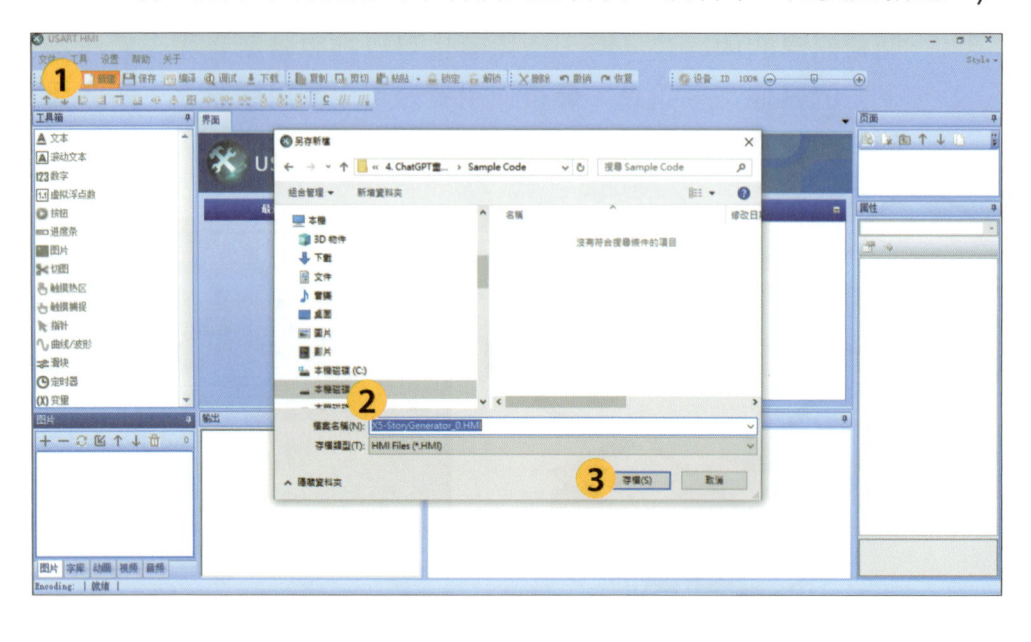

Step 2 接著需選擇觸控螢幕的對應型號(Model)，以利此 HMI 編輯軟體產生出對應觸控螢幕大小的畫面。由於本書使用的觸控螢幕是解析度為 800x480 的 X5 型號 5 吋螢幕，因此此處請務必選取「TJC8048X550_11」這個選項。

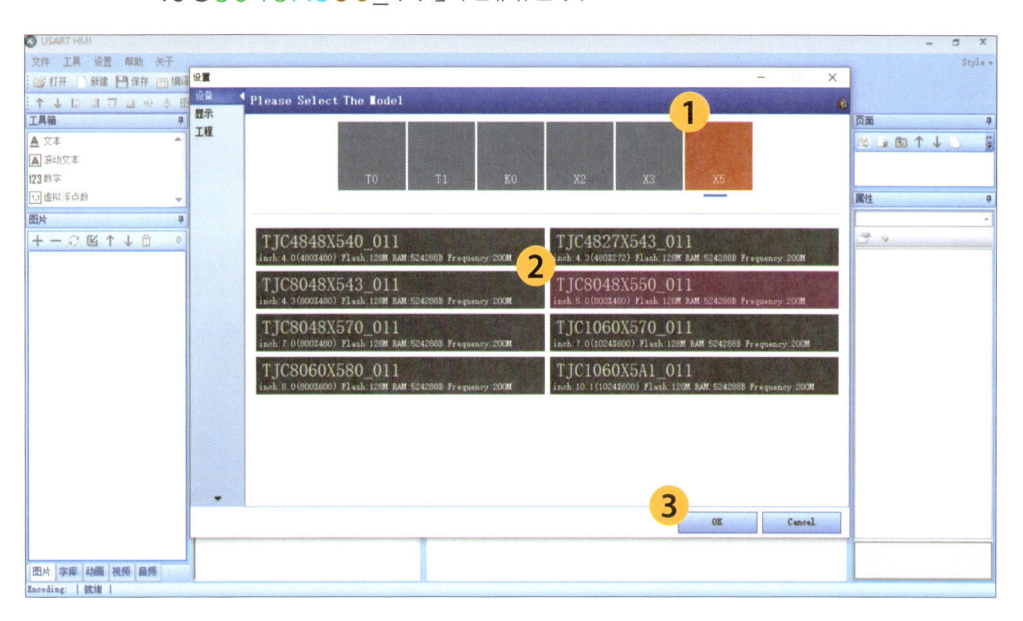

Step 3 為了方便 microSD 卡的插拔，ChatGPT 童話故事產生器組裝時是將 HMI 觸控螢幕的 microSD 插槽朝上，因此如下圖右所示設定頁的「顯示方向」請務必選擇『0 橫屏』的選項 (若選擇『180 橫屏』選項，便會以 180 度顛倒的畫面來顯示)。另外由於之後準備匯入的中文字庫是以 UTF-8 編碼的方式來生成，故此設定頁的「字符編碼」處也務必選擇『utf-8』的選項。

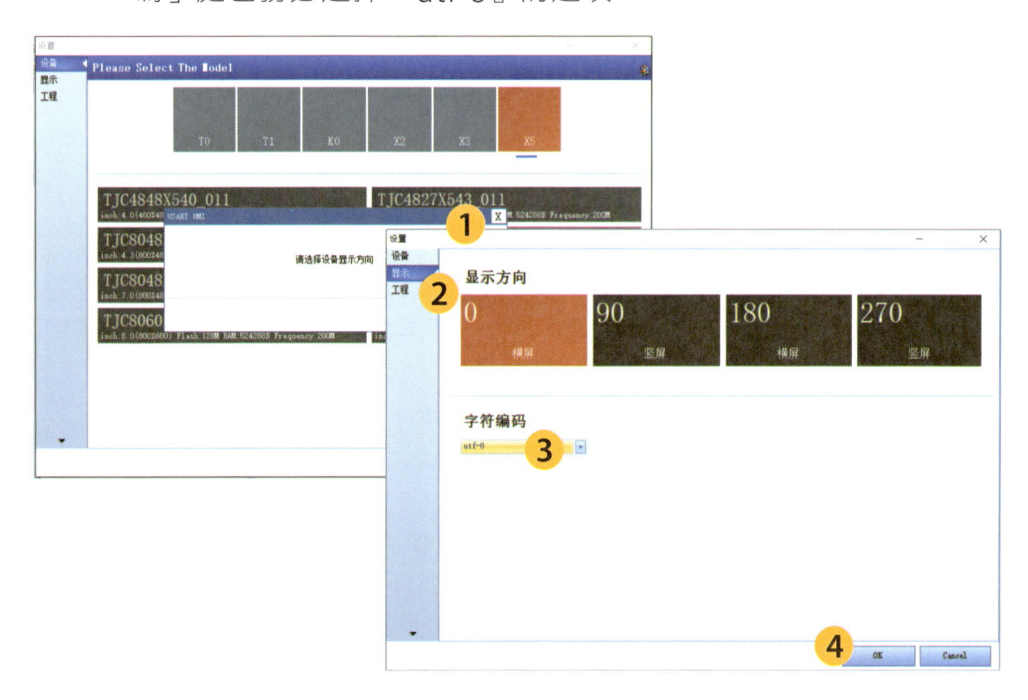

Step 4 當看到如下的畫面時,即代表新的 HMI 專案已順利建立完成。

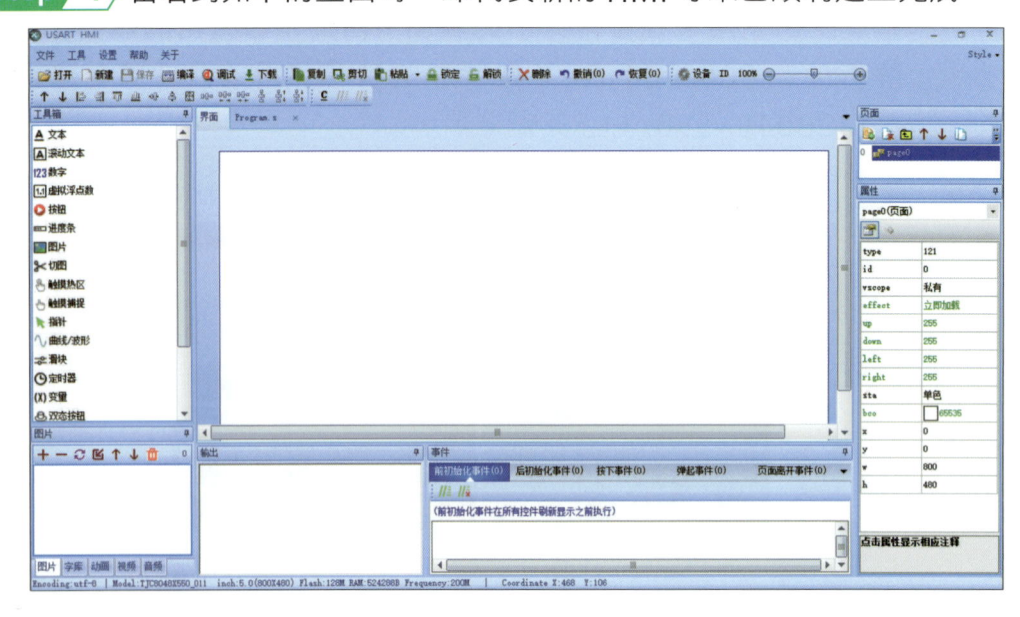

Step 5 接著在如下圖所示的「Program.s」頁面中進行觸控螢幕的初始化設定與全域變數的宣告。其中包含三個 int 整數型態的全域變數:sys0 是通用的暫存變數、nCheckCnt 是使用者勾選故事元素的總數量,而 nShift 則是複選框 (Check Box) 與對應文字 (文本) 元件之間的 ID 差值。接下來**第三行的「bauds=115200」是設定觸控螢幕與 ESP32 之間資料往來的傳輸速率,本例設為 115200 bps(bits per second),ESP32 端所設定的傳輸速率也必須和此處設定的相同,如此雙方才能正確地互相傳遞訊息。**

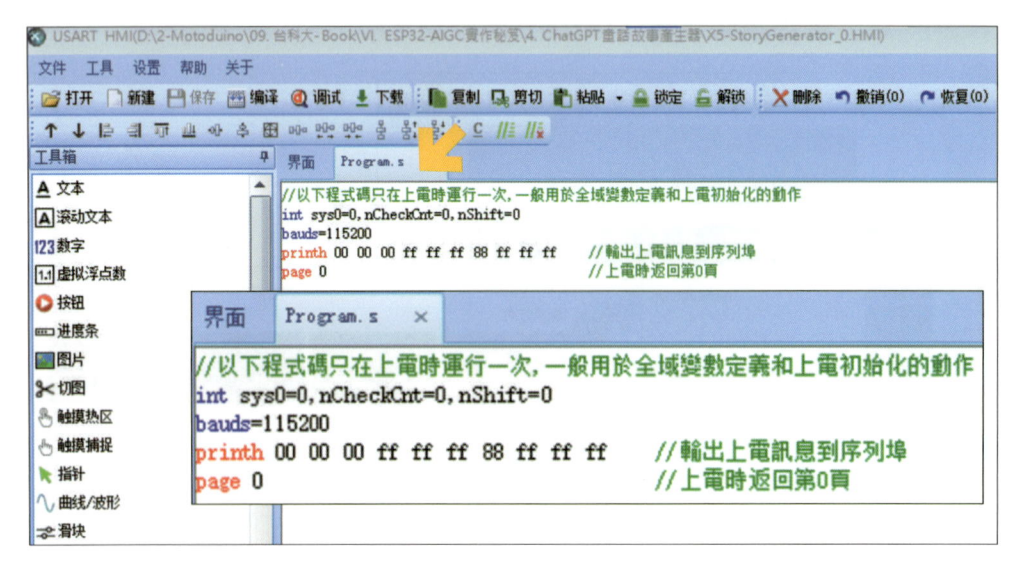

第四行的「printh 00 00 00 ff ff ff 88 ff ff ff」則是當 HM 觸控螢幕通電後,預設會傳送給 ESP32 的訊息,本系統雖然不會用到但仍

將其保留。第五行的「page 0」則是當觸控螢幕每次重新通電後，便會將觸控螢幕的顯示畫面跳回此系統的首頁。

Step 6 請依下圖步驟所示，在左下角的「圖片」選項中點選「+」按鈕來匯入 ChatGPT 童話故事產生器三張配合 HMI 螢幕大小、解析度均為 800x480 的 HMI 觸控螢幕背景圖片備用。

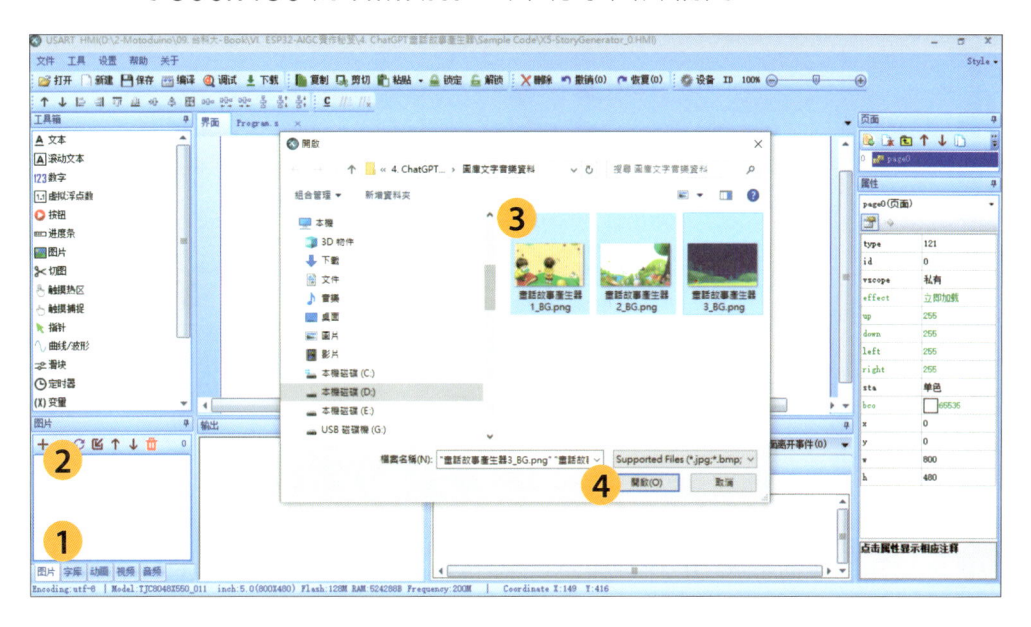

Step 7 請依下圖步驟所示，在左下角的「字庫」選項中點選「+」按鈕來匯入 ChatGPT 童話故事產生器三個字型同為微軟正黑字體、但字型大小不同 (依序分別為 32、48、56) 的字庫檔案備用。目前提供的字庫檔案內各約有 6510 個文字，若有文字無法顯示的狀況發生時，讀者可再自行將新的文字加入字庫內容中。

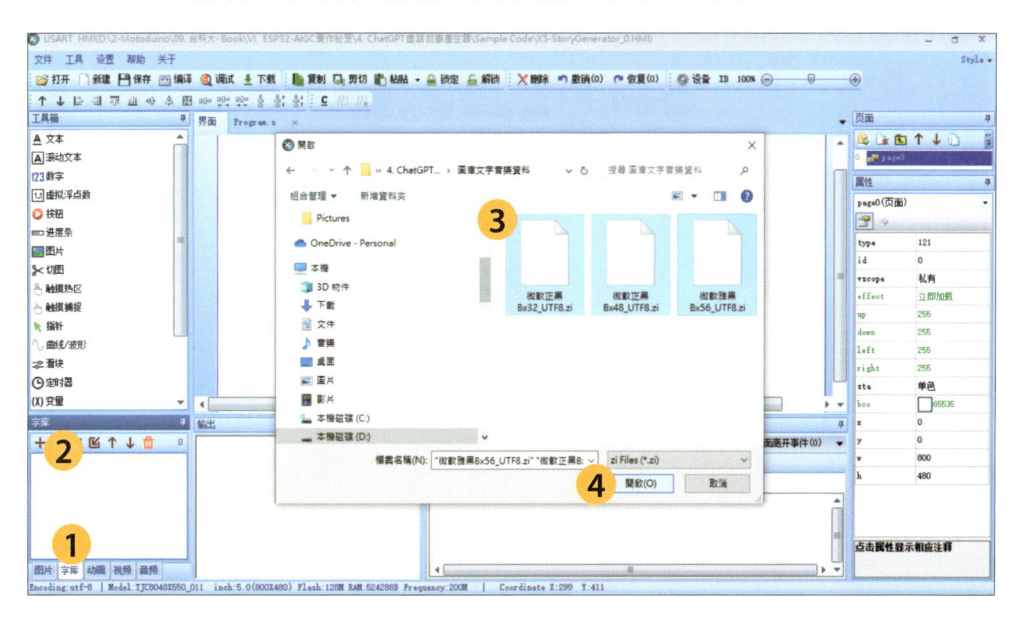

Step 8 如下圖所示，先點選右上角的「page0」選項，接著將本 Page 的「sta」屬性從原本的『單色』改為『圖片』，再點選「pic」選項並選取從步驟 6 所匯入的第一張圖片 (ID: 0) 作為 ChatGPT 童話故事產生器首頁 (page0) 的背景圖片。

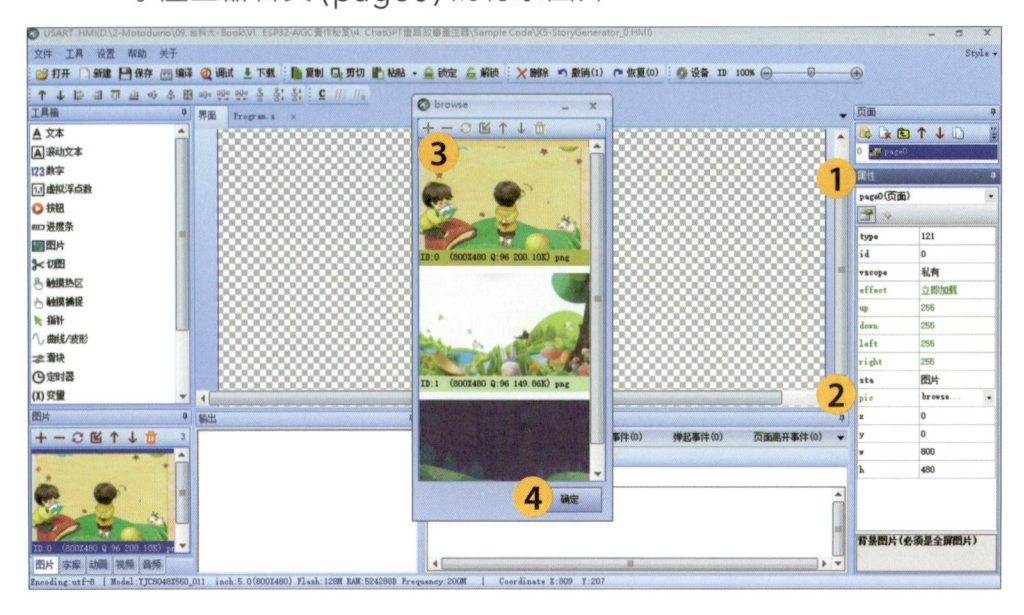

Step 9 如下圖紅框處所示，加入一個可以顯示目前系統連網狀態的文本元件。其中該文本的屬性為 ~ font (對應字庫)：2(字高 56 微軟正黑粗體)，bco (背景顏色)：64512(橘色)，pco (字體顏色)：0(黑色)，txt_maxl (最大字數)：100，txt (顯示文字)：「ChatGPT 童話故事產生器」，x (X 軸座標)：140，y (Y 軸座標)：0，w (元件寬度)：500，h (元件高度)：65。

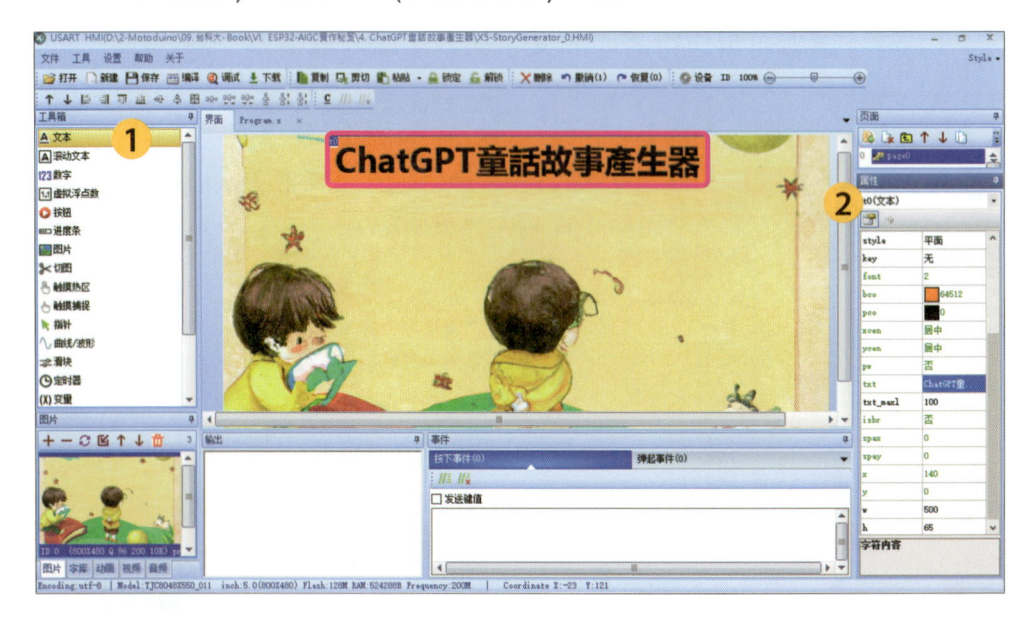

Step 10 如下圖紅框處所示，加入可以切換至下一頁畫面的「開始編輯」按鈕。其中該按鈕的屬性為～font (對應字庫)：1(字高 48 微軟正黑粗體)，bco (平時背景顏色)：32799(藍色)，bco 2(按下時背景顏色)：1024(綠色)，pco & pco2 (字體顏色)：65535(白色)，txt_maxl (最大字數)：100，txt (顯示文字)：「開始編輯」，x (X 軸座標)：640，y (Y 軸座標)：430，w (元件寬度)：160，h (元件高度)：50。

在「彈起事件」中輸入「page 1」程式碼，讓此按鈕被按下鬆開時，將本系統的螢幕畫面跳至下一頁 (page1)。

Step 11 在首頁 (page0) 的「前初始化事件」中加入『tsw b0,0』程式碼，讓「開始編輯」按鈕一開始是可見但無法被按下的狀態，需等待此系統網路連線成功後，方可致能來等待被按下。

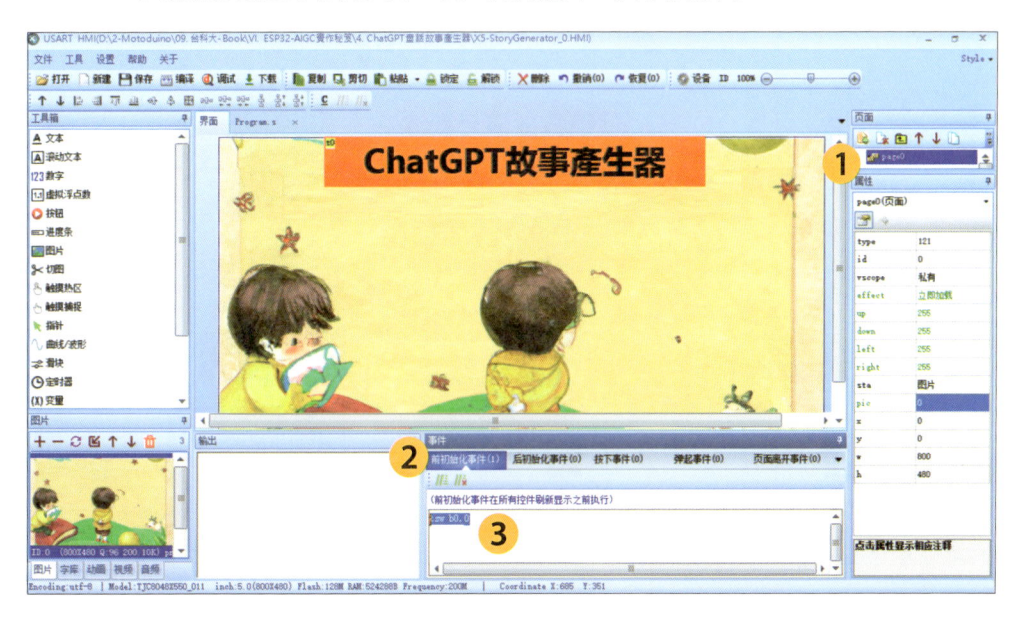

Step 12 如下圖步驟所示，點選右上角新增頁面按鈕來加入第二個頁面「page1」(故事元素勾選頁)，接著將本 Page 的「sta」屬性從原本的『單色』改為『圖片』後，再點選屬性「pic」並選取從步驟 6 所匯入的第二張圖片 (ID: 1) 作為 ChatGPT 童話故事產生器第二個頁面 (page1) 的背景圖片。

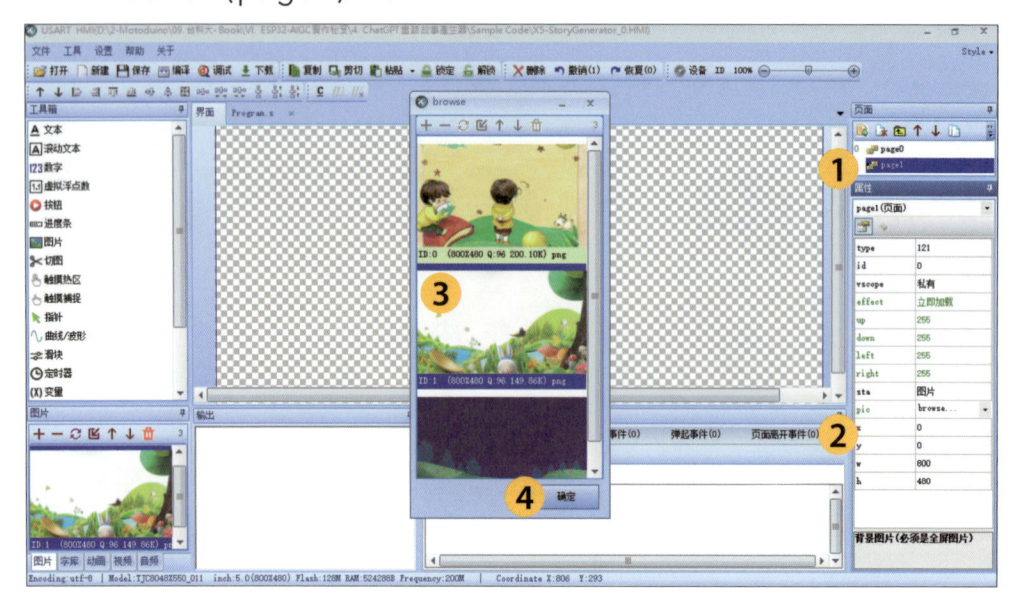

Step 13 如下圖紅框處所示，加入一個可以顯示此頁面功能的文本元件。其中該文本的屬性為～font (對應字庫)：1(字高 48 微軟正黑粗體)，bco (背景顏色)：63488(紅色)，pco (字體顏色)：0(黑色)，txt_maxl (最大字數)：100，txt (顯示文字)：「選擇故事元素」，x (X 軸座標)：240，y (Y 軸座標)：0，w (元件寬度)：300，h (元件高度)：45。

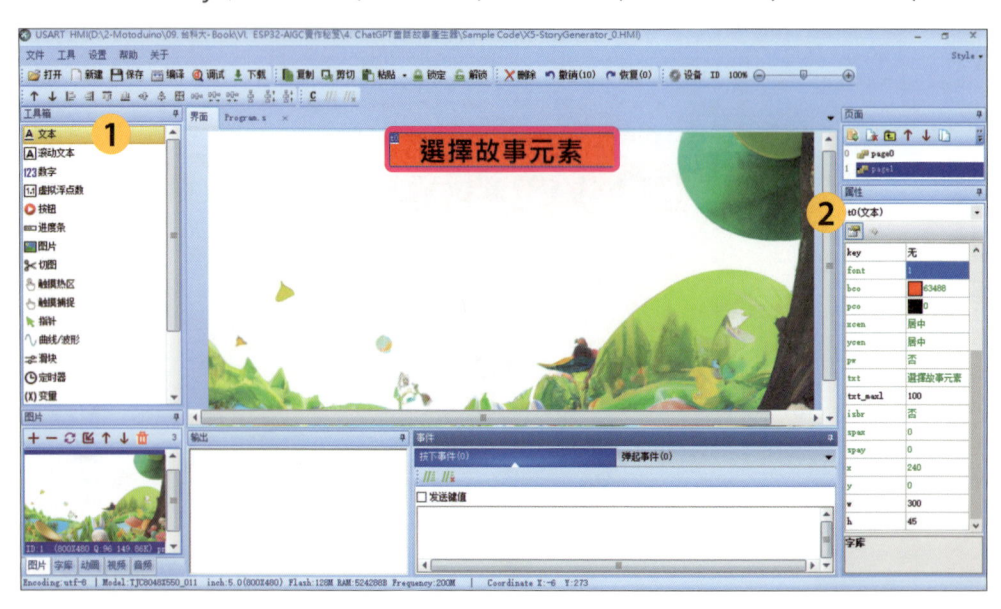

Step 14 如下圖步驟所示，加入多個可以勾選的複選框選項。其中複選框的屬性為 ~ vscope (應用區域)：全局 (螢幕切換至其他頁面時，勾選內容仍會保留)，bco (未勾選時顏色)：65535(白色)，pco (被勾選時顏色)：63488(紅色)。val (預設狀態)：0(不勾選)。x：第一列為 10、第二列為 165、第三列為 320… 每列間隔 155、以此類推，y：第一行為 60、第二行為 120、第三行為 180… 每行間隔 60、以此類推，w (元件寬度)：30，h (元件高度)：30。複選框共需 34 個，**請由上而下、由左而右來依序建立**。

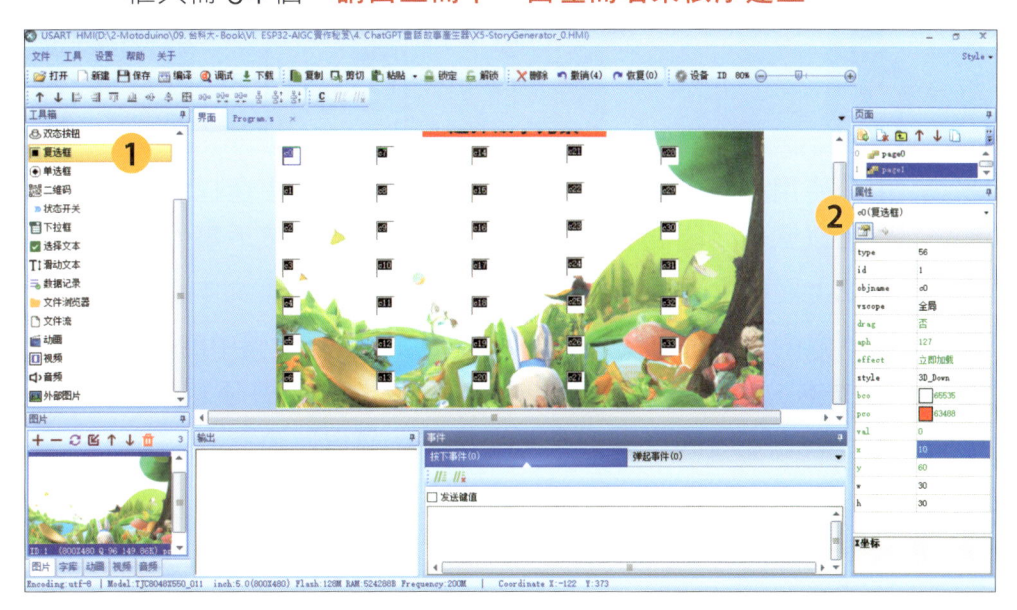

Step 15 如下圖步驟所示，加入對應複選框選項的故事元素文本元件。其中文本元件的屬性為 ~ vscope (應用區域)：私有，font (對應字庫)：1(字高 48 微軟正黑粗體)，pco (字體顏色)：0(黑色)，xcen：靠左，ycen：居中，txt_maxl (最大字數)：50，txt：｛各式故事元素｝。x (X 軸座標)：第一列為 45、第二列為 200、第三列為 355… 每列間隔 155、以此類推，y (Y 軸座標)：第一行為 50、第二行為 110、第三行為 170… 每行間隔 60、以此類推，w (元件寬度)：120，h (元件高度)：50。和複選框一樣，元素文本共需 34 個，**文本建立順序請務必與複選框的建立順序相同 (由上而下、由左而右)**，如此便有利後續的文本內容收集程序。

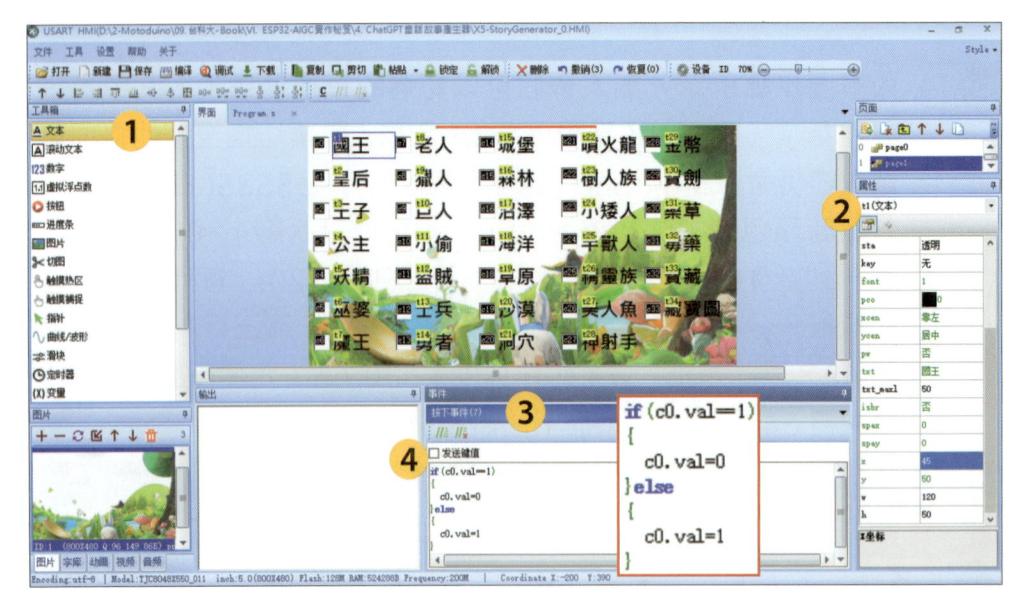

由於使用者在選擇故事元素時，不論是點選複選框或元素文本都需要加以回應。因此在每個故事元素文本的「按下事件」中，均需加入如上圖 4 所示的程式碼，讓使用者點選元素文本時，複選框也能有對應的「勾選」或「取消勾選」動作。程式碼中的 c0 複選框對應 t1 文本、c1 複選框對應 t2 文本、c2 複選框對應 t3 文本 ... 直到最後一個的 c33 複選框對應 t34 文本。請以此類推之。

Step 16 如下圖所示，加入兩個字串型態的變數：屬性中的「objname」分別是串接所有被勾選的故事元素文本內容的 szSymptoms，以及結合「Q:」字首與 szSymptoms 變數內容的 szQuestion。兩個變數的其他屬性均為 ~ vscope (應用區域)：私有，sta(變數型態)：字符串，txt：無，txt_maxl (最大字數)：1024。由於變數為不可視元件，因此不會出現在 HMI 觸控螢幕的預覽畫面中。

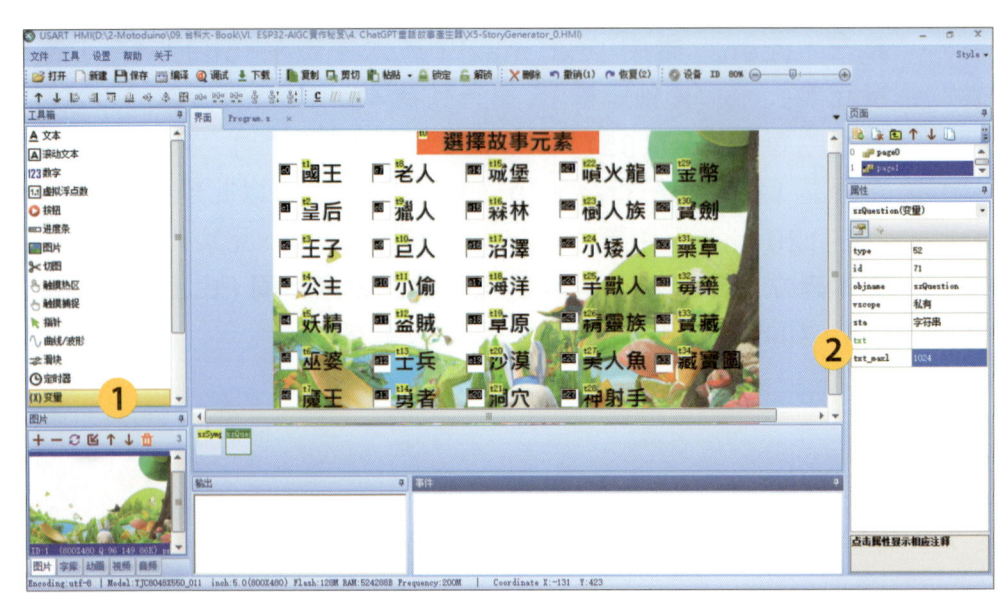

Step 17 如下圖紅框所示，加入一個傳送故事元素內容的「故事產生」按鈕。其中該按鈕的屬性為～font (對應字庫)：1(字高 48 微軟正黑粗體)，bco (平時背景顏色)：32799(藍色)，bco 2(按下時背景顏色)：1024(綠色)，pco & pco2 (字體顏色)：65535(白色)，txt_maxl (最大字數)：100，txt (顯示文字)：「故事產生」，x (X軸座標)：640，y (Y軸座標)：430，w (元件寬度)：160，h (元件高度)：50。

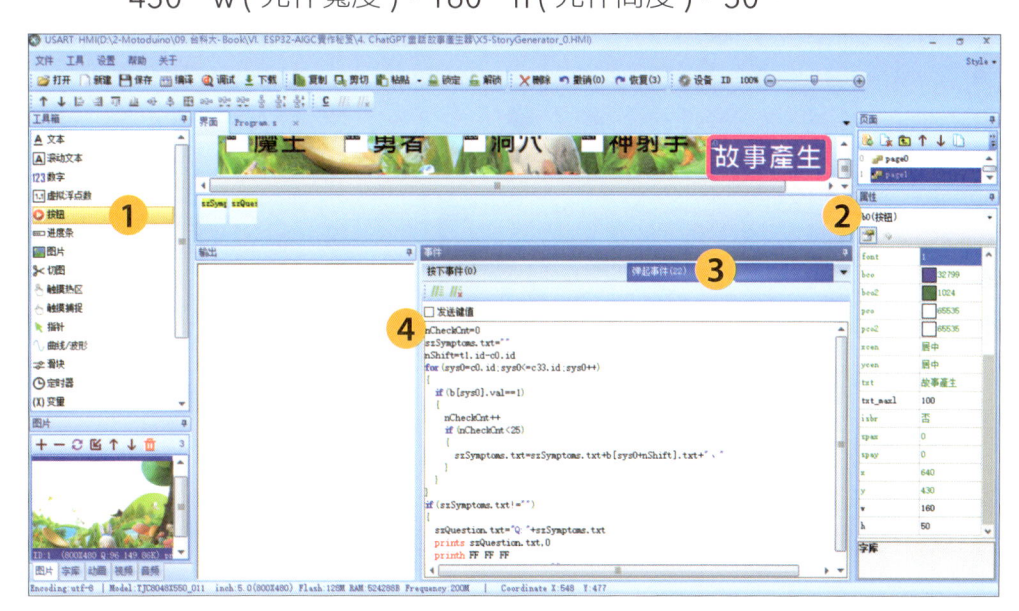

如上圖 ④ 所示，編寫按下「故事產生」按鈕的「彈起事件」程式碼。其中：

A. b[元件id] 即可代表某元件。

B. prints att,length 將指定變數從序列埠輸出。att 為變數，length 為變數長度。(若設為 0 即代表輸入變數的長度)

C. printh hex1 hex2 hex3 … 將16進制的資料從序列埠(UART)輸出。

```
nCheckCnt=0
szSymptoms.txt=""          //將szSymptoms字串變量的內容(txt)清空
nShift=t1.id-c0.id         //算出第一個故事元素文本(t1)與第一個複選框(c0)兩者id的差值

//開始檢查所有複選框的狀態。若被勾選，便將所對應的故事元素文本文字內容(txt)串接到szSymptoms字串變量中
for(sys0=c0.id;sys0<=c33.id;sys0++)
{
  //如果該複選框有被勾選
  if(b[sys0].val==1)
  {
    nCheckCnt++
    if(nCheckCnt<25)
    {
      //若勾選的故事元素數量仍不足25個時，將對應的故事元素文本文字內容(txt)串接到szSymptoms字串變量中
      //若勾選超過25個故事元素，後續勾選的故事元素便不再串接到szSymptoms字串變量中
      szSymptoms.txt=szSymptoms.txt+b[sys0+nShift].txt+"、"
      //szSymptoms字串變量的內容會以如下的方式來串接累加："元素1、元素2、元素3、...、元素N、"
    }
  }
}
//如果szSymptoms字串變量內有文字內容(即當至少有一個故事元素複選框被勾選時)
if(szSymptoms.txt!="")
{
  //將szQuestion字串變量的內容(txt)設為"Q:元素1、元素2、元素3、...、元素N、"
  szQuestion.txt="Q:"+szSymptoms.txt

  prints szQuestion.txt,0    //將szQuestion字串變量的內容傳送給ESP32
  printh FF FF FF            //傳送三個0xFF給ESP32，代表資料傳送已結束

  page2.szChatGPTAns.txt=""  //將顯示童話故事內容頁面中的字串變量szChatGPTAns內容(txt)清空
  page 2                     //觸控螢幕切換到下一頁(page2)顯示童話故事內容的頁面
}
```

Step 18 如下圖步驟所示，點選右上角新增頁面按鈕來加入第三個頁面「page2」(ChatGPT 童話故事顯示頁)。接著將此 Page 的「sta」屬性從原本的『單色』改為『圖片』後，再點選「pic」屬性並選取從步驟 6 所匯入的第三張圖片 (ID: 2) 作為 ChatGPT 童話故事產生器的第三個頁面 (page2) 背景圖片。

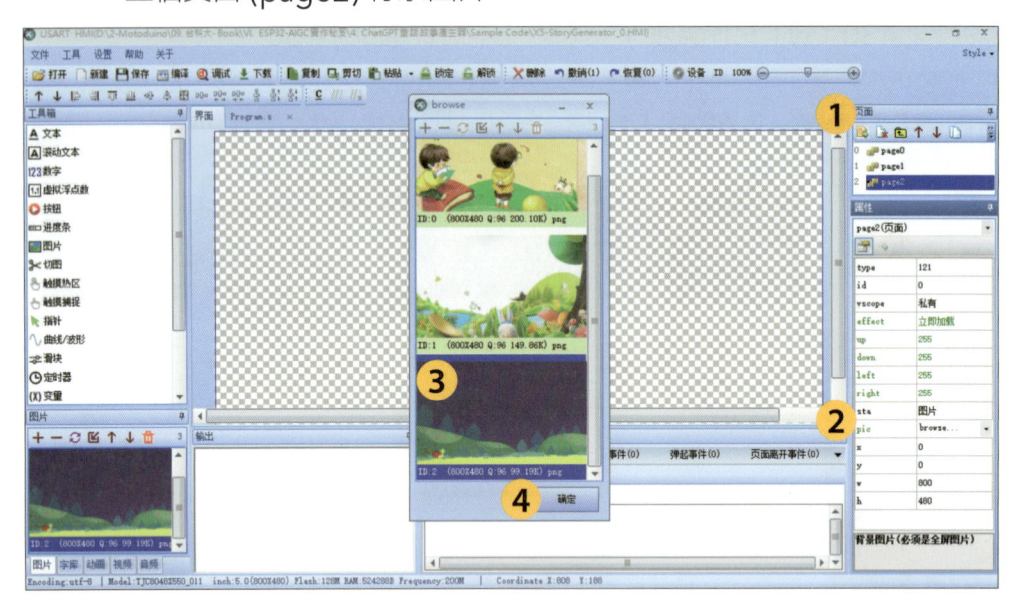

Step 19 如下圖紅框處所示，加入一個可以顯示目前等待 ChatGPT 處理狀態的文本元件。該文本的屬性為～font (對應字庫)：1(字高 48 微軟正黑粗體)，bco (背景顏色)：63488(紅色)，pco (字體顏色)：0(黑色)。txt (顯示文字)：「童話故事產生中...」，txt_maxl (最大字數)：100。x (X 軸座標)：200，y (Y 軸座標)：0，w (元件寬度)：400，h (元件高度)：45。

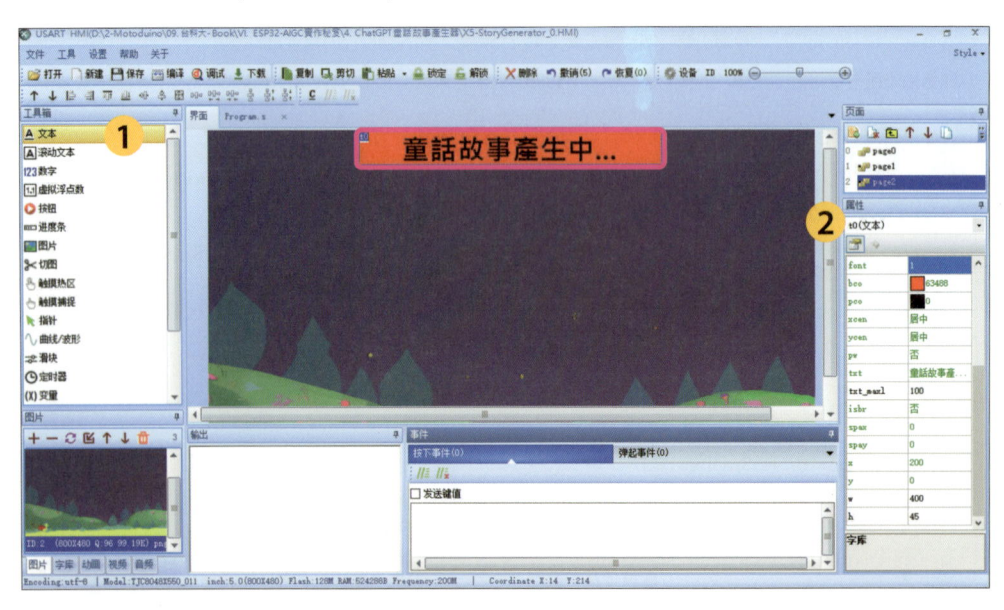

Step 20 如下圖紅框處所示，加入一個可返回故事元素勾選頁面的「回上頁」按鈕。其中該按鈕的屬性為 ~ font (對應字庫)：1(字高 48 微軟正黑粗體)，bco (平時背景顏色)：32799(藍色)，bco 2(按下時背景顏色)：1024(綠色)，pco & pco2 (字體顏色)：65535(白色)。txt (顯示文字)：「回上頁」，txt_maxl (最大字數)：100。x (X 軸座標)：640，y (Y 軸座標)：430，w (元件寬度)：160，h (元件高度)：50。

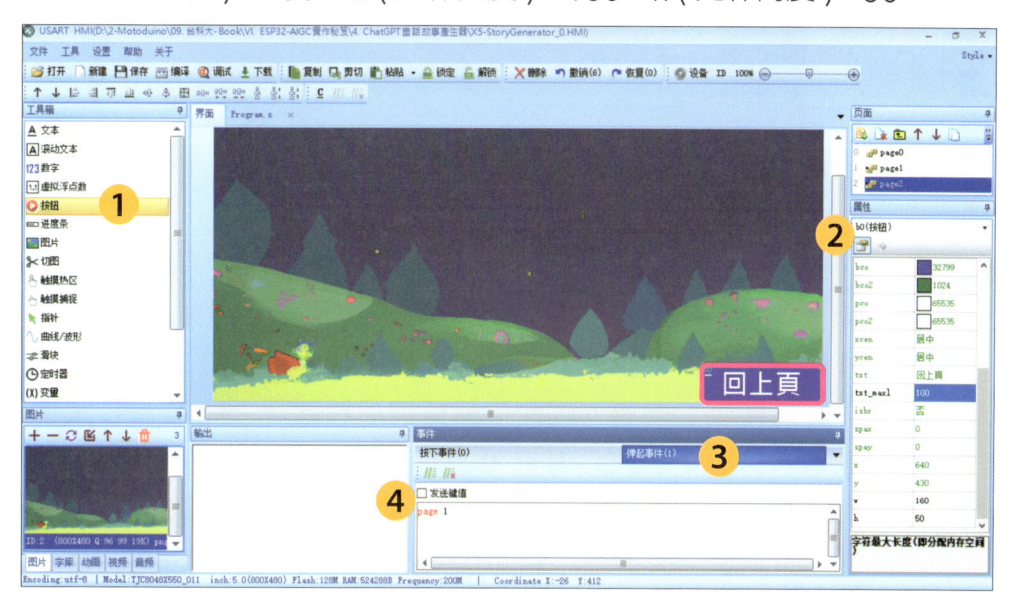

另外請在此按鈕的「彈起事件」中加入如上圖 4 所示的「page 1」程式碼，讓此按鈕被按下鬆開時，將 HMI 觸控螢幕畫面跳回上一頁 (page1) 的故事元素勾選頁面。

Step 21 如下圖紅框處所示，加入一個可觸發語音播放 ChatGPT 故事內容的「語音播放」按鈕。該按鈕的屬性為 ~ font (對應字庫)：1(字高 48 微軟正黑粗體)，bco (平時背景顏色)：64512(橘色)，bco 2(按下時背景顏色)：1024(綠色)，pco & pco2 (字體顏色)：65535(白色)。txt (顯示文字)：「語音播放」，txt_maxl (最大字數)：100。x (X 軸座標)：0，y (Y 軸座標)：430，w (元件寬度)：160，h (元件高度)：50。

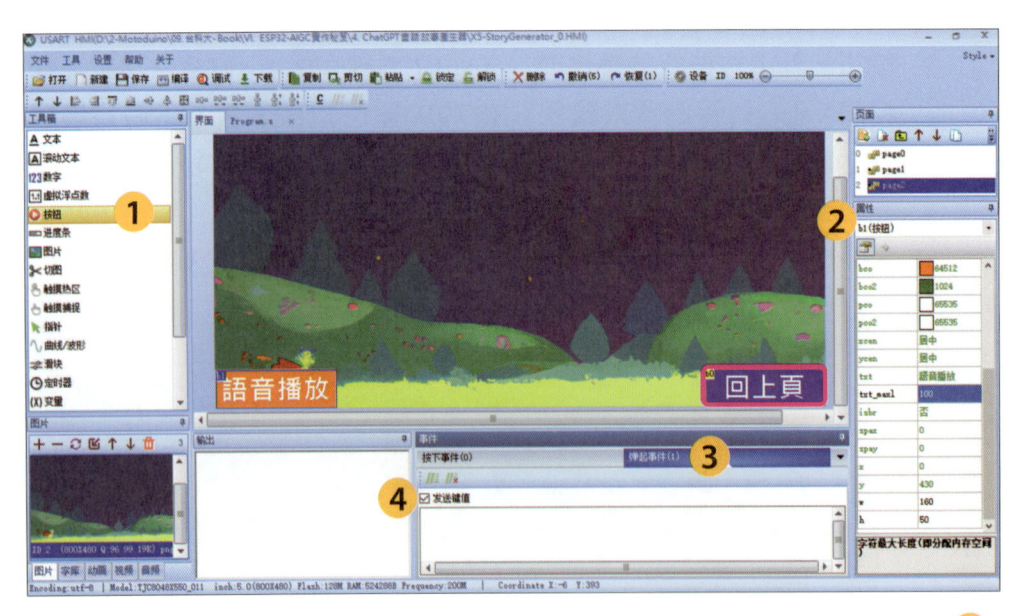

另外請在此「語音播放」按鈕的「彈起事件」中勾選如上圖 ④ 所示的「發送鍵值」選項，讓此按鈕被按下鬆開時，HMI 觸控螢幕會自動送出「65 02 08 00 ff ff ff」的 16 進制資料串。而當 ESP32 接收到此串資料串時，便可開始將 ChatGPT 所產生的故事文字內容轉成語音並播放出來。也因此在 ESP32 端的程式也要有相對可以接應並判別上述觸控螢幕所輸出的 16 進制資料串的能力。

Step 22 如下圖所示，加入可以顯示大量文字的滑動文本元件。其中該滑動文本的屬性為 ～ font (對應字庫)：0(字高 32 微軟正黑粗體)，pco (字體顏色)：65520(配合深藍色的背景，此處使用淺黃色調，讀者可依自己的背景圖片顏色調整之)，txt (顯示文字)：無，txt_maxl (最大字長)：3072。isbr (是否自動換行)：是 (文字超過邊界會自動換行)，x (X 軸座標)：20，y (Y 軸座標)：50，w (元件寬度)：760，h (元件高度)：395。

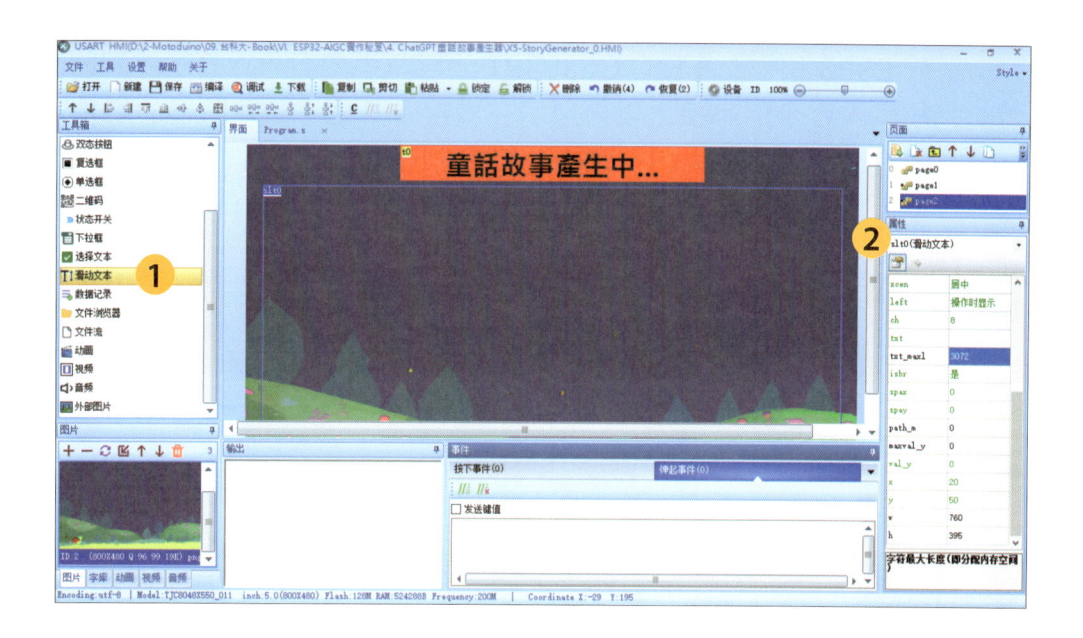

Step 23 如下圖所示，加入兩個字串型態的變數。第一個是用來暫存由 ESP32 傳送過來的 ChatGPT 故事分段內容的 szGPTmp。該變數的屬性為 ~ vscope (應用區域)：私有。sta (變數型態)：字符串，txt (預設內容)：無，txt_maxl (允許最大字數)：128。

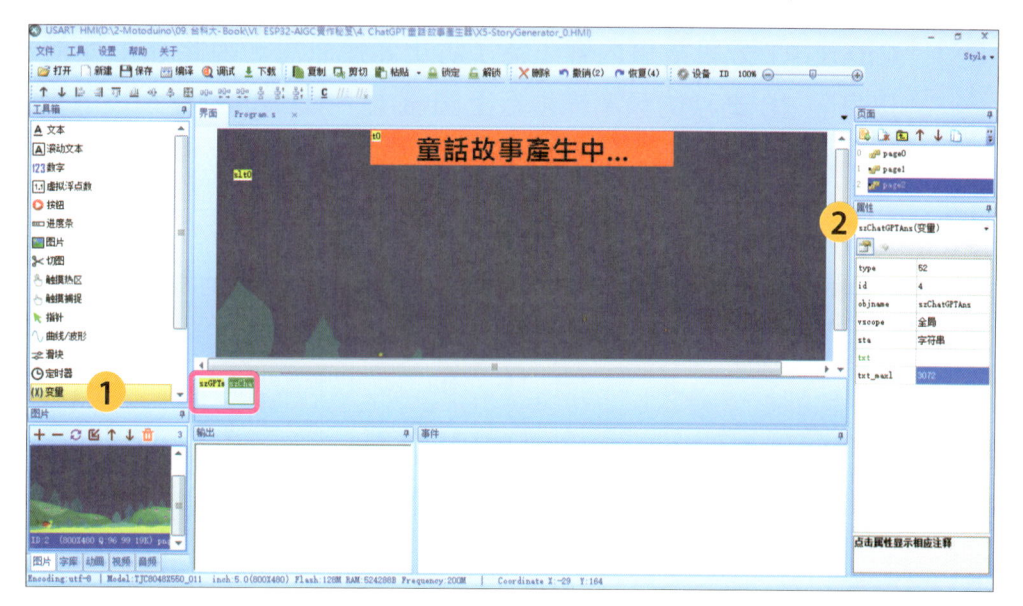

另一個字串變數則是用來存放串接 szGPTmp 故事分段內容的 szChatGPTAns。其中變數的屬性為 ~ vscope (應用區域)：全局 (螢幕切換至其他頁面時，內容仍會保留)。sta (變數型態)：字符串，txt (預設內容)：無，txt_maxl (允許最大字數)：3072。

Step 24 如下圖所示，加入定時器的變數：定時器 tm0 是用來定時接收來自於 ESP32 傳送過來的 ChatGPT 分段故事內容，並將所收到的分段故事內容全部串接之後再顯示在觸控螢幕上。該定時器的屬性為 ～ vscope (應用區域)：私有 (僅限於此頁面)。tim (定時執行時間，單位為 ms 毫秒)：50，en (預設狀態)：1(啟動)。

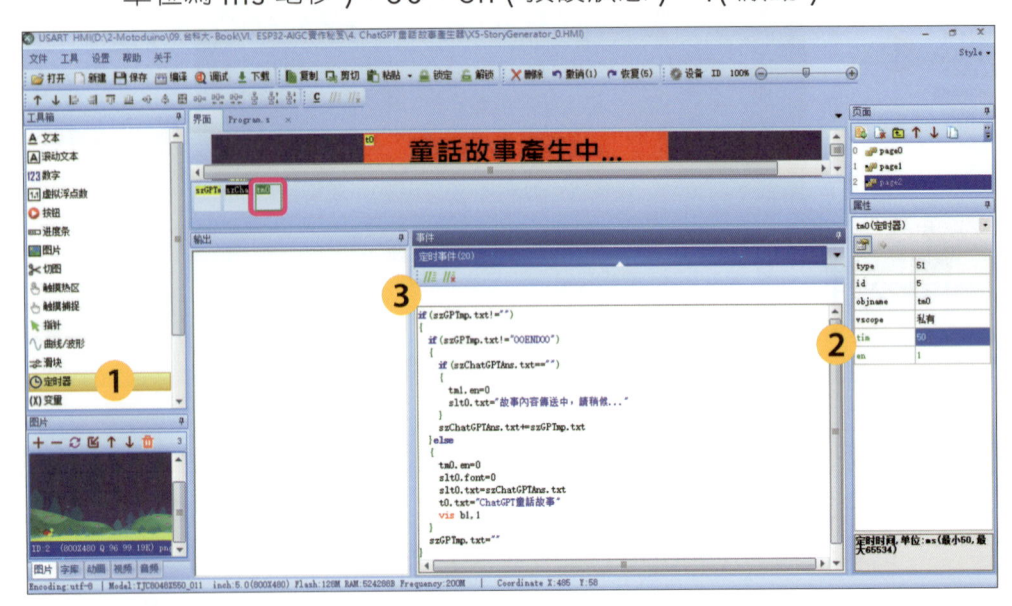

因為定時器 tm0 是用來定時接收來自於 ESP32 傳送過來的 ChatGPT 分段故事內容，為了防止漏接訊息，因此 tm0 定時器需以每隔 50 毫秒的頻率來進行上圖 ❸ 處所編寫的動作。以下是該定時事件中的程式碼內容與解析。

```
//當szGPTmp字串暫存變量內容不為空白時，即代表HMI已經開始收到來自於ESP32的ChatGPT片段回覆
if(szGPTmp.txt!="")
{
  if(szGPTmp.txt!="OOENDOO")      //當HMI尚未收到"OOENDOO"訊息前，即代表ESP32還在傳送ChatGPT所產生的故事內容
  {
    //當szChatGPT變量內容仍為空白，即代表這是從ESP32傳送過來的第一筆ChatGPT回覆片段
    if(szChatGPTAns.txt=="")
    {
      tm1.en=0                    //將原本顯示等待文字的定時器關閉(即不再顯示新的等待文字)
      slt0.txt="故事內容傳送中，請稍候..."   //在slt0元件顯示上述文字，告知使用者HMI已開始接收ESP32傳來的資料
    }
    szChatGPTAns.txt+=szGPTmp.txt  //將szGPTmp字串暫存變量的內容不斷地串接到szChatGPTAns變量中
  }else                            //當HMI收到"OOENDOO"訊息時，即代表ESP32已將ChatGPT產生的故事內容全部傳送完畢
  {
    tm0.en=0                       //將原本等待接收ChatGPT回覆的定時器關閉，不再接收ESP32其他的資料
    slt0.font=0                    //將預備顯示食譜內容的slt0滑動文本元件其字型設定為字高32的微軟正黑粗體
    slt0.txt=szChatGPTAns.txt      //將串接完畢的szChatGPTAns童話故事內容顯示在slt0滑動文本元件中
    t0.txt="ChatGPT童話故事"        //更改ChatGPT童話故事內容顯示頁面最上方的提示文本內容
    vis b1,1                       //顯示出童話故事內容頁面中的「語音播放」按鈕
  }
  szGPTmp.txt=""                   //清空szGPTmp字串暫存變量的文字內容
}
```

Step 25 第二個定時器 tm1 是用來在觸控螢幕上定時顯示等待 ChatGPT 回覆故事內容的「童話故事產生中，請稍候 ...」等文字。該定時器的屬性為 ～ vscope (應用區域)：私有 (僅限於此頁面)。tim (定時執行時間，單位為 ms 毫秒)：5000(5000 毫秒即為 5 秒)，en (預設狀態)：1(啟動)。

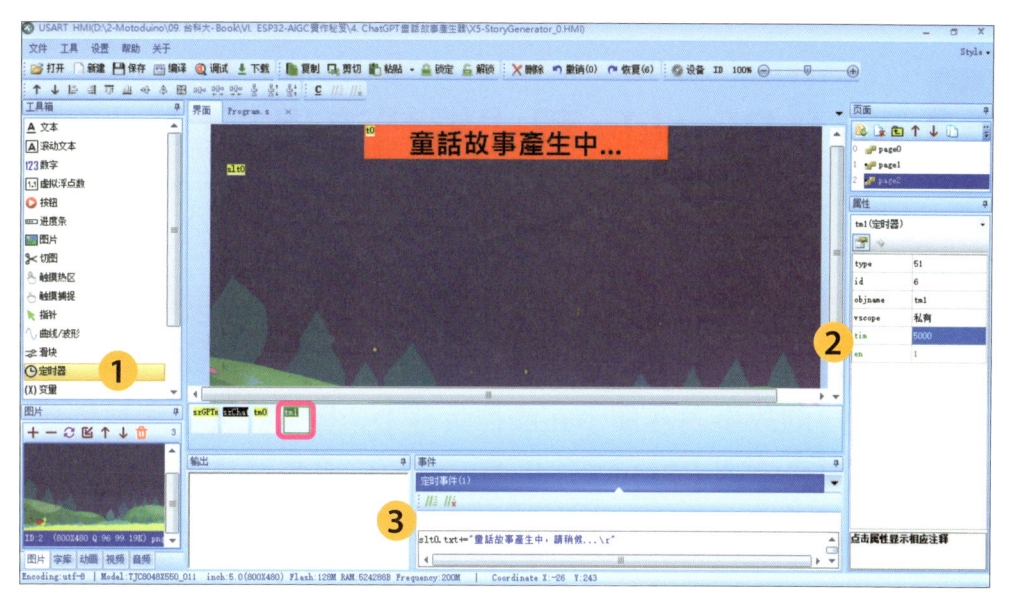

由於定時器 tm1 是讓 HMI 等待 ChatGPT 回覆故事內容的過程中來顯示等待文字以告知使用者之用，因此跳出等待文字的間隔時間不需太快。本例讓 tm1 定時器以每隔 5000 毫秒 (即 5 秒) 的頻率來進行上圖 ❸ 處所編寫的動作。

Step 26 當觸控螢幕的畫面剛切換至 ChatGPT 童話故事顯示頁面時，需要進行一些變數或元件的設定，其內容如下圖所示。

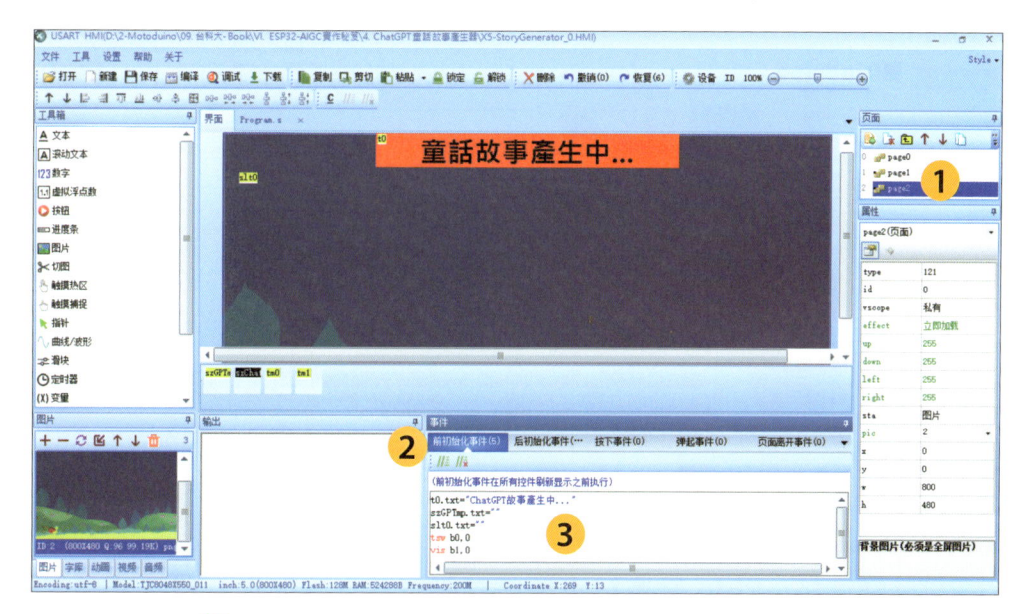

上圖 ❸ 處需編寫 HMI 觸控螢幕切換至 ChatGPT 童話故事顯示頁面時需進行的動作，以下是「前初始化事件」中的程式碼內容與解析。

```
t0.txt="ChatGPT故事產生中..."    //設定此頁面最上方的提示文本內容，藉此告知使用者目前ChatGPT故事內容的產生狀態
szGPTmp.txt=""                  //清空szGPTmp字串暫存變量的文字內容
slt0.txt=""                     //清空顯示食譜內容的slt0滑動文本元件文字內容
tsw b0,0                        //將此頁面中的「回上頁」按鈕設定為無法點選的狀態
vis b1,0                        //隱藏此頁面中的「語音播放」按鈕
```

5-3 motoBlockly 程式編輯流程

和本書其它範例相同，由於本系統的運作模式是由使用者從 HMI 觸控螢幕點選必須的故事元素後，再經由 ESP32 詢問 ChatGPT，最後將 ChatGPT 所生成的故事內容顯示在觸控螢幕上。因此在完成觸控螢幕端操作介面的配置與設定後，ESP32 端也要編寫如何與觸控螢幕及 ChatGPT 相互溝通的對應程式。該程式詳細的編寫流程如下：

Step 1 首先需將 motoBlockly 的開發板型號選擇為「ESP32」才能產生正確的 ESP32 程式碼。接著請先宣告四個全域字串變數，包括要傳送給 ChatGPT 的童話故事生成提示詞 szSystemRole、OpenAI 的授權碼變數 szAPIKey(請輸入自己申請到的 OpenAI 授權碼 (API Key))、存放 ChatGPT 故事內容的變數 szStoryData，以及用來備份 ChatGPT 回傳訊息的變數 szChatGPTAnswerBackup。最後建立一個長度為 1024byte、全域的字元陣列變數 szUARTData，用來存放透過 Tx/Rx 介面傳送、來自於 HMI 觸控螢幕的 UART 訊息。

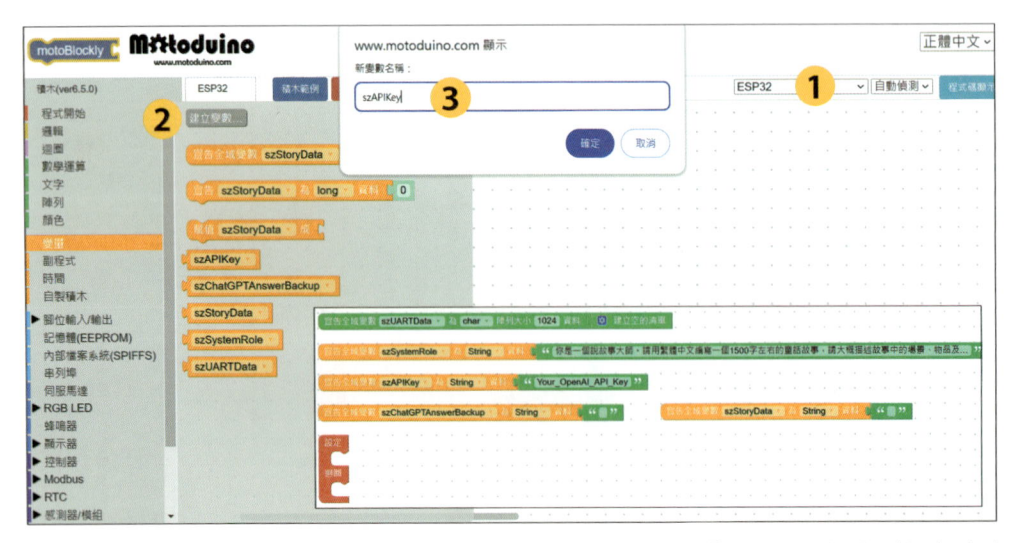

szSystemRole 變數在本例將其設定為：「你是一個說故事大師。請用繁體中文編寫一個 1500 字左右的童話故事，請大概描述故事中的場景、物品及生物，如果其中的人物在講話或對話，請把對話內容完整秀出，若有戰鬥場面也要描述。故事內容需要包含下列的各項元素：」。讀者可依自己的需求來調整本段提示詞。

Step 2 由於 ESP32 有時需要透過 UART 介面來切換 HMI 觸控螢幕上的顯示頁面，因此預先建立一個副程式 fnSetHmiPage()。因為螢幕切換顯示頁面的命令格式為：「page { 頁面 ID}」，因此呼叫副程式時需再加入一個 int 整數型態的變數參數 nPageNum，讓 ESP32 可以直接輸入要切換顯示的頁面 ID。最後再將切換頁面的命令從 ESP32 與觸控螢幕對接的 Serial2(UART2) 串接埠輸出給觸控螢幕。

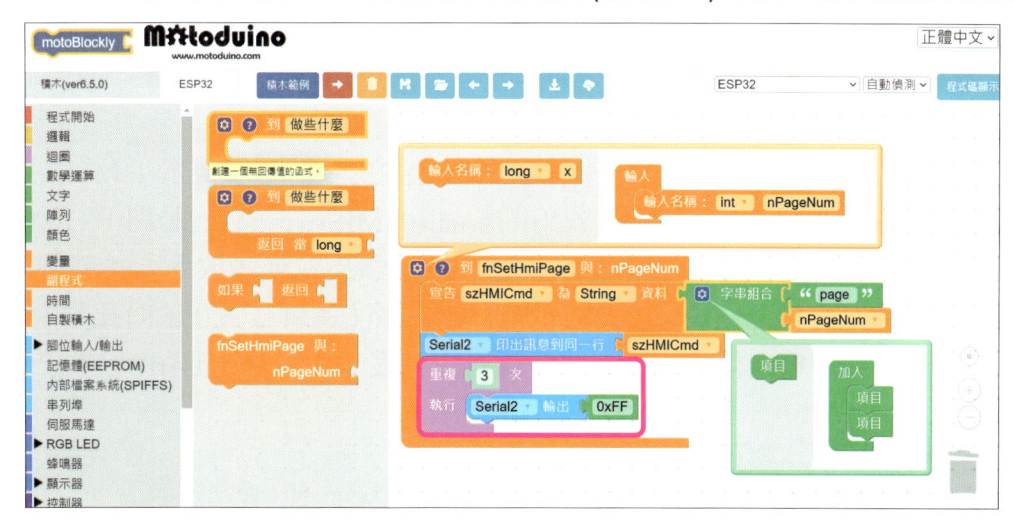

如上圖紅框處所示，記得另外得再從 Serial2 串列埠口連續傳送三個 0xFF(255) 的數據才能算是一個完整傳送給 HMI 觸控螢幕的訊息封包。

Step 3 由於 ESP32 常常需要透過 UART 介面來修改螢幕的文字內容，也需要由 ESP32 來設定螢幕頁面按鈕是否可以點選，因此依照上一個步驟建立副程式 fnSetHmiPage() 的邏輯概念，再將上述兩個 ESP32 透傳設定動作也分別打包成副程式 fnSetHmiTxt() 與 fnSetHmiTSW()。

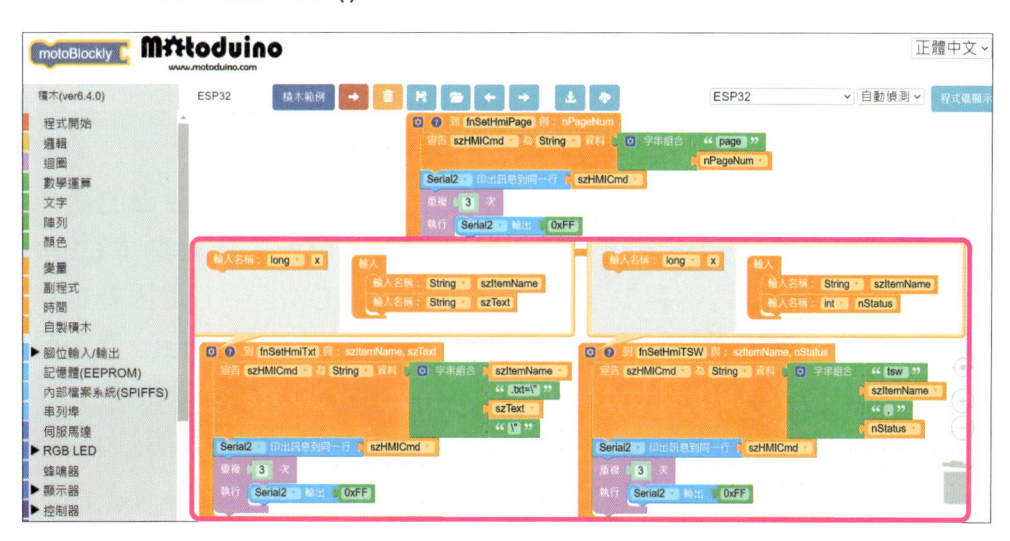

其中觸控螢幕更改元件文字內容的命令格式為：「元件名稱 .txt={新的文字內容}」，因此 fnSetHmiTxt() 副程式需新增「元件名稱 szItemName」與「新的文字內容 szText」兩個 String 字串型態的變數參數。另外設定觸控螢幕頁面上的按鈕是否可點選的命令格式為：「tsw 元件名稱, {0/1}」(0 為不可按、1 為可按)，因此 fnSetHmiTSW() 副程式亦需增加 String 字串型態的「元件名稱 szItemName」變數與 int 整數型態的「可否點選 nStatus」變數的兩個參數。

Step 4 如下圖所示，建立一個可以從 ESP32 接收來自於 HMI 觸控螢幕輸出資訊的副程式 fnHandleHMISerial()，此副程式會從 Serial2 將 HMI 輸入的資訊一個一個讀出並依序放入全域陣列變數 szUARTData 之中，直到收到結尾數據 (連續三個 0xFF) 出現為止，並在最後回傳所接收到的總資料量長度 nHMIDataLen。

Step 5 接下來一樣將 ChatGPT 生成的故事文字轉成語音播出的功能打包成一個副程式 fnPlayStory()。由於在之後的步驟裡會將 ChatGPT 回覆的文字內容存放在字串變數 szStoryData 中，且因為根據提示詞的要求，所以正常含有童話故事內容的 szStoryData 變數長度至少會大於 100 個 bytes，因此若 szStoryData 變數長度小於 100 個 bytes，即代表該 szStoryData 變數中包含的可能是 ChatGPT

所回傳的錯誤訊息(例如超過 ChatGPT 生成時間會回傳「Request timeout!」)，此時若呼叫 fnPlayStory() 副程式，便會播放「沒有故事內容可以播放。」的語音直到播放結束。

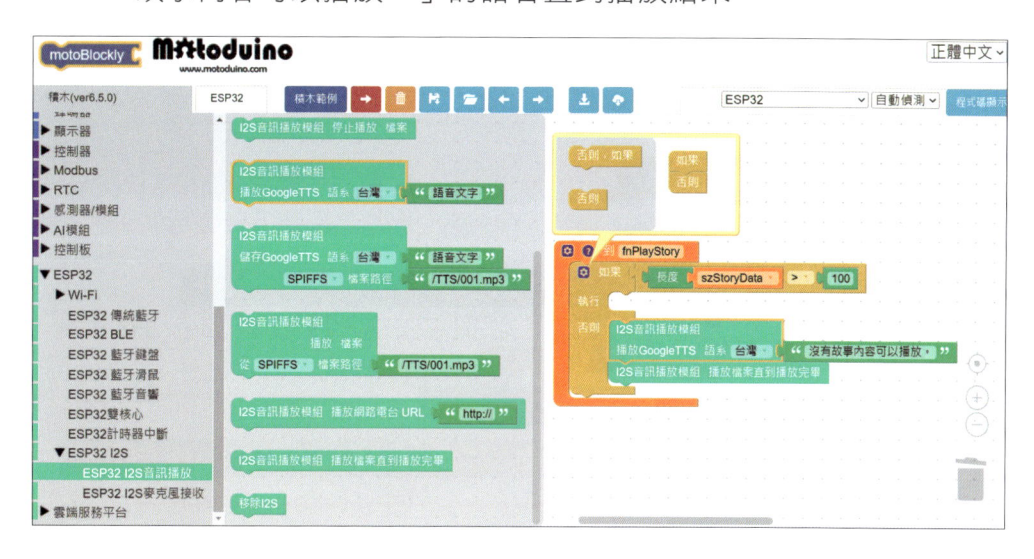

Step 6 當 szStoryData 變數長度大於 100 個 bytes 時，即代表該 szStoryData 變數中包含的是由 ChatGPT 所生成的童話故事內容。由於語音不能播放出換行符號「\r」的語音，因此先使用 motoBlockly 所提供的「自訂積木 程式碼」程式積木輸入『szStoryData.replace("\\r", "");』將所有的換行符號「\r」移除掉。

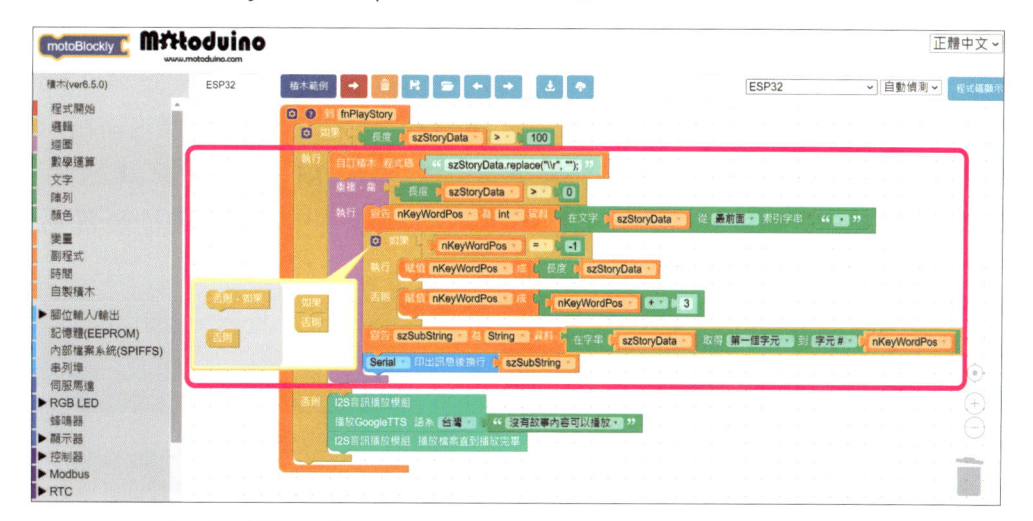

因為本系統無法一次將全部的故事文字轉換成語音播出，所以接下來程式積木會反覆地將 szStoryData 變數以句點「。」作為分割基準來分段截取故事段落，並將所截取的段落文字存放至 szSubString 字串變數中。

Step 7 如下圖紅框處所示，先將在上一個步驟所截取出的段落文字 szSubString 內容進行語音的轉換與播放，接著再將已播放過的故事內容從 szStoryData 字串變數中移除，如此便能再從 szStoryData 故事內容中找尋下一個句點「。」來分割段落並加以播放。如此反覆地將 ChatGPT 所生成的童話故事進行分割與播放，便能一段一段地將所有故事內容全部以語音的方式播放出來。

Step 8 完成所有的副程式之後，就可以回到主程式的設定 (setup) 部分。首先將 ESP32 與電腦端的串列埠 Serial 傳輸率設為 115200 bps(bits per second)，讓 ESP32 能透過串列埠 Serial 將訊息傳送至電腦中顯示。另外 ESP32 與 HMI 觸控螢幕端的串列埠 Serial2 傳輸率也設為 115200 bps，讓 ESP32 與觸控螢幕兩端的訊息也能互相傳遞。

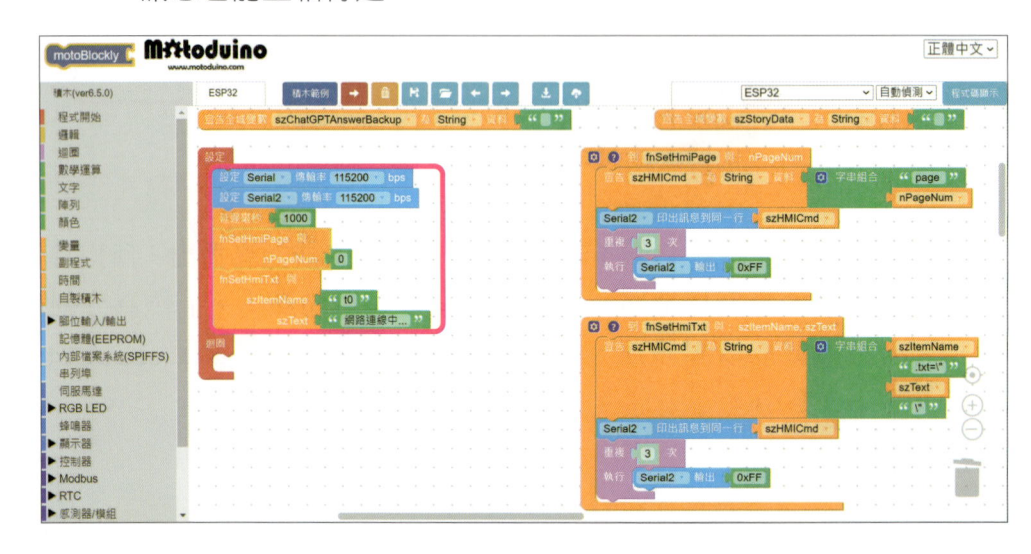

接著在等待觸控螢幕開機的 1000 毫秒 (1 秒) 後，將 HMI 觸控螢幕顯示的頁面切回首頁，並將首頁的網路連線狀態 t0 文本元件顯示的內容修改為「網路連線中 …」。

Step 9 如下圖紅框處所示，接下來開始進行 ESP32 網路連線的設定。「WiFi 設定」積木中的「SSID(分享器名稱)」與「Password(密碼)」參數分別為 ESP32 準備連線的路由器或無線網路分享器的名稱與密碼，此處需請讀者依自己實際的環境狀況來進行設定。

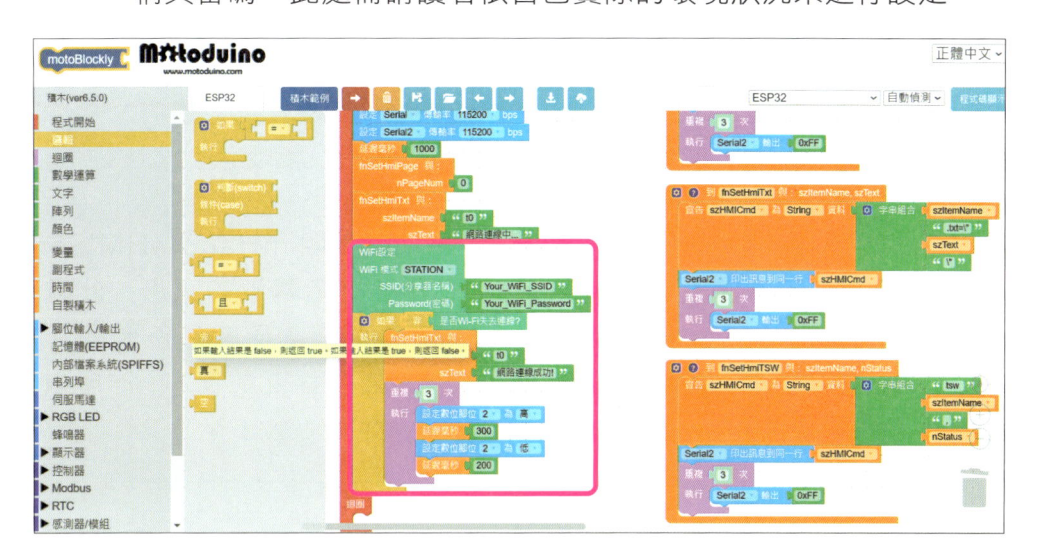

當網路連線成功之後 (程式積木以「非」+「是否 Wi-Fi 失去連線？」兩個雙重否定來表示肯定 (代表網路連線成功))，先將首頁的網路連線狀態 t0 文本元件顯示的內容修改為「網路連線成功！」，並讓 ESP32 內建的 G2 腳位 LED 以間隔 0.3 及 0.2 秒的時間連續閃爍三次。

Step 10 由於本系統需要透過 MAX98357A 模組來進行故事語音的播放，因此在開始使用前需對該 I2S 模組進行初始化的動作。在設定好該模組的各個腳位與 ESP32 對接的位置及音量大小之後，最後會播放「ChatGPT 童話故事產生器準備完成」的語音來告知使用者系統目前的狀態。語音播放完畢後，顯示網路連線狀態的 t0 文本元件內容也會變更為「ChatGPT 童話故事產生器」，並會呼叫副程式 fnSetHmiTSW() 將首頁的「開始編輯」b0 按鈕恢復成可以點選的狀態。

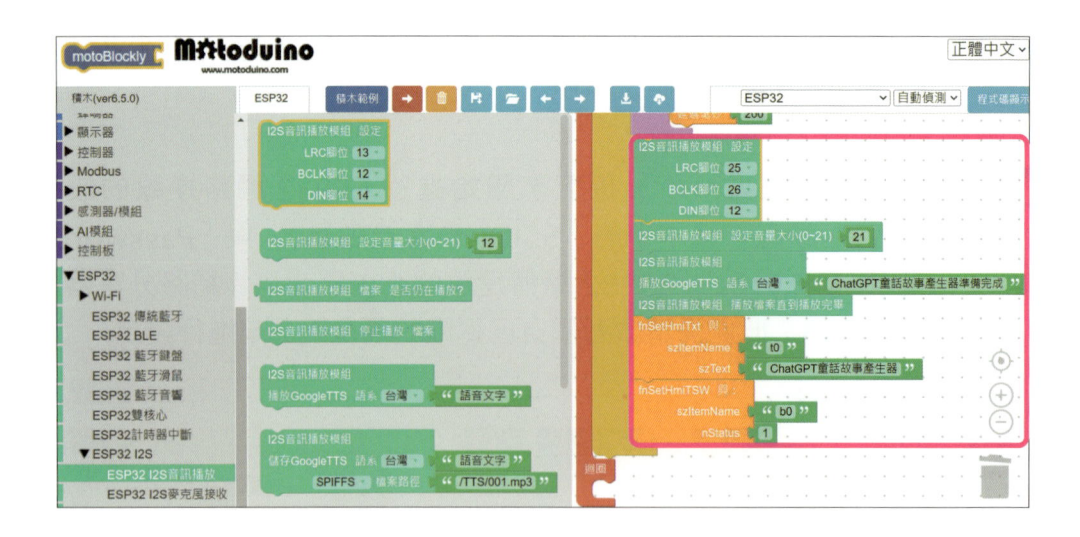

Step 11 接著開始到迴圈(loop)程式積木中不斷呼叫 fnHandleHMISerial() 副程式來偵測是否收到來自於 HMI 觸控螢幕端的訊息。此處是以 fnHandleHMISerial() 副程式所回傳的訊息長度是否大於 0 來判斷。若訊息長度大於 0 即代表觸控螢幕端有訊息傳入，而所傳入的訊息則會被存放在 szUARTData 字元陣列變數中。

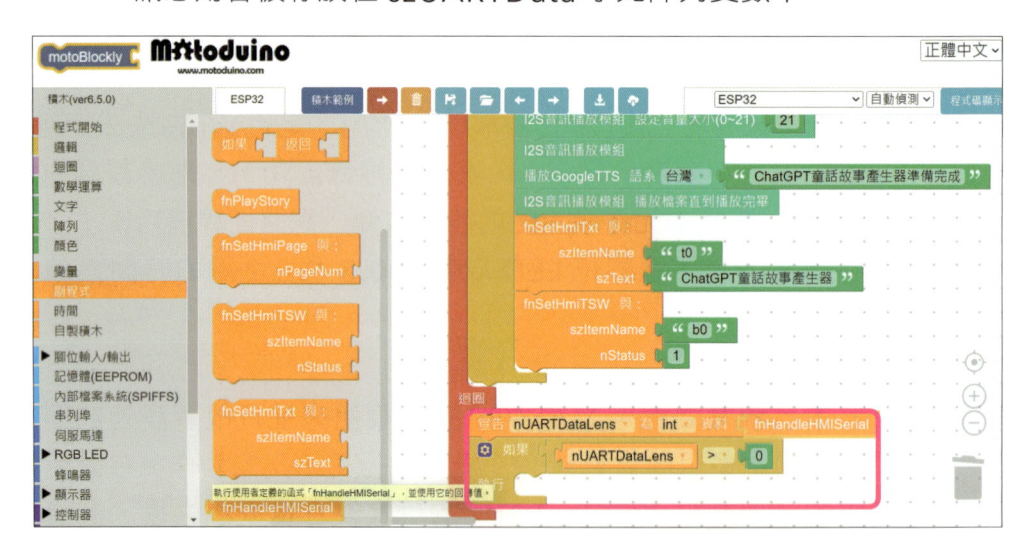

Step 12 從 fnHandleHMISerial() 副程式所取得的 szUARTData 陣列變數中比對前面幾個 byte 的內容，若第一個 byte 內容等於 0x51(『Q』的 ASCII 碼)、第二個 byte 內容等於 0x3A(『:』的 ASCII 碼)，即代表目前所取得的資訊是由 HMI 觸控螢幕設定步驟的第 17 步，按下故事元素勾選頁面的「故事產生」按鈕後所傳送過來的「Q: 元素 1、元素 2、元素 3、…、元素 N、」字串。而當 ESP32 收到此字串時，就是得準備轉傳給 ChatGPT 來產生新的童話故事了。

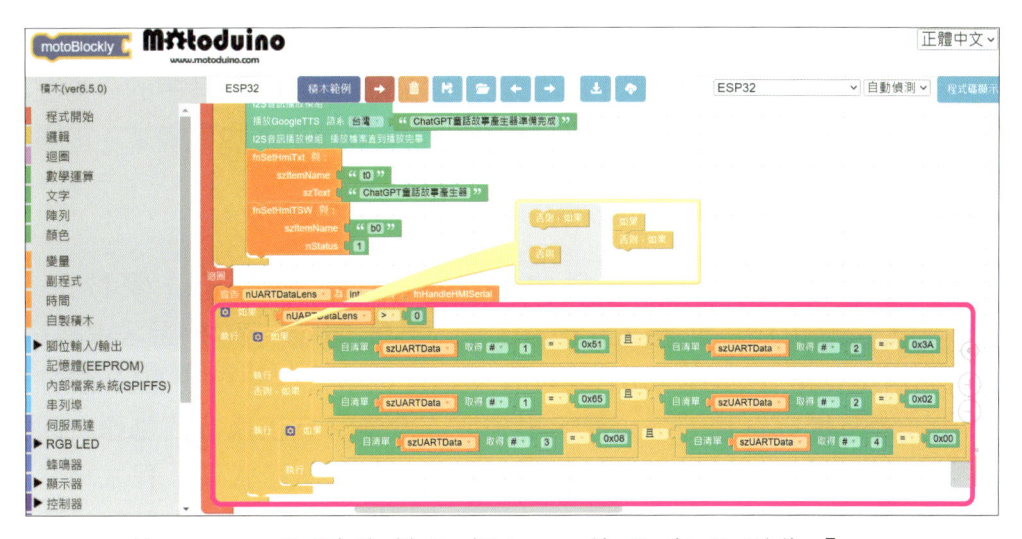

若 ESP32 收到的前四個 byte 的內容分別為「0x65、0x02、0x08、0x00」，即代表目前所取得的資訊是由 HMI 觸控螢幕設定步驟的第 21 步，按下 ChatGPT 童話故事顯示頁面的「語音播放」按鈕後所傳送過來的訊息。而當 ESP32 收到此訊息時，就是得開始將 ChatGPT 所產生的童話故事以語音播放出來了。

Step 13 如下圖紅框處所示，當 ESP32 收到的前兩個 byte 的內容為「0x51、0x3A」時，即代表此時 HMI 觸控螢幕所送出的資訊是「Q: 元素 1、元素 2、元素 3、…、元素 N、」這些字串。

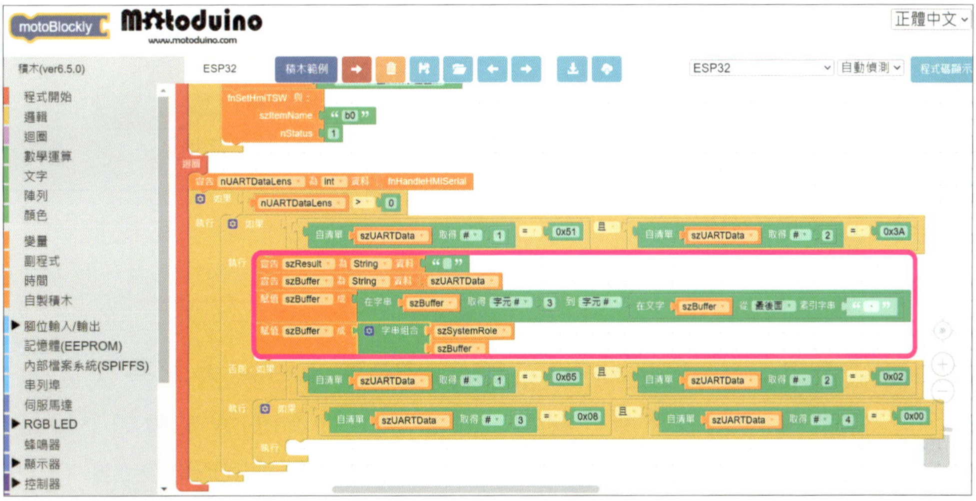

接著將原本的「Q: 元素 1、元素 2、元素 3、…、元素 N、」字串紅字部分截頭去尾變成「『元素 1、元素 2、元素 3、…、元素 N』」後放到 szBuffer 字串變數中，再與要傳送給 ChatGPT 的提示詞 szSystemRole 變數組合後變成完整的請求提示詞 (Prompt)：「你

是一個說故事大師。請用繁體中文編寫一個 1500 字左右的童話故事，請大概描述故事中的場景、物品及生物，如果其中的人物在講話或對話，請把對話內容完整秀出，若有戰鬥場面也要描述。故事內容需要包含下列的各項元素：元素 1、元素 2、元素 3、…、元素 N」。

Step 14 使用上一個步驟取得的完整的提示詞 szBuffer 變數來詢問 ChatGPT，並將 ChatGPT 的回覆內容存放至 szResult 及 szChatGPTAnswerBackup 字串變數中。另外由於 HMI 觸控螢幕會將換行符號「\n」顯示出來而不會執行真正換行的動作，因此此處利用 motoBlockly 所提供的「自訂積木 程式碼」程式積木，並且以輸入「szResult.replace("\\n\\n", "\\r\\r");」以及「szResult.replace("\\n", "\\r");」等程式碼的方式，來將 ChatGPT 回覆內容中的「\n」字元用「\r」字元取代。

⚠️ 注意：ChatGPT 積木參數請選擇文字生成速度較快的「gpt-3.5-turbo-instruct」AI 模型。

Step 15 由於 ESP32 無法將 ChatGPT 所回覆的全部內容一次就傳送給 HMI 觸控螢幕來進行顯示，因此 ESP32 端的程式會如下圖紅框處所示：以每次 128 bytes 的資料長度、每 150 毫秒 (即 0.15 秒) 送出一次的頻率，批次地將 ChatGPT 所生成的故事內容傳送給觸控螢幕。這些分段的資料都會傳送給 HMI 童話故事顯示頁面的字串變數 szGPTmp，HMI 端收到後便會利用這些分段資料來進行後續的串接與顯示…(HMI 觸控螢幕端的對應程式碼請參考本章 HMI 程式編輯流程的第 24 個步驟)

Step 16 當 ChatGTP 生成的故事內容傳送完畢之後，ESP32 最後會再發送一個代表已傳送結束的字串「OOENDOO」給 HMI 觸控螢幕，藉此通知觸控螢幕停止繼續接收來自於 ESP32 的文字訊息。最後再把 HMI 童話故事顯示頁面的「回上頁」(b0) 按鈕和「語音播放」(b1) 按鈕設定為可以點選的狀態，讓使用者可以選擇回到故事元素勾選頁重新勾選故事元素並產生新的童話故事，抑或用語音的方式來播放目前所產生的故事內容。

Step 17 當 HMI 觸控螢幕童話故事顯示頁面的「語音播放」按鈕被按下時(即 ESP32 收到的前四個 byte 的內容分別為「0x65、0x02、0x08、0x00」時),除了會先在串列埠 Serial 送出「Play Story!」訊息來告知使用者之外,為了避免在語音播放故事內容的期間,使用者會因重新生成童話故事、或是再次按下「語音播放」的按鈕而造成系統崩潰,此時會再把 HMI 童話故事顯示頁面的「回上頁」(b0) 按鈕和「語音播放」(b1) 按鈕設定為可視但不可點選的狀態。

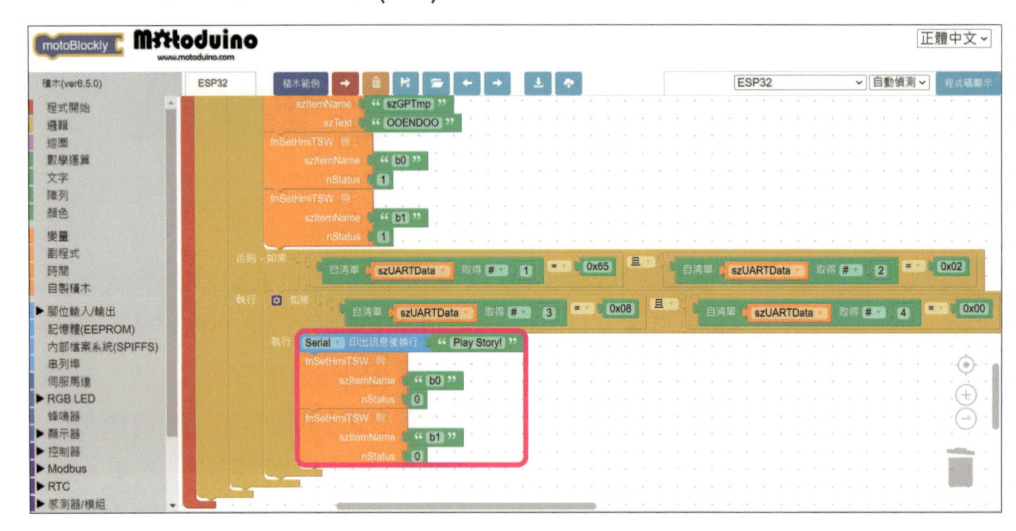

Step 18 將之前備份在 szChatGPTAnswerBackup 字串變數中的完整故事內容複製到 szStoryData 字串變數中,接著就可以呼叫之前已準備完成的 fnPlayStory() 副程式來開始播放目前所產生的故事內容了。

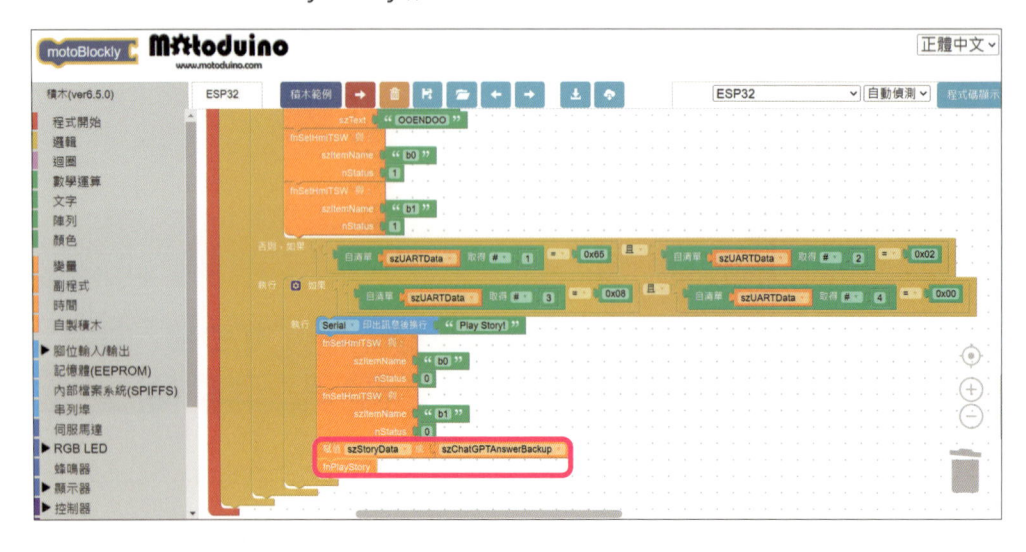

Step 19 在故事內容全部以語音播放完畢之後，便可以再把 HMI 童話故事顯示頁面的「回上頁」(b0) 按鈕和「語音播放」(b1) 按鈕設定為可以點選的狀態，讓使用者可以選擇回到故事元素勾選頁重新勾選故事元素並產生新的童話故事，抑或重新播放目前所產生的語音故事內容。

Step 20 完整的「ChatGPT 童話故事產生器」ESP32 端 motoBlockly 程式如下所示。請在紅框處填入自己對應的 WiFi 與 OpenAI 授權碼資訊，如此程式才能正常的運作。

程式名稱：5.motoBlockly- 童話故事產生器 _Sample-v6.5.0.xml

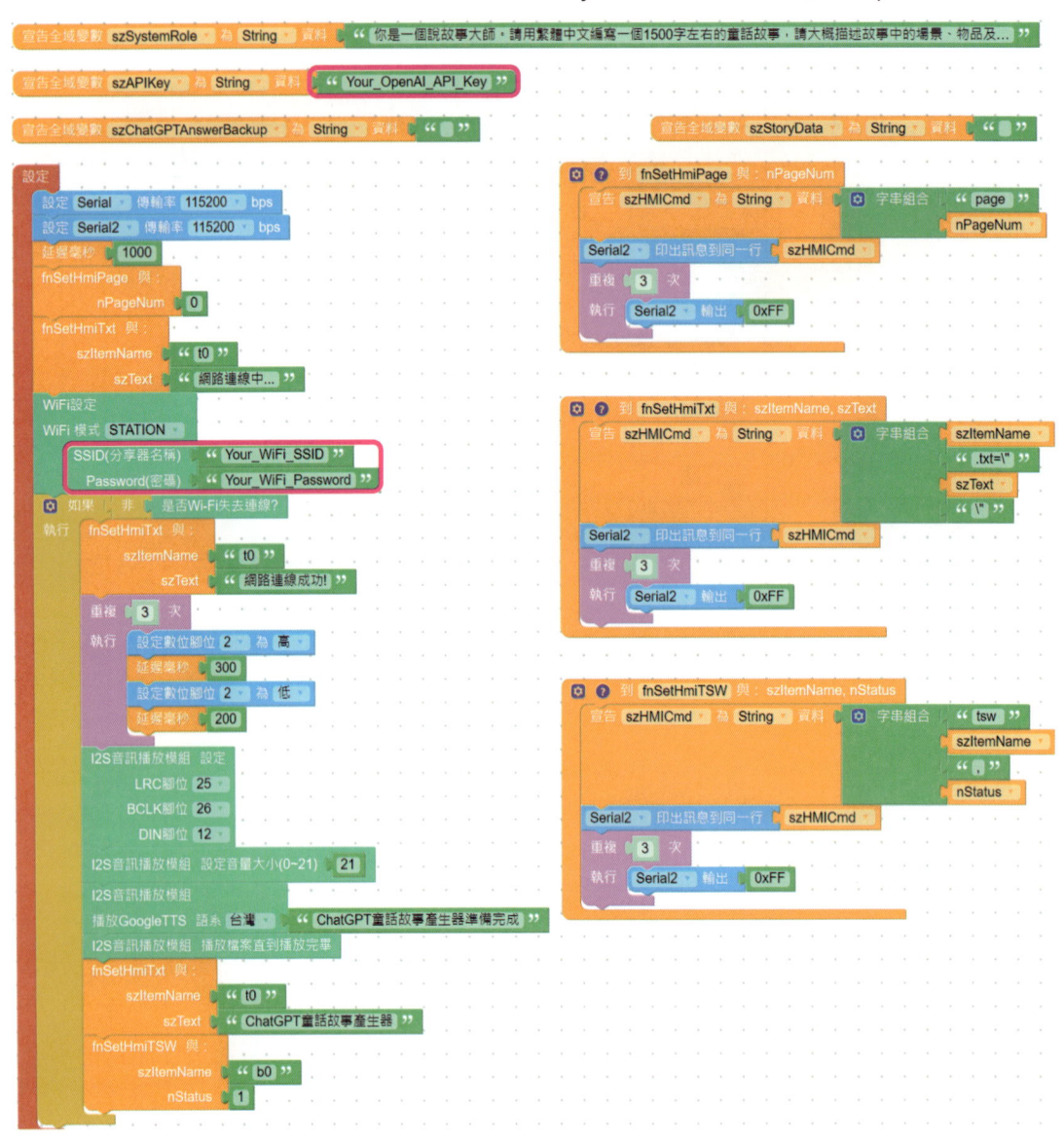

187

Ch.5 ChatGPT 童話故事產生器

成果展示　https://youtu.be/ThtfVsDv2Wk

Chapter 5　課後習題

■ 選擇題

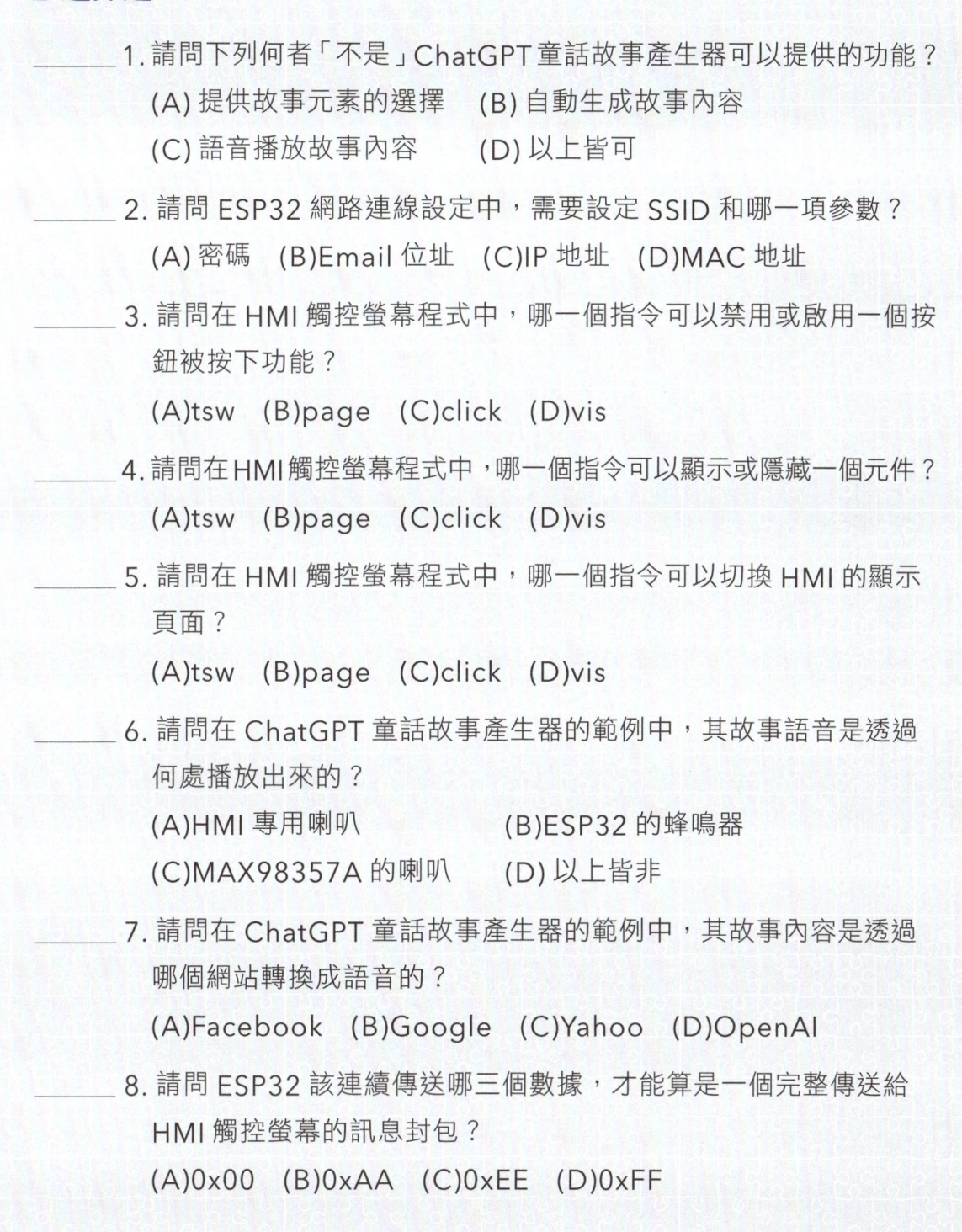

_____ 1. 請問下列何者「不是」ChatGPT 童話故事產生器可以提供的功能？
(A) 提供故事元素的選擇　(B) 自動生成故事內容
(C) 語音播放故事內容　(D) 以上皆可

_____ 2. 請問 ESP32 網路連線設定中，需要設定 SSID 和哪一項參數？
(A) 密碼　(B)Email 位址　(C)IP 地址　(D)MAC 地址

_____ 3. 請問在 HMI 觸控螢幕程式中，哪一個指令可以禁用或啟用一個按鈕被按下功能？
(A)tsw　(B)page　(C)click　(D)vis

_____ 4. 請問在 HMI 觸控螢幕程式中，哪一個指令可以顯示或隱藏一個元件？
(A)tsw　(B)page　(C)click　(D)vis

_____ 5. 請問在 HMI 觸控螢幕程式中，哪一個指令可以切換 HMI 的顯示頁面？
(A)tsw　(B)page　(C)click　(D)vis

_____ 6. 請問在 ChatGPT 童話故事產生器的範例中，其故事語音是透過何處播放出來的？
(A)HMI 專用喇叭　(B)ESP32 的蜂鳴器
(C)MAX98357A 的喇叭　(D) 以上皆非

_____ 7. 請問在 ChatGPT 童話故事產生器的範例中，其故事內容是透過哪個網站轉換成語音的？
(A)Facebook　(B)Google　(C)Yahoo　(D)OpenAI

_____ 8. 請問 ESP32 該連續傳送哪三個數據，才能算是一個完整傳送給 HMI 觸控螢幕的訊息封包？
(A)0x00　(B)0xAA　(C)0xEE　(D)0xFF

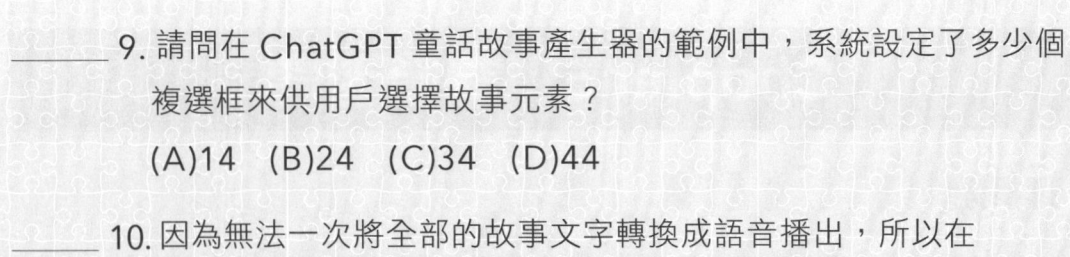

_____ 9. 請問在 ChatGPT 童話故事產生器的範例中，系統設定了多少個複選框來供用戶選擇故事元素？
(A)14　(B)24　(C)34　(D)44

_____ 10. 因為無法一次將全部的故事文字轉換成語音播出，所以在 ChatGPT 童話故事產生器的範例中，是以哪個符號作為分割基準來進行分段轉換的？
(A) 逗點（，）　(B) 句點（。）　(C) 問號（？）　(D) 驚嘆號（！）

課後習題解答

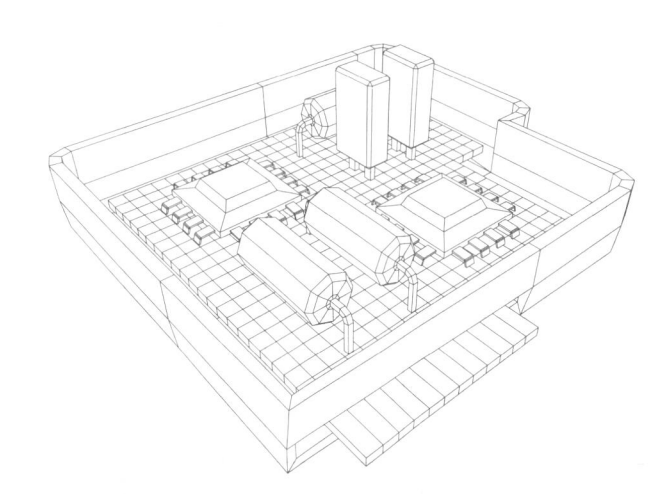

Chapter 1

1. (D)　2. (B)　3. (B)　4. (C)　5. (C)　6. (C)　7. (C)　8. (A)　9. (A)　10. (D)

Chapter 2

1. (C)　2. (B)　3. (C)　4. (C)　5. (D)　6. (D)　7. (A)　8. (B)　9. (D)　10. (A)

■ 實作題參考答案 - 心靈雞湯產生器 .xml

Chapter 3

1. (D)　2. (A)　3. (C)　4. (C)　5. (D)　6. (D)　7. (B)　8. (A)　9. (C)　10. (A)

Chapter 4

1. (D)　2. (A)　3. (C)　4. (D)　5. (C)　6. (A)　7. (B)　8. (B)　9. (C)　10. (B)

Chapter 5

1. (D)　2. (A)　3. (A)　4. (D)　5. (B)　6. (C)　7. (B)　8. (D)　9. (C)　10. (B)

DIY ChatGPT 故事創作播放機

ChatGPT 是由 OpenAI 開發，基於自然語言處理技術的聊天機器人，ChatGPT 能夠生成自然流暢、有邏輯並具有人類思維能力的對話，其天馬行空的創造力卻非常適合來創作新的故事。

DIY ChatGPT 故事創作播放機則是一個創作平台，結合了 ESP32 WiFi 連線，觸控面板螢幕的互動畫面操作，提供使用者可以與 ChatGPT 進行對話互動，自動生成文字、自動問答、創造生成故事，劇本，及各種創作應用。並在本平台可以語音播放出來。

產品編號：0121200
建議售價：$3,600

產品介紹影片

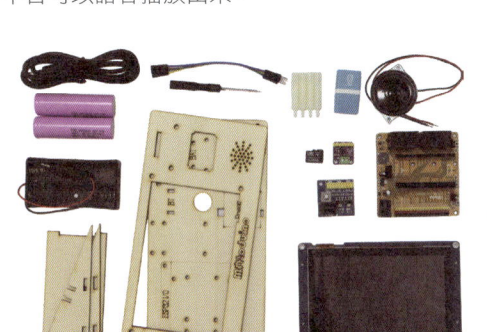

應用案例

故事產生機

健康小幫手產生機

創意食譜產生機

產品規格

- NodeMCU ESP32S 開發板
- ESP32 IO Board 擴充板
- 5 吋彩色 HMI 電容式觸控螢幕 + 傳輸線
- 4GB (或 8GB) microSD 卡 + 讀卡機
- MAX98357A I2S 音訊播放模組
- 小喇叭
- 電源模組
- 母 - 母杜邦線 20cm 10p；公 - 母杜邦線 10cm 5p
- MicroUSB 傳輸線
- 18650 充電電池 x2 (含電池盒)
- 雷切外殼
- 收納盒

推薦教材

用 ESP32 輕鬆學習 DIY ChatGPT 故事創作播放機實作秘笈 - 使用圖形化 motoBlockly 程式語言
書號：PN069
作者：慧手科技 - 徐瑞茂 ‧ 林聖修
建議售價：$ 450

※ 價格 ‧ 規格僅供參考　依實際報價為準

諮詢專線：02-2908-5945 或洽轄區業務
歡迎辦理師資研習課程

www.jyic.net

MLC 創客學習力認證
Maker Learning Credential Certification

創客學習力認證精神

以創客指標 6 向度：外形（專業）、機構、電控、程式、通訊、AI 難易度變化進行命題，以培養學生邏輯思考與動手做的學習能力，認證強調有沒有實際動手做的精神。

MLC 創客學習力證書，累積學習歷程

學員每次實作，經由創客師核可，可獲得單張證書，多次實作可以累積成歷程證書。
藉由證書可以展現學習歷程，並能透過雷達圖及數據值呈現學習成果。

創客師 → 核發 Maker Learning Credential Certification 創客學習力認證 → 學員

學員收穫：
1. 讓學習有目標
2. 診斷學習成果
3. 累積學習歷程

單張證書

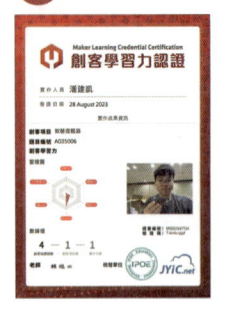

創客學習力
雷達圖診斷
1. 興趣所在與職探方向
2. 不足之處

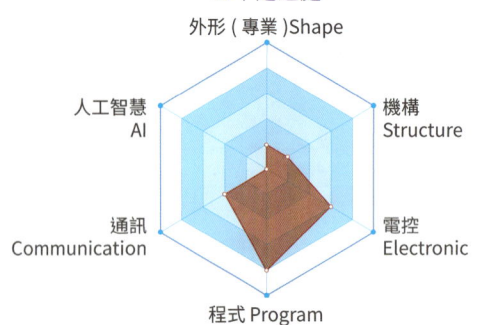

外形（專業）Shape、機構 Structure、電控 Electronic、程式 Program、通訊 Communication、人工智慧 AI

綜合素養力
各項基本素養能力

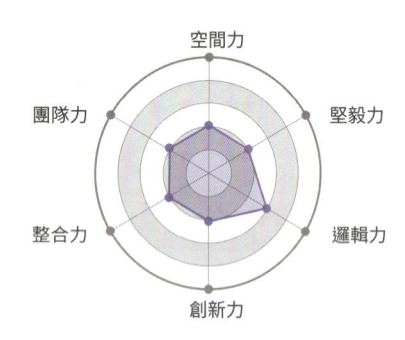

空間力、堅毅力、邏輯力、創新力、整合力、團隊力

歷程證書

正面 　反面

數據值診斷
1. 學習能量累積
2. 多元性（廣度）學習或專注性（深度）學習

100 — 10 — 10
創客指標總數 — 創客項目數 — 實作次數

100 — 1 — 10
創客指標總數 — 創客項目數 — 實作次數

認證產品

產品編號	產品名稱	建議售價
PV151	申請 MLC 數位單張證書	$400
PV152	MLC 紙本單張證書	$600
PV153	申請 MLC 數位歷程證書	$600

產品編號	產品名稱	建議售價
PV154	MLC 紙本歷程證書	$600
PV159	申請 MLC 數位教學歷程證書	$600
PV160	MLC 紙本教學歷程證書	$600

※ 以上價格僅供參考 依實際報價為準

勁園科教 www.jyic.net
諮詢專線：02-2908-5945 或洽轄區業務
歡迎辦理師資研習課程

書　　　名	用ESP32輕鬆學習 DIY ChatGPT故事創作播放機實作秘笈 使用圖形化motoBlockly程式語言
書　　　號	PN069
版　　　次	2024年9月初版
編　著　者	慧手科技　徐瑞茂・林聖修
責任編輯	楊清淵
校對次數	8次
版面構成	陳依婷
封面設計	陳依婷
出　版　者	台科大圖書股份有限公司
門市地址	24257新北市新莊區中正路649-8號8樓
電　　　話	02-2908-0313
傳　　　真	02-2908-0112
網　　　址	tkdbook.jyic.net
電子郵件	service@jyic.net
版權宣告	**有著作權　侵害必究** 本書受著作權法保護。未經本公司事前書面授權，不得以任何方式（包括儲存於資料庫或任何存取系統內）作全部或局部之翻印、仿製或轉載。 書內圖片、資料的來源已盡查明之責，若有疏漏致著作權遭侵犯，我們在此致歉，並請有關人士致函本公司，我們將作出適當的修訂和安排。
郵購帳號	19133960
戶　　　名	台科大圖書股份有限公司
	※郵撥訂購未滿1500元者，請付郵資，本島地區100元／外島地區200元
客服專線	0800-000-599
網路購書	勁園科教旗艦店　蝦皮商城 博客來網路書店　台科大圖書專區 勁園商城
各服務中心	總　公　司　02-2908-5945　　台中服務中心　04-2263-5882 台北服務中心　02-2908-5945　　高雄服務中心　07-555-7947
	線上讀者回函 歡迎給予鼓勵及建議 tkdbook.jyic.net/PN069